全国电力行业"十四五"规划教材
全国电力职业教育教学指导委员会新能源发电专业委员会推荐

风电场运行维护与管理

主　　编　　邵联合　　佟　鹏

副主编　　张丽荣　　李宏宇　　速登龙

参　　编　　银　哲　　安喜伟　　王先军　　邱春雷

主　　审　　李练兵

中国电力出版社
CHINA ELECTRIC POWER PRESS

内 容 提 要

本书从实用角度出发，基于岗位典型工作任务，设计了八个典型工作项目，体现了任务驱动、项目导向、主题教学的教学思路。主要包括风电场风能评估与选址、风力发电机组的安装与调试、风电场的运行与维护、风力发电机组的维护与检修、风电场输电线路运行与维护、风电场变电站电气设备运行与维护、风电场监控保护系统的运行与维护、风电场管理等内容，图文并茂，通俗易懂。本书注重实用性和先进性的统一，理论与实践的融合。

本书可作为高等职业院校及中等职业学校风电专业的教学用书或教学参考用书，也可作为从事风电场运行维护与管理人员的工具书。

图书在版编目（CIP）数据

风电场运行维护与管理/邵联合，佟鹏主编 .—北京：中国电力出版社，2022.3（2024.7重印）
全国电力行业"十四五"规划教材
ISBN 978 - 7 - 5198 - 0214 - 1

Ⅰ.①风… Ⅱ.①邵…②佟… Ⅲ.①风力发电－发电厂－职业教育－教材 Ⅳ.①TM614

中国版本图书馆 CIP 数据核字（2018）第 161895 号

出版发行：中国电力出版社
地　　址：北京市东城区北京站西街 19 号（邮政编码 100005）
网　　址：http：//www. cepp. sgcc. com. cn
责任编辑：李　莉（010 - 63412538）
责任校对：黄　蓓　朱丽芳
装帧设计：赵姗姗
责任印制：吴　迪

印　　刷：北京锦鸿盛世印刷科技有限公司
版　　次：2022 年 3 月第一版
印　　次：2024 年 7 月北京第二次印刷
开　　本：787 毫米×1092 毫米　16 开本
印　　张：15.5
字　　数：383 千字
定　　价：48.00 元

前　言

　　风能作为可再生能源，是一种取之不尽、用之不竭的绿色能源。风能是目前最具规模化开发利用条件的清洁可再生能源之一，风力发电是风能利用最主要的方式，越来越受到世界各国的高度重视。

　　本书服务的岗位群是风力发电运行值班员、检修员及风电场管理人员，同时也可满足风电设备制造、安装、调试等岗位所需知识和技能的需要。本书共设置了八个工作项目，每个工作项目又包含多个典型性工作任务。通过完成每个工作任务，理解相关知识，掌握操作技能，总课时建议 72 学时。

　　本书紧扣高等职业教育培养目标，坚持"应用为主，够用为度，学中做，做中学"的编写原则，注重实践技能的培养，突出高职教学特色。编写团队从事风电教学多年，并有来自生产一线，长期从事风电设备运行维护、风电场管理和职工培训鉴定工作，有着丰富的现场实践经验的企业人员参与编写。

　　本书以大型风力发电场为研究对象，理论联系实际，引入了行业标准和技术规范，内容体现了先进性和实用性。本书在编写过程中，避开了烦琐的数学推导和设计理论，力求深入浅出、通俗易懂。重点介绍了风电场选址，风力发电机组安装、调试、运行与维护，风电场运行与管理中需要解决和处理的实际问题，力求使读者熟悉技术规范要求，掌握操作方法，学以致用。

　　保定电力职业技术学院佟鹏编写了项目一、邵联合编写了项目二，中广核新能源华北分公司逯登龙编写了项目三，承德红松风力发电股份有限公司安喜伟编写了项目四，北京电子科技职业学院张丽荣编写了项目五，内蒙古电力（集团）有限责任公司培训中心银哲编写了项目六，保定中关村园区开发有限公司李宏宇编写了项目七，中广核新能源河北分公司邱春雷、王先军编写了项目八，全书由邵联合负责统稿。本书由李练兵教授主审，李教授为本书提出了宝贵的修改意见，在此表示感谢。

　　本书编写过程中，参阅了大量出版物和资料，在此对各位作者一并表示感谢。

　　由于风力发电技术涉及面广，知识发展更新快，加之编者水平有限，书中难免有疏漏和不当之处，恳请广大读者朋友批评指正。

编者
2021 年 10 月

目　录

项目一　风电场风能评估与选址

项目描述

　　自然界中风能十分丰富。据世界气象组织统计，全球风能总量为 $3×10^9$ 亿 kW，其中可利用的风能为 $2×10^2$ 亿 kW，比地球上可开发利用的水能总量大 10 倍。技术上可利用的风能总量大约为每年 53PWh（$1PW=10^{15}W=10^4$ 亿 kW），相当于 2020 年全世界电力总需求的 2 倍多。我们知道，即使有性能十分优良的风力发电机组，如果风电场的风力常年很小，风力发电机组也无法将其优良的性能充分发挥出来，因此，选择风能储藏量大的风场至关重要。

　　本项目完成以下三个学习任务：

　　任务一　风能资源分布与评估

　　任务二　风电场选址

　　任务三　风电场机组选型与布置

学习重点

　　1. 风能资源的测量与计算。

　　2. 风能资源的评估方法。

　　3. 风电场选址基本方法。

　　4. 风电场机组选型方法。

学习难点

　　1. 风能资源的评估方法。

　　2. 风力发电机组的布置原则。

任务一　风能资源分布与评估

任务引领

　　我国风能资源丰富，离地 10m 高度上的风能资源总储量约为 32.26 亿 kW，可开发利用的陆上风能储量有 2.53 亿 kW，近海可开发利用的风能储量有 7.5 亿 kW，共计 10 亿 kW 以上。风能资源的分布与天气、气候、地形等密切相关，具有一定的规律性。

准确把握风能特性对于风电项目的成功规划与实施是至关重要的，其中，最主要的就是要掌握不同时间段盛行风的风速和风向。除了可以从气象局获取有关风能数据外，为了对风电场风能特性进行更精确地分析，必须进行风的测量。一些风电场建设因风能资源评价失误，使建成的风电场达不到预期的发电量，造成很大的经济损失。

 **教学目标**

1. 掌握风能的计算方法。
2. 理解描述风能资源的主要参数。
3. 了解我国风能资源的主要分布地区。
4. 掌握风速、风向的测量方法。
5. 理解风玫瑰图的识读方法。
6. 熟悉风能资源的评估方法。

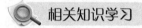 **相关知识学习**

一、风能

1. 风能计算

风能计算就是计算流动空气所具有的动能，因为风能的利用就是将流动空气拥有的动能转化为其他形式的能量。

按照空气动力学理论，流动的空气具有能量，单位时间内流过垂直于风速界面的风能，也称为风功率，可由下式计算：

$$E = \frac{1}{2}mv^2 = \frac{1}{2}\rho A v^3 \tag{1-1}$$

式中　E——风能，W；

m——空气质量，kg；

ρ——空气密度，kg/m³；

A——与空气流动方向垂直的气流穿过的截面面积，m²；

v——随时间变化的风速，m/s。

由式（1-1）得，风能与风速的 3 次方成正比，如果风速增加 1 倍，则风能增加至原来的 8 倍。可见，风速在风能计算中具有决定性意义。另外，空气密度的大小也直接关系到风能的多少，空气密度是气压、气温和湿度的函数，在海拔高的地区，空气密度对风能的影响也必须加以考虑。

2. 理论可用风能

流动空气所具有的动能在转化成其他能量形式时，最理想的转化率与风能的乘积为理论可用风能。

3. 有效可用风能

实际被利用的在一定风速范围内的风能称为有效可用风能。

二、风能资源描述

地球上某一地区的风能资源的潜力是以该地区的风能密度和可利用的小时数来表示的。

1. 风能密度

风能密度也称为风功率密度，是指流动空气在单位时间内流过垂直于风速的单位截面积的风能，式（1-1）中的面积 $A=1\text{m}^2$ 时，得到风能密度为

$$w = \frac{1}{2}\rho v^3 \tag{1-2}$$

式中 w——风能密度，W/m^2。

2. 平均风能密度

由于风速随时间变化，风能密度的大小也会随时间不断变化，一定时间周期（如一年）内风能密度的平均值，称为平均风能密度，即

$$\overline{w} = \frac{1}{T}\int_0^T \frac{1}{2}\rho v^3 \, \mathrm{d}t \tag{1-3}$$

式中 $\overline{w}$——平均风能密度，W/m^2；

  T——一定的时间周期，s；

  $\mathrm{d}t$——在时间周期 T 内，对应于某一风速的持续时间，s。

3. 有效风能密度

在实际风能利用中，风力机械只是在一定的风速范围内运转，对应于一定风速范围的被风力机械有效利用的风能密度，称为有效风能密度。

三、我国风能资源分布

我国的风能资源分布划分为四个大区、三十个小区，四个大区分别是风能资源丰富区、风能资源较丰富区、风能资源可利用区和风能资源贫乏区，划分标准见表1-1，表1-2所示为我国风能资源比较丰富的省区。

表1-1　　　　　　　　　　我国风能区域划分标准

项目	风能资源丰富区	风能资源较丰富区	风能资源可利用区	风能资源贫乏区
年有效风能密度/（W/m²）	≥200	200～150	150～50	≤50
风速不小于3m/s的年小时数/h	≥5000	5000～4000	4000～2000	≤2000
占全国面积/%	8	18	50	24

表1-2　　　　　　　　　　我国风能资源比较丰富的省区

省区	风力资源/万kW	省区	风力资源/万kW
内蒙古	6178	山东	394
新疆	3433	江西	293
黑龙江	1723	江苏	238
甘肃	1143	广东	195
吉林	638	浙江	164
河北	612	福建	137
辽宁	606	海南	64

1. 风能资源丰富区

我国风能资源丰富区主要分布在东南沿海、山东半岛和辽东半岛沿海区、"三北"（东北、华北、西北）地区，以及松花江地区。东南沿海、山东半岛和辽东半岛沿海区邻近海洋，风力大，越向内陆风速越小。这里的海平面平坦、阻力小，陆地表面较复杂，摩擦阻力大，在相同的气压梯度下，海平面的风力比陆地大，我国气象站风速大于 7m/s 的地方，除了高山气象站以外都集中在东南沿海。这里春季风能最大，冬季次之，其中福建省平潭县年平均风速为 8.7m/s，是全国平均地上风能最大的地区。

"三北"地区是内陆风能资源最好的区域。这一地区受蒙古高压控制，每次冷空气南下会造成较强风力，地面平坦，风速梯度小，春季风能最大，冬季次之。

松花江下游风速多是由东北低压造成的，另外，这一地区北有小兴安岭，南有长白山，处于峡谷中，风速也因此增加，春季风力最大，秋季次之。

2. 风能资源较丰富区

我国风能资源较丰富区主要分布在东南沿海内陆和渤海沿海区，以及"三北"地区的南部区域和青藏高原地区。东南沿海内陆和渤海沿海区、长江口以南风能秋季最大，冬季次之；长江口以北风能春季最大，冬季次之。"三北"地区的南部区域、内蒙古和甘肃北部，终年在西风带控制之下，又是冷空气入侵的通道，风速较大，形成了风能资源较丰富区。这一地区风能分布范围广，是我国连成一片的最大风能资源区。

青藏高原海拔较高，离高空西风带较近，春季随地面增热，对流加强，风力变大，夏季次之。

3. 风能资源可利用区

我国风能资源可利用区分布于两广（广东、广西）沿海区，大、小兴安岭地区及中部地区。两广沿海岸地区在南岭以南，位于大陆南端，冬季有强大的冷空气南下，风能冬季最大；秋季受台风影响风力次之。

大、小兴安岭地区的风力主要受东北低压影响，春、秋季风能最大。

中部地区是指从东北长白山开始，向西经华北平原到西北我国最西端，贯穿我国东西的广大地区。其中，西北各省、川西和青藏高原东部、西部风能春季最大，夏季次之；四川中部为风能资源欠缺区。黄河和长江的中、下游风能春、冬季较大。

4. 风能资源贫乏区

川、云、贵和南岭山地区、甘肃、陕西南部、塔里木盆地、雅鲁藏布江和昌都区则为风能资源贫乏区。这些地区多为"群山环抱"，风能潜力低，利用价值小。

四、风资源的测量

风资源的测量主要包括风速测量和风向测量。风速和风向具有随机性，随时随地不断地变化，这些变化可能是短期的波动，也可能是昼夜变化或季节变化。季节不同，太阳和地球的相对位置不同，季节性温差形成了风速和风向的季节性变化。由此，必须采用精确可靠的仪器测量风速和风向，图 1-1 所示为用于风测量的风速仪和风向标。

1. 风速的测量

（1）风速仪。测量风速的仪器称为风速仪。根据其工作原理的不同，可分为①旋转式风速仪，主要有风杯风速仪和螺旋桨式风速仪；②压力风速仪，主要有压力板风速仪、压力管风速仪和球状风速仪；③热电风速仪，主要有热线风速仪和热板风速仪；④相移风速仪，主

图 1-1　风速仪和风向标

要有超声波风速仪和激光多普勒风速仪。

下面重点介绍一下风杯风速仪。

风杯风速仪的感应部分由 3 个或 4 个风杯等距离固定在架子上，风杯呈圆锥形或半球形，由轻质材料制成。风杯和架子一同安装在垂直的旋转轴上，旋转轴可以自由转动，所有风杯都顺着同一方向。

风杯风速仪是一个阻力装置，如图 1-2 所示。当风从左边吹来时，风杯 a 平行于风向，几乎不产生推动作用；风杯 b 的凹面迎着风，凹面迎风阻力大；风杯 c 的凸面迎着风，凸面迎风阻力小。于是，风杯 b 和 c 在垂直于风杯轴方向上产生压力差，在风压差的作用下，风杯顺着凸面方向顺时针旋转。风速越大，起始的压力差越大，风杯转动速度越快，最后会达到一个平衡转速。

风杯 b 顺风转动，受风的压力相对减小；相反，风杯 c 逆风转动，受风的压力相对增大，

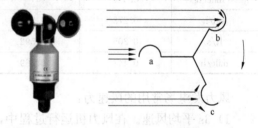

图 1-2　风杯风速仪及其原理

于是风压差不断减小，如果风速不变，经过一定时间后，作用在三个风杯上的风压差为零，风杯达到一个平衡转速。

在风速仪转轴下部驱动一个被包围在定子中的多极永磁体，根据风杯的转速指示器测出随风速变化的电压，显示出相对应的风速值。风杯风速仪启动风速要求不高，风速有 1～2m/s 时就可以启动。风杯风速仪具有一定的滞后性，风杯随风加速快，但是减速慢，风杯达到匀速转动的时间比风速的变化慢，例如，当风速较大又很快地变小甚至为 0 时，由于惯性作用，风杯继续转动，不会很快停下来。这种滞后性使得风杯风速仪测量风速不够准确。一般用风杯风速仪测量风速在 0～20m/s 时，比较准确，而且在测量准确度上 3 杯比 4 杯好，圆锥形比半球形好，测定平均风速比瞬时风速准确。

（2）风速仪的标定。风速仪在使用前或定期的标定对于准确地测量风速是必要的。风速仪的标定是在理想条件下制订一个基准风速作为标准。通常是在标准风洞中进行。

（3）风速的记录。风速的记录是通过信号的转换方法来实现的。以旋转风速仪为例，主要有机械式、电接式、电机式和光电式。

1）机械式。当风速感应器旋转时，通过蜗杆带动蜗轮转动，再通过齿轮系统带动指针旋转，从刻度盘上直接读出风的行程，除以时间得到平均风速。

2）电接式。由风杯驱动的蜗杆通过齿轮系统连接到一个偏心凸轮上，风杯旋转一定圈

数，凸轮使相当于开关作用的两个触头闭合或打开，完成一次接触，表示一定的风程。

3）电机式。风速感应器驱动一个小型发电机中的转子，输出与风速感应器转速成正比的交变电流，输送到风速的指示系统。

4）光电式。风速旋转轴上装有一个圆盘，盘上有等距孔。风杯带动圆盘转动时，由于孔的不连续性，孔上面的光源形成光脉冲信号，经过正下方的光敏晶体管接收，放大后变成电脉冲信号输出，每个脉冲信号表示一定的风的行程。

（4）风速的表示方法。风速的表示方法主要有瞬时风速、平均风速、最大风速、最小风速、有效风速等。

风速仪的安装高度和观测时间长短都对风速的测量结果有影响。世界各国基本都以 10m 高度为基准，但观测时间不统一。我国有一日 4 次定时 2min 平均风速、自记 10min 平均风速和瞬时风速。各国表示风速单位的方法也不同，主要有 m/s、n mile/h、km/h、ft/s、mile/h 等，各种单位的换算关系见表 1-3。

表 1-3   各种风速单位的换算

单位	m/s	n mile/h	km/h	ft/s	mile/h
m/s	1	1.9444	3.600	3.281	2.237
n mile/h	0.514	1	1.852	1.688	1.151
km/h	0.278	0.540	1	0.911	0.621
ft/s	0.305	0.592	1.097	1	0.682
mile/h	0.447	0.869	1.609	1.467	1

风力发电场常用的风速为：

1）3s 平均风速。在风力机运行过程中，只要检测到 3s 内的平均风速超出了风力机的最大切出风速，风力机就会停机。

2）10min 平均风速。风力机在启动过程中，只要 10min 平均风速达到风力机的切入速度，风力机就会启动。

3）年平均风速。根据年平均风速，可以得知该地区的风能资源是否丰富，是否具有开发风电场的意义。

4）有效风速。有效风速是指风力机的启动和停机之间的风速。

2. 风向的测量

风向可由风向标等仪器指示出来，从风向标与一固定不变的主方位指示杆之间的相对位置来测出风向。

现在多数气象站和风电场都是把风速和风向以精确的仪器同时连续测量和记录。风向标由风尾（尾翼）、指向杆、平衡锤和旋转主轴四部分组成，如图 1-3 所示。风尾是感受风力的部件，在风力作用下产生旋转力矩，使指向杆风尾轴线不断调整它的取向，与风向保持一致。指向杆指向来风方向；平衡锤垂在指向杆上，使整个风向标对支点保持重量力矩平衡；旋转主轴是风向标的转动中心，并通过它带动传感元件，把风向标指示

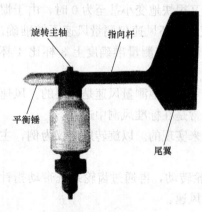

图 1-3 风向标

的度数传送到室内指示仪表上。

风向风速仪一般安装在离地面 10m 高度的测风塔上，如果附近有障碍物，则至少要高出障碍物 6m。

3. 风玫瑰图

风玫瑰图是以"玫瑰花"的形式表示各方向上气流状况重复率的统计图表，所用资料可以是一月内、一年内，通常采用一个地区多年的平均统计资料。风玫瑰图主要包括风向玫瑰图和风速玫瑰图。风向玫瑰图将图划分成 8、12，甚至 16 等分的空间区域来表示不同的方向，在各方向线上按该方向风的出现频率，截取相应比例的长度绘制在图上，并将相邻方向线上的截点用直线连接成闭合折线图形。

用同样的方法表示各方向的平均风速，称为风速玫瑰图，如图 1-4 所示。如果表示风向频率和风速的 3 次方的乘积，称为风能玫瑰图，如图 1-4（a）所示。其中，风向频率是指在一定时间内各种风向出现的次数占所观测的总次数的百分比，如图 1-4（b）所示。风速频率是指在一定时间内发生相同风速的时数占这段时间刮风总时数的百分比，如图 1-4（c）所示。它们均反映风的特性。

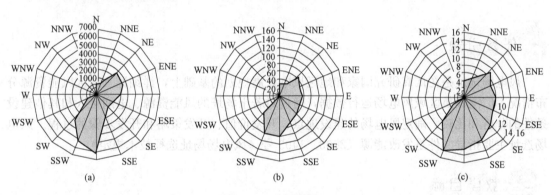

图 1-4　风玫瑰图

（a）风向频率玫瑰图；（b）风速玫瑰图；（c）风能玫瑰图

从风玫瑰图中可以看出：

（1）盛行风向。盛行风向是指根据当地多年的观测资料绘制的年风向玫瑰图中，风向频率较大的方向。如果是以季度绘制的，则可以有四季的盛行风向。

（2）风向旋转方向。风向旋转方向是指风向随着季节变化的旋转。在季风区一年中风向由偏北逐渐过渡到偏南，再由偏南逐渐过渡到偏北。在那些风向直接交替而不是逐渐过渡的地区，风向旋转就不存在了。

（3）最小风向频率。最小风向频率是指两个盛行风向对应轴大致垂直的两侧风向频率最小的风向。当盛行风向有季节风向旋转性质时，最小风向频率应该在旋转方向的另一侧。

风玫瑰图可以准确描绘一个地区风的状况，从而确定风电场风力发电机组的总体排布，在风电场初期建设中起到很大的作用。

4. 风能资源评估

（1）风能资源的测量方法。风能资源测量的基本参数包括风速、风向、风速标准偏差、气温、大气压等。所选测量位置的风况应基本代表风场的风况，一般选择在风场主风向的上风向位置，附近没有高大建筑、树林等，与单个障碍物的距离应该大于障碍物高度的 3 倍，与成排障碍物的距离应保持在障碍物最大高度的 10 倍以上。如果风场地形复杂，应选择两处及以上位置进行测量。

测风仪包括风速、风向的测量装置及数据采集器，安装于测风塔上，现场连续测量应该不少于一年，采集数据的完整率在 98% 以上，采集数据的间隔不超过一个月，并对数据做出正确处理。

（2）风能资源的评估方法。基于测量、收集的大量风参数，利用定性分析和定量计算的方法，得出一系列变化规律，找到风能资源的评价指标。通常采用的分析方法有统计方法和数值模拟方法，统计方法主要是利用数据资料按照一定规律或模式进行统计得到风能资源的评估指标；数值模拟方法是通过对复杂地形的数值化、地貌条件的模型化等措施，利用计算机模拟出整个风电场的流体分布情况，得到风能资源的空间分布，从而对风能资源进行正确评价的方法。

任务二　风电场选址

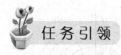

任务引领

风电场选址是在认真研究国家和地区风电发展规划的基础上，详细调查地区风能资源分布情况，广泛收集区域风电场运行数据，通过对若干场址的风能资源、电网接入和其他建设条件的分析和比较，确定风电场的建设地点、开发价值、开发策略和开发步骤的过程。风电场选址主要指导文件是发改能源〔2003〕1403 号《风电场场址选择技术规定》。

教学目标

1. 了解影响风电场选址的主要因素。
2. 掌握风资源的测量和评价方法。

相关知识学习

风电场是由多台风力发电机组构成的，即在一个风能资源丰富的场地，由一批风力发电机组或风力发电机组群组成的电站，风电场内主要包括风力机、变压器、集电线路和变电站等。

风电项目前期准备工作是风电建设的基础，风电项目开发前期工作流程如图 1-5 所示。

1. 风电场选址
（1）影响风电场选址的主要因素。
1）风能资源及相关气候条件。
2）地形和交通运输条件。
3）土地征用与土地利用规划。
4）工程地质。

5）接入系统。

6）环境保护。

7）影响风电场建设的其他因素。

（2）风电场宏观选址的基本原则。

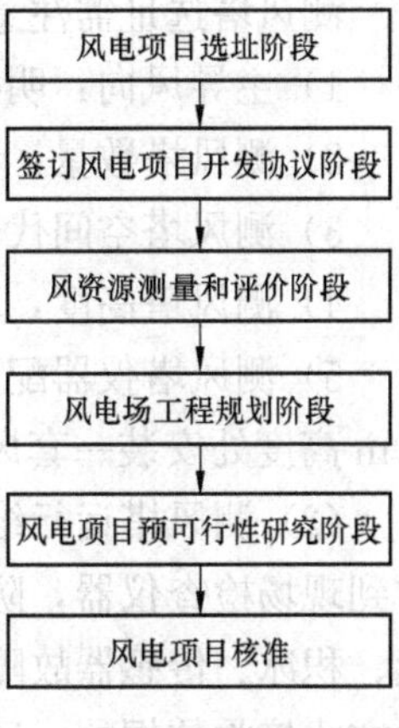

1）风能资源丰富、风能质量好。拟选场址年平均风速一般应大于 6m/s，风功率密度一般应大于 200W/m²；盛行风向稳定；风速的日变化和季节变化较小；风切变较小；湍流强度较小；无破坏性风速。

2）符合国家产业政策和地区发展规划。选择的风场，一定要纳入市（自治区）的风力发电发展规划中，没有规划的，要争取列入规划。

```
┌──────────────────────┐
│   风电项目选址阶段    │
└──────────────────────┘
┌──────────────────────┐
│ 签订风电项目开发协议阶段 │
└──────────────────────┘
┌──────────────────────┐
│  风资源测量和评价阶段 │
└──────────────────────┘
┌──────────────────────┐
│  风电场工程规划阶段   │
└──────────────────────┘
┌──────────────────────┐
│ 风电项目预可行性研究阶段 │
└──────────────────────┘
┌──────────────────────┐
│   风电项目核准       │
└──────────────────────┘
```

图 1-5　风电项目开发前期工作流程

3）满足联网要求。认真研究电网网架结构和规划发展情况，根据电网容量、电压等级、电网网架、负荷特性、建设规划，合理确定风电场建设规模和开发顺序，保证风电场接得进、送得出、落得下。

4）具备交通运输和施工安装条件。拟选场址周围港口、公路、铁路等交通运输条件应满足风电机组、施工机械、吊装设备和其他设备、材料的进场要求。

5）保证工程安全。拟选场址应避免洪水、潮水、地震、火灾和其他地质灾害（山体滑坡）、气象灾害（台风）等对工程造成破坏性的影响。

6）满足环境保护和其他建场条件的要求。首先要避开自然保护区、自然林保护区、水源保护区等；避开鸟类的迁徙路径、候鸟和其他动物的停留地或繁殖区；与居民区保持一定距离，避免噪声、叶片阴影扰民；尽量减少对耕地、林地、牧场等场地的占用，避开基本农田；避开地面文物、地下矿藏、军事设施等。

7）规划装机规模满足经济性开发要求，项目满足投资回报要求。一般要求风电场资本金回报率不低于 8%。

2．签订风电项目开发协议

宏观选址完成后，要积极和地方政府沟通，向政府（一般为旗/县一级）报送开发请示，争取资源配置承诺和开发权，和政府达成初步开发意向后，编制风电场开发协议，初步确定开发区域坐标，同时报送集团公司电力事业部和政府主管部门，审定同意后，由项目公司和地方政府签订风电场开发协议。

3．风资源的测量和评价

风电场前期测风投入虽少，但对项目机组选型、微观选址、发电量影响大，是风电开发最重要的前期工作之一。因此，应严格按照 GB/T 18709—2002《风电场风能资源测量方法》、GB/T 18710—2002《风电场风能资源评估方法》、DB64/T 1585—2019《风电场风能资源测量评估数据处理技术规范》三个指导文件的具体要求，在测风阶段给予足够的投入，安装足够数量的测风塔，并安装满足要求的传感器，测风时间满足国家标准要求。

（1）测风塔选址。测风塔的位置和数量一定要在地形图上先确定，再到现场调整并最终确定，否则极易造成测风塔位置的偏移，或是不能代表一个区域，或是出界等差错，不能满足风电场风能资源的评价要求。

测风塔选址需注意以下几个问题：

1）主导风向：明确判定当地主导风向。

2）测风塔数量：根据风场面积、地形地貌、风资源分布等合理确定。

3）测风塔空间代表性：尽量远离障碍物，避免安装在风电场最高点或最低点。

4）测风塔高度：不应低于预期安装风电机组的轮毂高度。

5）测风塔仪器配置：最高处安装两套风速仪、一套风向标；叶片最低处应安装风速仪；10m 高度处安装一套风速仪、风向标；北方低温风电场应加装温度计。

（2）测风塔运行维护。测风塔及测风设备投入运行后，要经常对测风数据进行检查，经常到现场检查仪器，防止数据失窃，及时发现问题。传感器装上以后，经常会因为缺电、沙尘、积冰、传感器故障、数据记录仪故障、电缆磨损、雷击等造成数据的丢失或失真；用无线方式接收数据的，还要保证及时向电信公司交费；安排责任心强、接受过培训的人员负责这项工作，是重要的保证措施之一。

4. 风电场工程规划阶段

经过至少 1 年的测量，且有效数据完整率达到 90％以上，即可进入风电场工程规划阶段，风电场规划报告的编制单位需要通过比选确定。

规划的目的：风电场开发与建设要整体规划，近、中、远期相结合，科学分期，分步实施，避免重复投资和不合理投资，提高项目整体的投资效益。

规划应考虑的问题：在落实风电场规模的前提下，确定系统接入规模，科学、合理地确定升压站的布置、主变压器容量、主接线形式、集电线路方案、施工组织方案（道路）等。

在风电场的规划中，容量的确定应特别要考虑资源的充分利用。

依据《风电场工程规划报告编制办法》，风电场工程规划主要研究内容包括风电场选址、建设条件、规划装机容量、接入系统初步方案、环境影响初步评价、开发顺序，以及下一步工作安排等。

5. 风电项目的可行性研究

测风时间满一年，如风资源满足开展可行性研究的条件，应及时开展项目可行性研究工作。

风电项目的可行性研究工作是决策的依据，可行性研究报告的质量紧密关系着项目的效益甚至存亡。风电场可行性研究报告最重要的三个参数是风电场年等效上网小时数、风电场单位千瓦造价、资本金财务内部收益率。

任务三　风电场机组选型与布置

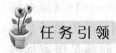 任务引领

合理进行机组选型和布置，是风电场设计要考虑的主要问题。机组的选型不仅要考虑场址的安全和气候条件，还要考虑场址的运输条件、价格及售后等因素；若机组排列过密，会降低效率，减少发电量，而且由于湍流还会造成机组的振动；排列过疏，不能充分利用风能，还增加了道路、电缆和土地的使用等。

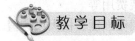

教 学 目 标

1. 了解影响风力发电机组选型的主要因素。
2. 熟悉风力发电机组选型的主要方法步骤。
3. 掌握风力发电机组布置的基本原则。

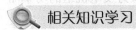

相关知识学习

一、风力发电机组选型

1. 影响风力发电机组选型主要因素

（1）满足场址的安全和气候条件。在 GB 18451.1—2012《风力发电机组　设计要求》中，根据轮毂高度的年平均风速、50 年一遇 10min 平均最大风速、湍流强度等将风力发电机组分为 3 个等级，同时还有一个特殊设计的 S 级。应根据场址的风况选择安全等级的级别。选机型时要和厂家充分技术交流，看机组是否能够承受现场极限载荷和疲劳载荷。

（2）应根据气温范围确定选用标准型或低温型机组。沿海和海岛地区需注意是否对防腐、雷击和绝缘性能提出特殊要求。内陆风沙大地区，要求机舱密封好。

（3）注意场址的交通运输条件的制约。

（4）顺应风力发电机组发展趋势，尽量选用单机容量较大的、采用变桨变速技术的机型，以减少风力发电机组的数量，增加发电量，从而减少土地面积的占用和吊装次数，提高经济效益，同时避免将来因厂家停产而难以找到备品备件。

（5）价格主要包括风力发电机组本体的价格及其塔架、基础、吊装费用、备品备件价格，以及维护费用。单机容量不同时还应比较配套设备和设施的费用。

（6）机组技术成熟、运行可靠，有运行业绩。在有关技术参数方面（功率因数、低电压穿越能力）尽量满足电网公司要求。

（7）售后服务应考虑厂家有无专门的服务机构和服务设施。现场调试人员技术水平高低成为目前风电场能否顺利通过 240h 验收的重要条件。

2. 风力发电机组选型的主要方法步骤

（1）根据交通运输条件和安装条件确定单机容量的范围。

（2）根据气候条件和风电场安全等级，确定几种备选的机型。

（3）用 WAsP 等软件将几种备选机型做初步布置，计算出其理论发电量。

（4）对各备选机型及其配套费用作投资估算，其中风力发电机组、塔架价格用最新的招标价格计算。

（5）计算各备选机型的度电成本、千瓦投资等指标。必要时进行动态指标排序，如资本金财务内部收益率。

风力发电机组的选型应结合各备选机型的特征参数、结构特点、控制方式、成熟性、可靠性、先进性、价格、交货进度、售后服务等进行综合的技术经济比较。

3. 风力发电机组最佳轮毂高度的确定

风力发电机组最佳轮毂高度主要取决于地表粗糙度（即风速的垂直变化规律，风切变）、风电场上网电价水平、因塔架增高而付出的塔架费用、基础费用、吊装费用等。

风力发电机组最佳轮毂高度还取决于风资源特性参数（风切变、湍流强度、极大风速值等），以减少机组疲劳载荷和极限载荷。

4. 风电场发电量计算

在确定了风电场拟安装的机型、轮毂高度后，即可计算风电场的年上网电量。

建议风电场发电量计算应采取多种方法进行对比验证。除了上述用软件计算方法外，建议多参考周围风电场的实际发电量情况，并根据风资源情况的不同对风力发电机组的功率曲线进行适当调整。

5. 经济评价

根据国家现行的财税政策，按照国家发展和改革委员会同住房和城乡建设部发布的《建设项目经济评价方法与参数（第三版）》，对项目进行财务指标计算，分析项目的盈利能力、偿债能力和财务生存能力，为项目的决策提供依据。

二、风力发电机组布置

风力发电机组位置的选择与确定是风电场建设中的重要内容，它不仅关系到每台风力发电机组的发电量，而且还关系到风力发电机组的安全、场内道路、施工安装、集电线路的优化等，应予以高度重视，图 1-6 为风力发电机组布置的技术步骤。

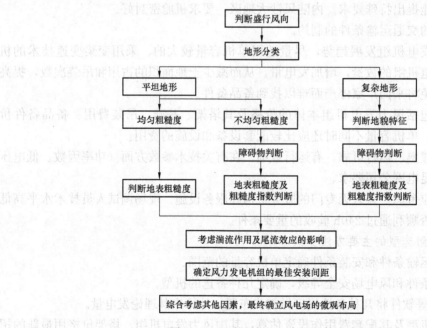

图 1-6　风力发电机组布置的技术步骤

风电场风力发电机的布置基本原则如下。

（1）尽量集中布置。集中布置可以减少风电场的占地面积，充分利用土地，在同样面积的土地上安装更多的机组；其次，集中布置还能减少电缆和场内道路长度，降低工程造价，降低场内线损。

（2）尽量减小风力发电机组之间尾流影响。在风电场中，一方面，风经过风力机产生尾流，风速降低使后面的风力机可利用的风速减小；另一方面，转动的风轮造成湍流强度加大，风力机后面的风速会出现突变，有一定程度的减少，从而影响到机组发电量。一般尾流可造成能量损失5％左右。确定尾流影响的因素主要有地形、机组间距离、相对高度等。

图1-7所示为盛行风向不变的风电场风力机布置情况，图1-8所示为盛行风不是一个方向时的风力机布置情况，图1-9所示为迎风坡风电场风力机的布置，图中 d 为风轮直径。

（3）避开障碍物的尾流影响区。在风电场中有时会碰到障碍物。障碍物尾流的大小和强弱与其大小和体型有关。研究表明，对于无限长的障碍物，在障碍物下风向40倍障碍物高度、上方2倍障碍物高度的区域内，是较强的尾流扰动区。风力发电机组的布置必须避开这一区域。如图1-10所示为障碍物对气流方向的影响。

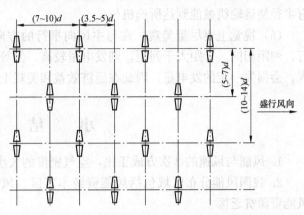

图1-7 盛行风向不变的风电场风力机组布置

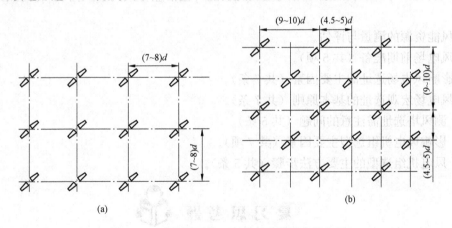

(a)   (b)

图1-8 盛行风不是一个方向时的风力机布置

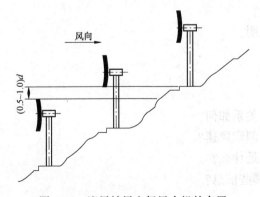

图1-9 迎风坡风电场风力机的布置

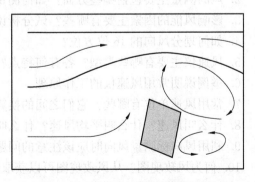

图1-10 障碍物对气流方向的影响

（4）满足风力发电机组的运输条件和安装条件。在平坦地形条件下，满足这一原则是很容易的。在山区，满足这一原则经常有难度。要根据所选机型需要的运输机械和安装机械的要求，机位附近要有足够的场地能够作业和摆放叶片、塔筒，道路有足够的坡度、宽度和转弯半径使运输机械能到达所选机位。

（5）视觉上要尽量美观。在与主风向平行的方向上成列，垂直的方向上成行。行间平行，列距相同。行距大于列距，则发电量较高，但等距布置在视觉上较好。追求视觉上的美观，会损失一定的发电量，因此在经济效益和美观上，也要有一定的平衡。

小　结

1. 风能与风速的 3 次方成正比，空气密度的大小也直接关系到风能的多少。

2. 我国风能分布区域包括风能资源丰富区、风能资源较丰富区、风能资源可利用区、风能资源贫乏区。

3. 风速仪与风向标的使用。

4. 风力发电场常用的风速有 3s 平均风速、10min 平均风速、年平均风速、有效风速。

5. 风玫瑰图可以准确描绘一个地区风的状况，包括盛行风向、风向旋转方向、最小风向频率。

6. 风能资源的测量与评估。

7. 风电场前期准备（共 5 项）。

8. 影响风电场选址的主要因素（共 7 条）。

9. 风电场宏观选址的基本原则（共 7 条）。

10. 测风塔选址需注意的问题（共 5 条）。

11. 影响风电机组选型主要因素（共 7 项）。

12. 风电机组选型的主要方法步骤（共 5 条）。

复习思考题

1. 风资源资料数据如何获取？

2. 风的测量主要包括哪些方面？如何测量？

3. 影响风能的因素主要有哪些？试分析说明。

4. 如何划分风向的 16 位方位？

5. 风速仪主要有哪些类型？各有何特点？

6. 举例说明常用风速仪的工作原理。

7. 常用风速单位有哪些？它们之间的换算关系如何？

8. 什么叫风速？什么叫平均风速？什么叫额定风速？

9. 利用风向标测量风向时应该注意的问题是什么？

10. 何为风玫瑰图？从风玫瑰图可以获取哪些信息？

11. 我国风能资源的区域是如何划分的？

12. 简述我国风能资源的分布情况。

13. 为什么获取特定场地的准确风资源数据是非常重要的？

14. 简述风电场选址的步骤。

15. 风电场选址主要考虑哪些因素？

16. 举例说明风电场的布置形式。

17. 根据图 1-11 所示说明图示的名称，其主导风向是什么？

18. 风电场建设前期准备工作的要求有哪些？

19. 风电项目的投资有哪些风险？怎样进行风电项目投资风险的防范？

20. 与风电场选址有关的风能资源技术指标有哪些？

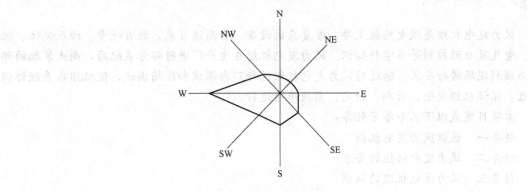

图 1-11　复习思考题 17 题

项目二　风力发电机组的安装与调试

 项目描述

　　风力发电机组是风电场最主要、最复杂的设备，它高达百米，数百吨重。涉及流体、机械、电气及自动控制等多学科知识。风力发电机组在生产厂进行部分装配后，尚未装配的部分必须到现场进行安装。通过对风力发电机组进行厂内调试和现场调试，使机组各系统协调一致，保证机组安全、长期、稳定、高效率地运行。

　　本项目完成以下三个学习任务：

　　任务一　认识风力发电机组

　　任务二　风力发电机组的安装

　　任务三　风力发电机组的调试

 学习重点

　　1. 双馈型与永磁直驱型两类风力发电机组的基本结构和工作特点。

　　2. 风力发电机组安装过程中的安全注意事项与工作过程。

　　3. 风力发电机组的调试内容与操作方法。

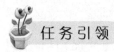 学习难点

　　1. 双馈型风力发电机组与永磁直驱型风力发电机组的结构及运行原理。

　　2. 风力发电机组的安装与调试方法。

任务一　认识风力发电机组

 任务引领

　　了解风力发电机组的基本结构和工作原理是进行风力发电机组运行检修的基础，只有从整体上对风力发电机组有一个全面系统的认识，才能为后续系统部件的检修打下良好的基础。

 教学目标

　　1. 正确比较各类风力发电机组的结构和运行特点。

2. 了解变桨、偏航、变流等系统的基本动作过程。

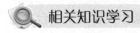 相关知识学习

一、风力发电机组的基本结构

从外观结构上看，风力发电机组由基础、塔架、风力机系统、机舱等组成，如图 2-1 所示。风力发电时，在风力的作用下，风力机开始旋转，通过机舱内的传动系统，带动发电机转子旋转并开始发电，从而完成"风能-机械能-电能"的转换。

1. 基础

基础在风力发电机组的最下部，是主要的承载部件。主要承受上部塔架传来的机组的全部竖向荷载、水平荷载，包括机组自身重量、风荷载、风轮旋转产生的力矩、机组调向时产生的扭矩等复杂荷载。

目前大型风力发电机组多采用钢筋混凝土基础，按结构分主要有厚板块、多桩和单桩几种形式，如图 2-2 所示。厚板块基础用在距地表不远处就有硬性土质的情况；桩基础常常用在土质比较疏松的地层情况。

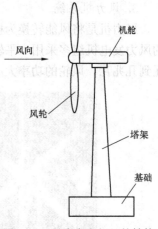

图 2-1　风力发电机组的结构

图 2-2　风力发电机基础

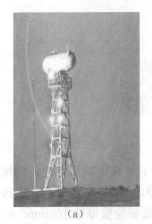 

图 2-3　风力发电机组塔架

(a) 桁架式；(b) 圆筒式

2. 塔架

如图 2-3 所示，现代大型风力发电机组多采用圆筒形钢制塔架，也是主要的承载部件，用来把风力发电机组上部的荷载传递给基础。塔架主要由塔筒、塔门、塔梯、平台、电缆架及照明设备组成，有些塔筒内布置有升降机。

(1) 塔筒。塔筒是塔架的主要承力部件。现在的塔架一般有 60～90m 高，为了吊装及运输方便，一般将塔筒分成若干段，在底段塔筒底部内、外侧或单侧设法兰盘，其余连接段的内侧设法兰盘，采用

螺栓进行连接。塔筒的高度决定风力机的高度，通常高度越高，风力也越大。由于风场的风速不同，为了在最佳的风速运行，塔筒的高度也不相同。

（2）平台。为了安装相邻段塔筒和供检修人员攀爬中间休息，塔架中设置若干平台。通常在塔门位置设置一个基础平台，在中间段还要设置2～3个检修平台。

（3）内外爬梯。为了检修方便，在地面到舱门设置外梯，在基础平台到机舱设置内梯或垂直电梯。外梯通常设置成倾斜直梯或螺旋梯，内梯通常设置成垂直爬梯。

3. 风力机系统

风力机是将风能转换为机械能的装置，是风力发电机组的核心部件。现代用于并网发电的风力发电机组多采用水平轴迎风式、双叶或三叶的风力机（如图2-4所示），功率从几千瓦到几兆瓦，风轮的功率大小取决于风轮直径。

图2-4　不同叶片数量的风力发电机

（a）多叶片风力机；（b）三叶片风力机；（c）双叶片风力机

风力机主要由风轮叶片、风轮轮毂、导流罩和变桨系统组成。

（1）风轮叶片。风力发电机组的风轮叶片是接受风能的主要部件，如图2-5所示。叶片的翼型设计、结构形式直接影响风力发电装置的性能和功率，是风力发电机组中最核心的部分之一。

图2-5　叶片

（2）风轮轮毂。风轮轮毂是风力发电机组中的一个重要部件，它连接主轴和叶片，将风轮的扭矩传递给齿轮箱或发电机。轮毂通常有球形和三圆柱形两种，如图2-6所示。连接叶片法兰的夹角为120°，风机轮毂铸件的直径约3m，重达8t，重要部位壁厚达160mm，由球墨铸铁铸造而成。

（3）变桨系统。变桨系统是风力发电机组中调节功率的装置，它包括三个主要部件：驱动装置（电机）、齿轮箱和变桨轴承，如图2-7所示。通过在叶片和轮毂之间安装的变桨驱动电机带动回转轴承转动从而改变叶片迎角，由此控制叶片的升力，以达到控制作用在风轮叶片上的扭矩和功率的目的。

采用变桨距调节，风机的启动性好、刹车机构简单，叶片顺桨后风轮转

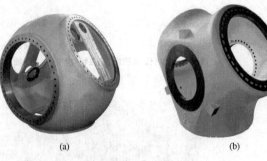

图2-6　轮毂的结构
(a) 球形；(b) 三圆柱形

速可以逐渐下降，额定点以前的功率输出饱满，额定点以后的输出功率平滑，风轮叶根承受的动、静载荷小，变桨系统作为基本制动系统，可以在额定功率范围内对风机速度进行控制。

（4）导流罩。导流罩一般用玻璃钢材料制造，用来减小对风的阻力，如图2-8所示。

图2-7　变桨系统

图2-8　风力发电机组导流罩

4. 机舱

机舱由底盘和机舱罩组成，是底盘上安装除控制器以外的主要部件。机舱罩后部的上方装有风速和风向传感器，舱壁上有隔声和通风装置等，底部与塔架连接。机舱上安装有散热器，用于齿轮箱和发电机的冷却；同时，在机舱内还安装有加热器，使得风力发电机组在冬季寒冷的环境下，机舱内保持10℃以上的温度。

机舱内安装着风力发电机组的大部分传递、发电、控制等重要设备，包括主轴、齿轮箱、发电机、液压装置、偏航装置和电控柜等，如图2-9所示。

5. 增速齿轮箱系统

风力发电机组中的齿轮箱是一个重要的机械部件，其主要的功能是将风轮在风力作用下所产生的动力传递给发电机，并使其得到相应的转速。风轮的转速很低，远达不到风力发电机组的要求，必须通过齿轮箱齿轮副的增速作用来实现，故也将齿轮箱称为增速箱。图2-10所示为齿轮箱典型结构示意。

6. 发电机

发电机是将其他形式的能转换成电能的机械设备。发电机的种类很多，其工作原理都是基于电磁感应定律、电磁学及力学定律。

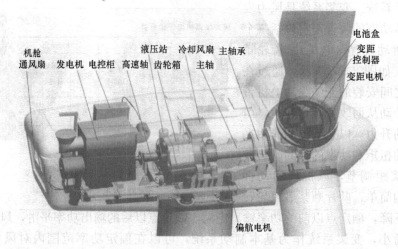

图 2-9　风力发电机组机舱内设备

图 2-10　齿轮箱典型结构示意

发电机通常由定子、转子、外壳（机座）、端盖及轴承等部件构成。

定子由定子铁芯、定子绕组、机座、接线盒及固定这些部件的其他机构件组成。

转子由转子轴、转子铁芯（或磁极、磁轭）、转子绕组、护环、中心环、集电环及风扇等部件组成。

发电机分为两个主要类型：同步发电机和异步发电机。同步发电机运行的频率与其所连电网的频率完全相同，同步发电机也被称为交流发电机。异步发电机运行时的频率比电网频率稍高，异步发电机常被称为感应发电机。风力发电机组的发电机一般采用异步发电机，异步发电机的转速取决于电网的频率，只能在同步转速附近很小的范围内变化。

同步发电机中的转子有一个通直流电的绕组，称为励磁绕组，励磁绕组建立一个恒定的磁场锁定定子绕组建立的旋转磁场。因此，转子始终能以一个恒定的与定子磁场和电网频率同步的恒定转速上旋转。在某些设计中，转子磁场是由永磁机或永磁体产生的。

异步发电机的转子由一个两端都短接的鼠笼形绕组构成。转子与外界没有电的连接，转子电流由转子切割定子旋转磁场的相对运动而产生。如果转子速度完全等于定子转速磁场的速度（与同步发电机一样），这样就没有相对运动，也就没有转子感应电流。因此，感应发电机总的转速总是比定子旋转磁场速度稍高。

7. 偏航系统

由于自然风风向的不确定性和风的不稳定性，风轮需要反复偏航对风以获得最大功率。如果风轮扫掠面和风向不垂直，则不但功率输出减少，而且承受的载荷更加恶劣。偏航系统的功能就是跟踪风向的变化，驱动机舱围绕塔架中心线旋转，使风轮扫掠面与风向保持垂直。

8. 液压系统

液压系统是以液体为介质，实现动力传输和运动控制的机械装置，如图 2-11 所示。它具有传动平稳、功率密度大，容易实现无级调速，易于更换元器件和过载保护等优点，在大型风力发电系统中广泛应用液压系统实现偏航刹车及转子刹车功能。

9. 制动系统

制动系统是风力发电机组中起制动作用装置的总称，一般包括空气动力刹车和机械制动机构。

（1）空气动力刹车。当风力发电机组处于运行状态时，叶尖扰流器作为桨叶的一部分起吸收风能的作用，保持这种状态的动力是风力发电机组中的液压系统。液压系统提供的液压油通过旋转接头进入安装在桨叶根部的液压缸，压缩叶尖扰流器机构中的弹簧，使叶尖扰流器与桨叶主体连为一体。当风力发电机组需要停机时，液压系统释放液压油，叶尖扰流器在离心力作用下，按设计的轨迹转过 90°，成为阻尼板，在空气阻力下起制动作

图 2-11 液压系统
1—蓄能器；2—偏航余压阀；3—压力表；4—空气过滤器；5～7—手动阀；8—油位计；9—手动泵；10—放油阀；11—压力继电器；12、14—电磁阀；13—安全阀

用，如图 2-12 所示。变桨距风力发电机组的空气动力刹车是通过桨距角的变化来实现的。

（2）机械制动机构。机械刹车机构由安装在低速轴或高速轴上的刹车圆盘与布置在四周的液压夹钳构成。液压夹钳固定，刹车圆盘随轴一起转动，如图 2-13 所示。刹车夹钳有一个预压的弹簧制动力，液压力通过油缸中的活塞将制动夹钳打开。机械刹车的预压弹簧制动力，一般要求在额定负载下脱网时能保证风力发电机组安全停机。但在正常停机的情况下，液压力并不是完全释放，即在制动过程中只作用了一部分弹簧力。为此，在液压系统中设置了一个特殊的减压阀和蓄能器，以保证在制动过程中不完全提供弹簧的制动力。为了监视机械刹车机构的内部状态，刹车夹钳内部装有温度传感器和指示刹车片厚度的传感器。

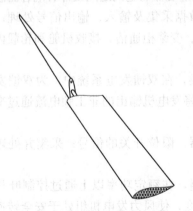

图 2-12 叶尖刹车系统

图 2-13 高速轴刹车系统

10. 电气及控制系统

与一般工业控制过程不同，风力发电机组的控制系统是综合性控制系统。它不仅要监视电网工况和机组运行参数，而且还要根据风速与风向的变化，对机组进行优化控制，以提高机组的运行效率和发电量。电控系统通常包括正常运行控制、运行状态监测和安全保护三方

面的职能。

（1）电气控制系统的功能。

1）正常运行控制。正常运行控制包括机组自动启停、变流器并网、主要零部件的除湿加热、液压系统启停、散热器启停、偏航及自动解缆、电容补偿和电容滤波投切，以及低于切入风速时的自动停机等。

2）监控功能。监控功能主要包括电网电压、频率，发电机输出的电流、功率、功率因数，风速，风向，叶轮转速，液压系统状况，偏航系统状况，风力发电机组关键设备的温度及舱外温度等。

3）安全保护系统。安全保护系统可以分为三层结构：计算机系统、独立于计算机的安全链、器件本身的保护措施。机组发生超常振动、超速、出现极限风速等情况时保护机组。机组采用两套相互独立的保护机构，一套是可编程逻辑控制器（PLC）软件控制的保护系统，由 PLC 对安全链的节点进行监控，任何一个节点发生故障后，主控制程序都会向变桨系统发出急停请求；另一套为独立于计算机系统的安全链，安全链是一个硬回路，由所有能触发紧急停机的触点串联而成，任何一个触发都会导致紧急停机。

安全链上通常串接有以下部件：急停按钮、转子过速、3 个变桨叶片驱动故障、制动器故障、发电机过速、振动开关动作、轮毂过速、看门狗、制动器工作位置、叶片工作位置、轮毂驱动故障（轮毂部分急停）、存储继电器故障。由紧急停止开关触发安全链时，只能手动复位，由其他方式触发安全链可以通过操作系统复位。

（2）电控系统的组成。风力发电机组的电气控制系统由低压电气柜、电容柜、控制柜、变流柜、机舱控制柜、变桨控制系统及传感器和连接电缆组成。

1）低压电气柜。风力发电机组的主配电系统，连接发电机与电网，为风机中的各执行机构提供电源，同时也是各执行机构的强电控制回路。

2）电容柜。为了提高变流器整流效率，在发电机与整流器之间设计有电容补偿回路，提高发电机的功率因数。为了保证电网供电的质量，在逆变器与电网之间设计有电容滤波回路。

3）控制柜。机组可靠运行的核心，主要完成数据采集及输入、输出信号处理；逻辑功能判断；对外围执行机构发出控制指令；与机舱柜、变桨柜通信，接收机舱和轮毂内变桨系统信号；与中央监控系统通信，传递信息。

4）变流柜。变流系统主要完成电流频率的变换，在双馈发电系统中，为双馈发电机励磁系统提供励磁电流，在永磁同步风力发电系统中将发电机输出的非工频电流通过变流柜变成工频电流并入电网。

5）机舱控制柜。主要是采集机舱内各个传感器、限位开关的信号；采集并处理叶轮转速、发电机转速、风速、温度、振动等信号。

6）变桨控制器。实现风力发电机组的变桨控制，在额定功率以上通过控制叶片桨距角使输出功率保持在额定状态。停机时，调整桨距角度，使风力发电机组处于安全转速下。

7）并网柜。实现并网的功能，保护断路器，分配系统电源的功能，同时与主控制柜保持通信。

二、机组运行原理

目前大型并网风力发电机组主要有定桨距机组、双馈型机组、永磁直驱型机组等多种类型的机组，但最具有竞争力的结构类型还是双馈型机组和永磁直驱型机组。

1. 双馈型风力发电机组

风速时刻都是在变化的，而电网的频率必须保持一个几乎恒定的值（我国电网频率为50Hz）。最初风力发电机大多以恒速恒频的方式实现并网发电。随着风力发电机组向大型化发展，使风力机在很大风速范围内按最佳效率运行的重要优点越来越引起人们的重视。双馈型风力发电机组是一种风轮叶片桨距角可以调节，同时采用双馈异步发电机，发电机可以变速，并输出恒频恒压电能的风力发电机。在低于额定风速时，它通过改变转速和叶片桨距角使风力发电机组在最佳尖速比下运行，输出最大的功率，而在高风速时通过改变叶片桨距角使风力发电机组功率输出稳定在额定功率，如果超过发电机同步转速，转子也处于发电状态，则通过变流器向电网馈电，所以称为双馈型风力发电机组。目前双馈型风力发电机组已成为大型并网风力发电机的主力机型。

（1）结构。双馈型风力发电机从下到上由基础、塔筒、机舱、风力机等部分组成。在塔筒内底部，布置有变流柜、并网柜；在机舱和塔筒连接处布置有偏航系统；在机舱内部有低速轴和风力机相连，接着是齿轮箱、高速轴和双馈型风力发电机，另外在机舱内还布置有控制柜，液压站等装置；在机舱外上端尾部布置有测量风速、风向的传感器，结构示意如图2-14所示。

（2）工作原理。

1）变桨。变桨距风力发电机组与定桨距相比，具有在额定功率点以上输出功率平稳的特点。当功率在额定值以下时，控制器将叶片桨距角置于0°，不作变化，可认为等同于定桨距风力发电机组，发电机的功率根据叶片的气动性能随风速的变化而变化。当功率超过额定功率时，变桨距机构开始工作，调整叶片桨距角，将发电机的输出功率限制在额定值附近。

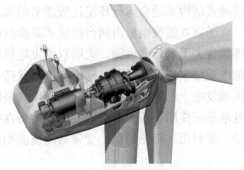

图2-14　双馈型风力发电机结构示意

2）发电。随着并网型风力发电机组容量的增大，大型风力发电机组的单个叶片已重达数吨，对操纵如此巨大的惯性体，并且响应速度要能跟得上风速的变化是相当困难的。近年来设计的变桨距风力发电机组，除了对桨叶进行节距控制以外，还通过控制发电机转子电流来控制发电机转差率，使得发电机转速在一定范围内能够快速响应风速的变化，以吸收瞬变的风能，使输出的功率曲线更加平稳。

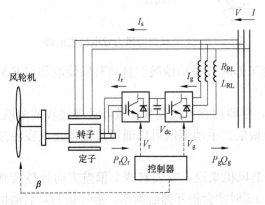

图2-15　变速恒频双馈型风力发电机组控制原理

这种控制方式的风力发电机系统多采用双馈电机，双馈异步发电机是一种绕线式感应发电机，在定、转子上均有三相分布式绕组。运行时，定子侧直接接入三相工频电网，而转子侧通过变频器接入所需低频电流。变流器有AC-AC变流器、AC-DC-AC变流器和正弦波脉宽调制双向变流器三种。无论定子侧还是转子侧都有能量馈送，如图2-15所示。

设系统工作时转子转速为n，转子绕组通过变频器提供的励磁电流在转子绕组上所产生的旋转磁场相对于转子的转速为n_2。当发电机的转速随着风速的变化而变化时，主要是利用变频器调节输入转子的励磁电流频率来改变转子磁场的旋转速度 n_1。

当转子转速低于同步转速时，$n_1 = n + n_2$；

当转子转速高于同步转速时，$n_1 = n - n_2$；

当转子转速等于同步转速时，$n_2 = 0$，相当于直流励磁。

双馈发电机励磁可调节励磁电流的频率、幅值和相位。可通过转子侧的变频器来调节励磁电流的频率，保证在变速运行情况下发出恒频的交流电；也可通过改变励磁电流的幅值和相位，调节输出的有功功率和无功功率，其原理如图 2-16 所示。当转子电流相位改变时，由转子电流产生的转子磁场位置就有一个空间位移，使得双馈发电机定子感应电动势矢量对于电网电压矢量的位置也发生了变化，即功率角发生了改变，使有功功率和无功功率得以调节。

电网侧变换器的控制目标为维持两个变流器之间的直流电容端电压的恒定，转子侧变流器控制目标是发电机定子端输出的有功功率能跟踪其参考值变化，并保持功率因数不变。

双馈发电机分为有电刷和无电刷两种，有电刷双馈发电机就是传统绕线式发电机，变流器通过滑环、电刷对定子进行馈电。但由于绕线式异步发电机有滑环、电刷存在，这种摩擦接触式结构不适合运行环境比较恶劣的风力发电装置。

无刷双馈发电机由两台绕线式异步发电机组成，其原理如图 2-17 所示，两转子的同轴连接省去了滑环和电刷。无刷双馈发电机可在转子转速变化的条件下，通过控制励磁机的励磁电流频率来确保发电机输出电频率保持在 50Hz 不变。因此，无刷双馈发电机可实现变速恒频发电。无刷双馈发电机结构简单，坚固可靠，比较适合风力发电等运行环境比较恶劣的发电系统使用。若无刷双馈发电机运行在中速区和高速区时，励磁机经变频器向电网输出能量。要利用这部分能量，变频器的整流则应该是可控的。

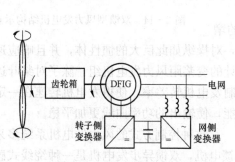

图 2-16　双馈型风力发电机组原理

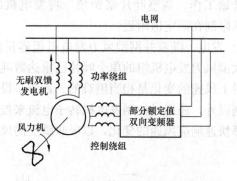

图 2-17　无刷双馈型风力发电机组原理

3）偏航。双馈型风力发电机组的偏航系统工作时分手动偏航、自动对风偏航和偏航解缆三种模式。

手动偏航是三种偏航方式中优先级最高的，主要用在调试过程和故障处理过程的偏航。通过显示屏上的组合按键可以顺时针和逆时针偏航。手动偏航可以通过按键停止或在转过 180°后自动停止。

自动对风偏航跟风向、风速有关。对 FD 型风机来说，安装有两个偏航方向计数传感器，当风向在 1min 内偏离 8°或在 2min 内偏离 16°时才会松开偏航刹车，延时 0.2s，启动偏航电机，执行自动对风偏航。在达到设定的偏航停止角度-2°时，延时 0.5s，制动偏航刹车，停止偏航电机。

当电缆扭曲圈数达到 2 圈且风速低于 3m/s，或电缆扭曲圈数达到 3 圈时，要自动偏航解缆；风机安装有扭缆开关，该开关直接连接到安全链，当电缆扭曲的圈数达到 4 圈，说明自动解缆失败，因此要触发安全链紧急停机。

（3）优缺点。

1）优点。允许发电机在同步转速上下 30% 转速范围内运行，简化了调整装置，减少了调速时的机械应力，同时使机组控制更加灵活、方便，提高了机组运行效率；需要变频控制的功率仅是电机额定容量的一部分，使变频装置体积减小、成本降低、投资减少，并且可以实现有功、无功功率的独立调节。

2）缺点。双馈型风力发电机组必须使用齿轮箱，然而随着风力发电机组功率的提高，齿轮箱成本变得很高，且易出现故障，需要经常维护，同时齿轮箱也是风力发电机系统产生噪声的一个重要声源，当低负荷运行时，效率低；电机转子绕组带有集电环、电刷，增加维护和故障率；控制系统复杂。

2. 永磁直驱型风力发电机组

随着风力发电机组单机容量的增大，双馈型风力发电系统中齿轮箱的高速传动部件故障问题日益突出，于是没有齿轮箱而将主轴与低速多极同步发电机直接连接的永磁直驱型风力发电机组应运而生。

（1）结构。永磁直驱型风力发电机在外观上除了机舱较短、直径较大外，和双馈型风力发电机没有大的区别，主要由基础、塔筒、机舱、风力机等几部分组成，变桨系统和偏航系统也和双馈型风力发电机相同，其主要区别是风力机直接和发电机相连，没有增速齿轮箱，如图 2-18 所示。因风力机的转速通常在 12~120r/min 之间，感应式发电机转速要达到 1000r/min 以上才有利于并网控制。所以直驱型风力发电机选用的是永磁式发电机组。

（2）工作原理。永磁直驱型风力发电机组的发电机轴直接连接到风轮上，风力机拖着发电机的转子以恒定转速 n_1 相对于定子沿逆时针方向旋转，如图 2-19 所示；安放于定子铁芯槽内的导体与转子上的主磁极之间发生相对运动。根据电磁感应定律可知，相对于磁极运动（即切割磁力线）的导体中将感应出电动势：

图 2-18 永磁同步直驱型风力发电机的组成
1—叶片；2—轮毂；3—变桨系统；4—发电机转子；
5—发电机定子；6—偏航系统；7—测风系统；
8—底板；9—塔架

$$e = Blv \text{ V} \qquad (2-1)$$

式中　e——感应电动势，V；

　　B——磁感应强度；

　　l——导体有效切割长度；

　　v——导体与磁场间的相对速度。

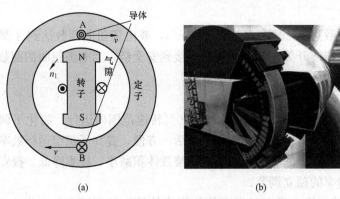

(a)　　　　　　　　　　　　　(b)

图 2-19　直驱型发电机原理图和实物图

(a) 原理图；(b) 实物图

导体感应电动势的方向可用右手定则判断。

如果发电机的转速为 n_1，单位为 r/min，即发电机转子每秒转了 $n_1/60$ 圈，则定子导体中感应电动势的频率为

$$f = \frac{pn_1}{60}\ \text{Hz} \tag{2-2}$$

当发电机的极对数 p 与转速 n_1 一定时，发电机内感应电动势的频率 f 就是固定的数值。

由式（2-2）可知，由于直驱型发电机转速低，所以发电机磁极数很多，通常在 90 极以上，为了保证磁极数，发电机的直径和质量相比双馈型机组也大很多。

直驱型风力发电机根据定子产生磁场的原理不同分为永磁同步风力发电机和电励磁同步风力发电机。

永磁同步风力发电机（PMSG）转子由永久磁钢按一定对数组成，不用消耗电能励磁，但理论上有高温失磁的风险。根据磁通分布可以分为以下几类：径向磁通永磁电机、轴向磁通和横向磁通，其中径向磁通永磁电机结构简单稳固，功率密度更高，在大功率直驱型风电系统中得到了较多应用。

电励磁同步风力发电机（EESG）通常在转子侧进行直流励磁。与电励磁同步风力发电机相比，使用直驱型风力发电机的优势在于转子励磁电流可控，可以控制磁链在不同功率段获得最小损耗；而且不需要使用成本较高的永磁材料，也避免了永磁体失磁的风险。但是电励磁同步风力发电机需要为励磁绕组提供空间，会使电机尺寸更大，转子绕组直流励磁需要滑环和电刷。

转子的转速随风速而改变，其交流电的频率也随之变化，经过大功率电力电子变流器，将频率不定的交流电整流成直流电，再逆变成与电网同频率的交流电输出，如图 2-20 所示。

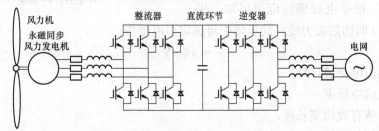

图 2-20　永磁同步风力发电机并网原理

直驱型风力发电机采用全功率变频器，没有运行转速下限的限制，而双馈型风力发电机存在着运行转速的下限，所以从原理上来讲直驱型风力发电机的切入风速可以更低。但是，直驱型风力发电机所使用的全功率变频器存在较高的功率损耗的问题，由于全功率变频器的容量是双馈型风力发电机中变频器的三倍左右，所以变频器的功率器件和冷却等设备所消耗功率也要大很多。

（3）优缺点。直驱型风力发电机是无齿轮箱的变桨距变速风力发电机组，风轮轴直接与低速发电机连接。主要有以下优点：

1）没有了齿轮箱所带来的一些缺点，如由齿轮箱引起的风电机组故障率高；齿轮箱的运行维护工作量大，易漏油污染；系统的噪声大，效率低，寿命短。

2）永磁发电机运行效率高，不从电网吸收无功功率，无需励磁绕组和直流电源，也不需滑环碳刷，结构简单且技术可靠性高，对电网运行影响小。

3）永磁发电机的励磁不可调，导致其感应电动势随转速和负载变化。采用可控 PWM 整流或不控整流后接 DC/DC 变换，可维持直流母线电压基本恒定，同时可控制发电机电磁转矩以调节风轮转速。

4）全功率变流器可以显著改善电能质量，减轻对低压电网的冲击，保障风电并网后的电网可靠性和安全性，与双馈型风力发电机组（变流器容量通常为风电机组额定功率的 1/3）相比，全功率变流器更容易实现低电压穿越等功能，更容易满足电网对风电并网日益严格的要求。

但直驱型风力发电机组也存在以下问题：

1）采用多级低速永磁同步发电机直径较大，随着机组设计容量的增大，电机设计、制造困难、制造成本高。

2）采用全容量逆变器装置，变流器设备投资大，增加控制系统成本。

3）永磁发电机存在定位转矩，给机组启动造成困难。

4）理论上永磁材料存在震动、冲击、高温情况下失磁的风险。

任务二 风力发电机组的安装

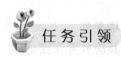

任务引领

风力发电机组安装前应做好充分的准备工作，安装人员必须清楚安装各环节安全注意事项，严格按照规范进行操作，同时应制订周密的安全预案。

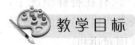

教学目标

1. 熟悉风力发电机组安装过程中的安全注意事项。
2. 熟悉风力发电机组安装前应做好的准备工作。
3. 熟悉风力发电机组安装过程。

 相关知识学习

一、风力发电机组安装过程中的安全注意事项

1. 安装现场安全要求

(1) 现场安装人员应经过安全培训，工作区内不允许无关人员滞留。

(2) 现场指挥人员应唯一且始终在场，其他人员应积极配合，并服从指挥调度。

(3) 在风机安装现场，工作人员必须穿戴必要的安全保护装置进行相应的作业。

(4) 恶劣天气特别是雷雨天气，禁止进行安装工作，工作人员不得滞留现场。

(5) 在起重设备工作期间，任何人不得站在吊臂下。

(6) 使用梯子作业时，应选用足够承载量的梯子，同时必须有人辅助稳固梯子。

(7) 现场安装废弃物或垃圾应集中堆放、统一回收，严禁随意焚烧。

(8) 现场进行焊接或明火作业，必须得到现场技术负责人的认可，并采取必要的预防保护措施。

2. 接近风机时的安全要求

(1) 雷电天气，禁止人员进入或靠近风机，因为风机能传导雷电流，至少在雷电过去1h后再进入。

(2) 塔架门应在完全打开的情况下固定，避免意外伤人。

(3) 用提升机吊物时，须确保此期间无人在塔架周围，避免坠物伤人。

3. 在风机内工作的安全要求

(1) 工作人员在攀爬塔架时，应该头戴安全帽、脚穿胶底鞋。在攀爬之前，必须仔细检查梯架、安全带和安全绳，如果发现任何损坏，应在修复之后方可攀爬。平台窗口盖板在通过后应当立即关闭。

(2) 在攀爬过程中，随身携带的小工具或小零件应放在袋中或工具包中，固定可靠，防止意外坠落。不方便随身携带的重物应使用提升机输送。

(3) 不能在大于10m/s的风速时进行吊装，风速大于12m/s时，禁止在机舱外作业，风速大于18m/s时，禁止在机舱内工作。

(4) 安装人员要注意力集中，对接塔架及机舱时，严禁将头、手伸出塔架外。

(5) 当需要在机舱外部工作时，人员及工具都应系上安全带。作业工具应放置在安全地方，防止出现坠落等危险情况。

(6) 一般情况下，一项工作应由两人以上来共同完成。相互之间应能随时保持联系，超出视线或听觉范围，应使用对讲机或移动电话等通信设备来保持联系。只有在特殊情况下，工作人员才可进行单独工作，但必须保证工作人员与基地人员始终能依靠对讲机或移动电话等通信设备保持联系。注意：提前做好通信设备的充电工作，出发前试用对讲机。

(7) 发电机锁定：在机舱前部发电机定子处有两个手轮，就是发电机的锁定装置。只有指定的人员可以操作这个手轮。如果操作不正确，可能会导致严重的设备损坏或人身伤害。注意：未经许可的人不能操作锁定装置。

4. 电气安全

(1) 为了保证人员和设备的安全，只有经培训合格的电气工程师或经授权人员才允许对

电气设备进行安装、检查、测试和维修。

（2）安装调试过程中不允许带电作业，在工作之前，断开箱式变电站低压侧的断路器，并挂上警告牌。

（3）如果必须带电工作，只能使用绝缘工具，而且要将裸露的导线作绝缘处理。应注意用电安全，防止触电。

（4）现场需保证有两个以上的工作人员，工作人员进行带电工作时必须正确使用绝缘手套、橡胶垫和绝缘鞋等安全防护措施。

（5）对超过1000V的高压设备进行操作时，必须按照工作票制度进行。

（6）对低于1000V的低压设备进行操作时，应将控制设备的开关或保险断开，并由专人负责看管。如果需要带电测试，应确保设备绝缘和工作人员的安全防护。

5. 焊接、切割作业

（1）在安装现场进行焊接、切割等容易引起火灾的作业时，应提前通知有关人员，做好与其他工作的协调。

（2）作业周围清除一切易燃易爆物品，或进行必要的防护隔离。

（3）确保灭火器有效，并放置在随手可及之处。

6. 登机

（1）只能在停机和安全的时候才能登机作业。

（2）使用安全装备前，要确认所有的东西都是完好的。在爬风机前要检查防滑锁扣轨道是否完好。穿戴好安全装备并检查，不要低估爬风机的体力消耗。

（3）一次只允许一个人攀爬塔架。到达平台的时候将平台盖板打开，继续往上爬时要把盖板盖上。只有当平台盖板盖上后，第二个人才能开始攀爬，因为这样，可以防止下面的人被上面掉落的东西砸伤。

（4）攀爬的时候，手上不能拿东西。小的东西可以放在耐磨的袋子里背上去，并应防止袋中物品坠落。爬到塔架顶的时候，在解开安全锁扣前必须先与安全绳的附件可靠连接好。没有坠落危险时，至少保留一根安全绳可靠地固定在一个安全的地方。进入机舱时，把上平台的盖板盖好，防止发生坠物的危险。

二、风力发电机组安装前准备工作

1. 现场条件

（1）道路：通往安装现场的道路要平整，路面须适合运输卡车、拖车和吊车的移动和停靠。松软的土地上应铺设厚木板/钢板等，防止车辆下陷。

（2）基础：风机基础施工完毕，安装前混凝土基础应有足够的养护期，一般需要28天以上的养护期，且各项技术指标均合格（如水平度等）。

2. 技术交流

（1）安装前期，建设、监理、施工、制造单位四方应召开技术交流会。确定各方职责，根据天气状况确定安装计划、供货进度，讨论并确定安装方案，明确安装过程使用设备、工具的提供者，形成会议纪要。

（2）安装前一周，四方再次召开技术交流会，通报工作进度（包括物资交接情况、问题等），再次确认安装计划、安装方案、现场布置、设备及工具、各方参加安装人员职责、现场管理约定。

3. 安装用具

(1) 吊装设备：全面检查吊装设备的完好性，并保养。

(2) 吊装工具：根据吊装工具清单、工装总成图，检查工装的齐全性、完好性，将工装用的标准件安装到工装上后进行发运（塔架吊装工装标准件可借用塔架安装螺栓）。

(3) 标准件：根据安装零部件清单进行分包装（M16 以下螺栓最好将配套的平垫、螺母配套后包装）、贴标签（规格、数量、使用处），总包装箱上也应贴标签（列出箱内标准件规格、数量、使用处）。注意：核查标准件的强度等级。

(4) 工具：根据工具清单准备工具，检查工具的齐全性（注意小配件）、完好性、配套性（如套筒方孔与扳手方头）、符合性（特别是薄壁套筒的壁厚，如塔架用套筒）。专用或特殊用途工具发运前应试用，特别注意将专用工具的使用说明书、换算表复印件放在工具箱内。

4. 主要零部件

在安装前，应对所有设备进行检查，到货产品应为出厂/验收合格的产品。核对货物的装箱单及安装工具清单，如果发现异常情况，立即报告主管人员，及时与供货商进行联系，决定处理措施。

三、风力发电机组的安装过程

1. 检查基础环

(1) 清洁法兰和螺孔（如图 2-21 所示），检查螺孔与塔架下法兰的螺孔是否一致。

(2) 检查法兰的平面度和倾斜度。

(3) 检查法兰的水平度。

(4) 根据图纸检查电缆管的数量和位置。

(5) 检查排水管，排水管的高度必须低于混凝土。

(6) 检查接地扁铁的连接。

2. 变流器支架和电控柜

(1) 组装变流器支架，标记出 4 个变流器支架调节螺栓的位置，吊起支架，将 4 个调节螺栓落在标记的位置上，调节螺栓使支架水平。安装塔架下平台。

图 2-21　基础环

(2) 安装电控柜及通风系统（见图 2-22）。

图 2-22　电控柜

注意：坠物有危险！

必须用吊车吊住电控柜的 4 个吊环螺钉，慢慢地放到变流器支架上。电控柜的门朝向塔架门方向。用螺栓将电控柜固在支架上。为了安全，在螺栓完全上紧后，才能将吊钩脱开。将电控柜和变流器用绳子固定在基础环上，在塔架下段吊装完成后再拆下绳子（如果不固定，风可能会使电控柜和变流器倾斜）。

（3）安装变流器通风装置。用吊车吊住变流器通风装置上部的 4 个吊环螺钉，慢慢地放到电控柜上。用螺栓固定，为了安全，直螺栓固定好后才能让吊车脱钩。

（4）连接电控柜的接地到变流器支架上。

（5）连接电控柜的接地到基础环上。

3. 塔架

（1）清洁内部和外部塔架。

（2）检查塔架的防腐，如果有破损，必须修补。修补必须按照塔架防腐技术要求，由专门做防腐的人员完成。

（3）检查塔架平台和其他附件的紧固。如果有松动的情况，在吊装塔架时会有落下的危险。

（4）检查梯子的固定。

（5）所有的螺栓涂抹 MoS_2 摩擦系数 $\mu=0.09$，涂抹的区域在螺栓螺母上紧后的接合处。

（6）将塔架下段下法兰连接的螺栓、螺母、垫片在基础内放好。

（7）安装塔架吊梁到塔架下段上法兰上，安装辅助吊耳到下法兰上。

注意：辅助吊耳与吊梁呈 90°！

（8）将第二段法兰连接螺栓、螺母和垫片放到下段上平台上，固定好。

（9）用 2 个吊车将塔架下段吊起，吊直后，拆下辅助吊耳。

（10）放下塔架，注意不要碰到电控柜和变流器支架。

（11）将塔架下法兰与基础环法兰轻轻地接触上，将所有螺栓带垫圈从法兰下部穿上来，装上垫圈，并用手上紧所有螺母。

（12）落下塔架约 4/3 的重量，用电动快速扳手上紧所有的螺栓。预紧力矩为 560N·m。

注意：在使用扳手的时候用一块橡胶垫保护塔架壁不受到损坏。

（13）放下吊钩，拆下塔架吊梁。

（14）使用液压力矩扳手按规定力矩分 2 次对角方向紧固所有螺栓。

（15）在变流器支架上安装塔架下平台。

（16）按照上面的步骤安装其他节塔架，注意对齐梯子、电缆和接地连接。

（17）连接每段塔架法兰间的接地线，并安装电源插座。

4. 机舱

（1）检查机舱、平台和所有的附件是否有损伤。清洁机舱和平台。如果发现机舱罩（GRP）有损伤，按厂家提供的说明进行修补，修补后抛光。

（2）通过机舱罩的天窗，将 3 根吊带挂到吊车的吊钩上，连同机舱运输支架从卡车上吊下平放到地面上。

（3）松开机舱与运输支架 4 个支脚的固定螺栓，将机舱从支架上吊开。

（4）拆下运输支架上的 4 个支脚。

（5）将机舱罩组装支架安装到运输支架上。

（6）吊起机舱罩下壳体，放到组装支架上，移动下壳体使偏航孔的中心与组装支架的中心对齐，并使下壳体上部水平。

（7）将机舱吊到组装支架上，用螺栓与 4 个支脚固定。吊车不能脱钩。

（8）安装梯子。梯子上部与电控柜平台连接，下部与底座平台固定。

（9）连接机舱罩上盖和下壳体。

（10）用密封胶密封机舱罩上盖和下壳体。

（11）安装气向杆。螺纹涂螺纹防松胶。

（12）在偏航轴承的外圈安装 3 个导向螺杆。

（13）将安装机舱所需要的工具和附件放到机舱内，并确保在吊装的过程中不会滑出和碰撞。

（14）清洁机舱。

（15）拆下机舱和组装支架的固定螺栓，吊起机舱到塔架上部，对正机舱的中心与塔架的中心，通过导向螺栓对正偏舱轴承与塔架上法兰的螺孔。

（16）落下机舱到塔架上法兰，吊车与机舱保持连接，但不受力。

（17）安装人员进入机舱，从提升机孔下到机舱下壳体。

注意：有坠落的危险！必须使用全身安全带，将安全绳挂在机舱内可靠的地方。

（18）使用螺栓和垫片紧固塔架上法兰和偏航轴承的外圈。所有螺栓的螺纹必须涂抹 MoS_2。

（19）松开吊车，拆下吊具。

（20）安装下壳体的油脂收集盘（GRP），刷子与塔架接触，每隔 250mm 打一个孔。

（21）关上天窗。

5. 发电机

（1）检查发电机及其附件是否有损伤，清洁发电机，修补防腐的损伤。

（2）检查发电机锁定。确保发电机被完全锁定。

（3）安装辅助吊具用于发电机翻转。

（4）用 2 根钢丝绳一端挂在发电机吊耳上，一端挂在吊梁上。

（5）在辅助吊车的配合下，吊车将发电机吊到足够翻转的高度。

（6）旋转发电机到安装的角度，在发电机转到 45°时，辅助吊具安装吊葫芦，另一端用吊带挂住转动轴，然后使用吊葫芦将发电机拉到要求的安装位置。

（7）检查安装位置。从主轴法兰的上端吊一根线，线到法兰的下端距离是 70mm。

（8）在主轴法兰螺栓孔上 120°等分安装发电机导向螺杆，一根螺栓在法兰的最下端，滑动门的上部。

建议：导向螺栓的位置是 2 点、6 点、10 点。

（9）双头螺栓长的一端（100mm）旋入定轴法兰，不涂抹 MoS_2。短的一端涂抹 MoS_2。

（10）在发电机两侧吊装钢丝绳处各固定一根导向绳。

注意：不要将导向绳固定在发电机吊耳上。

（11）将发电机吊至机舱处。

（12）对正导向螺栓，插入到底座的法兰孔中，使吊车移动发电机，直到定轴法兰与底座法兰贴紧。

（13）将垫圈和螺母装到双头螺栓上，并用手上紧。

（14）用电动快速扳手上紧所有的螺母。预紧力矩为 560N·m。

（15）拆下导向螺栓，装上双头螺栓。

（16）用液压力矩扳手按规定力矩对角线方向紧固所有的螺母。

（17）拆下发电机吊具，通过导向绳使钢丝绳与发电机吊耳分开，将吊具和钢丝绳落到地面。

（18）拆下发电机辅助吊具后，用堵头密封螺孔，工作人员能通过天窗出入机舱。

注意：危险！工作人员离开机舱必须穿戴全身安全带，并将安全绳固定在机舱内可靠的位置。

（19）检查发电机锁定。必须锁定发电机，直到叶轮安装完成后。

6. 叶轮/轮毂

（1）地叶片根部安装叶片挡板（如果没有安装）。

（2）吊起叶片，穿过导流罩叶片孔。

（3）检查叶片的零刻度对应的叶片位置角度。

（4）将双头螺栓从变桨轴承外圈螺孔旋入叶片法兰螺孔。

（5）在变桨盘上区域装上加强垫圈和螺母，在变桨轴承处直接装螺母，不用垫圈，用手上紧。

（6）使用力矩拉伸器按规定力矩对角线紧固螺母。

（7）移走叶片根部的吊车。

（8）在叶片的第 2 处吊点安装支撑后移走第 2 台吊车。

注意：叶片支撑表面必须使用柔软的垫子或毯子，保护叶片表面不受损伤。

（9）按上面的步骤安装 2 和 3 叶片。

7. 叶轮

（1）在 2 个叶片的根部，距离叶片密封环 300mm 处各安装一根吊带，吊带直接挂到吊车的主钩上。

（2）用辅助吊车吊住第 3 个叶片。

（3）在前 2 个叶片叶尖处各固定一根导向绳。

注意：导向绳不允许打结，不允许使用 2 根或多根绳子连接。

（4）吊起叶片。2 个吊车同时起吊，主吊车慢慢向上，辅助吊车保证叶尖不要接触到地面。

（5）叶片吊正后，取下辅助吊带。辅助吊车可以离开。

（6）主吊车将叶轮吊到发电机处。

（7）找正后，使轮毂上的导向螺栓穿入转动轴法兰上的螺孔。

（8）移动叶轮使法兰相贴，装上垫圈和螺母，用手上紧。

（9）规定力矩对角线紧固螺母。所有的螺栓涂抹 MoS_2，摩擦系数 $\mu=0.09$，涂抹的区域在螺栓螺母上紧后的接合处。

（10）拆下吊带和导向绳。

（11）拆下叶轮锁定。

注意：3 个叶片在顺桨方向。

8. 接线

(1) 安装滑环，将滑环旋转支撑安装到转动轴上。

(2) 将滑环固定在主轴上。

(3) 连接转子刹车管路到液压站。

(4) 塔架电缆与发电机开关连接。

任务三　风力发电机组的调试

 任务引领

风力发电机组在工厂装配时都已经进行过台架调试试验，一般机舱内设备不会有什么问题。现场调试主要是解决风力发电机组各系统安装后可能出现的问题，应在调试结束后，使机组的各项技术指标全部达到设计要求。

 教学目标

1. 熟悉风力发电机组各系统调试主要内容。

2. 熟悉风力发电机组各系统调试步骤。

3. 清楚风力发电机组各系统调试注意事项。

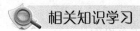 相关知识学习

一、变桨距风力发电机组液压系统的调试

1. 液压系统调试前的准备工作

(1) 状态检查。

1) 需调试的液压系统必须循环冲洗合格。

2) 液压驱动的主机设备全部安装完毕，运动部件状态良好并经检查合格。

3) 控制调试液压系统的电气设备及线路全部安装完毕，并检查合格。

4) 确认液压系统净化符合标准后，向油箱加入规定的液压油。加入液压油时一定要过滤，滤芯的精度要符合要求，并要经过检测确认。

5) 向油箱灌油，当油液充满液压泵后，转动联轴器，直至泵的出油口出油不见气泡时为止。有泄油口的泵，要向泵壳体中灌满油。油箱油位应在油位指示器最低油位线和最高油位线之间。

6) 根据管路安装图，检查管路连接是否正确、可靠，选用的油液是否符合技术文件的要求，油箱内油位是否达到规定高度，根据原理图、装配图认定各液压元器件的位置。

7) 清除主机及液压设备周围的杂物。

(2) 调试前的检查。

1) 根据系统原理图、装配图及配管图检查液压系统各部位，确认安装合理无误。检查

并确认每个液压缸由哪个支路的电磁阀操纵。

2）液压油清洁度采样检测报告合格。

3）电磁阀分别进行空载换向，确认电气动作正确、灵活，符合动作顺序要求。

4）将泵吸油管、回油管路上的截止阀开启，泵出口溢流阀及系统中安全阀手柄全部松开，放松并调整液压阀的调节螺钉，将减压阀置于最低压力位置。

5）流量控制阀置于小开口位置，调整好执行机构的极限位置，并维持在无负载状态；若有必要，伺服阀、比例阀、蓄能器、压力传感器等重要元件应临时与循环回路脱离。

6）按照使用说明书要求，向蓄能器内充氮；节流阀、调速阀、减压阀等应调到最大开度。

2. 液压系统调试步骤

当液压系统组装、检查、准备完成后，应按试验大纲和制造商试验规范进行性能试验，试验项目如下：

（1）进行系统的通路试验。检查其管路、阀门、各通路是否顺畅，有无滞塞现象。

（2）进行系统空运转试验。检查其各部位操作是否灵活，表盘指针显示是否无误、准确、清晰；用电压表测试电磁阀的工作电压。

（3）进行密封性试验。试验在连续观察的 6h 中自动补充压力油 2 次，每次补油时间约 2s。在保持压力状态 24h 后，检查是否有渗漏现象及能否保持住压力。

（4）进行压力试验，检查各分系统的压力是否达到了设计要求。打开油压表，进行开机、停机操作，观察液压是否能及时补充、回放，在补油、回油时是否有异常噪声。记录系统自动补充压力的时间间隔。

（5）必要时还要进行流量试验，检查其流量是否达到设计要求。

（6）应进行与并网型风力发电机组控制功能相适应的模拟试验和考核试验。要求在执行变桨和机械制动指令时动作正确；检查其工作状况应准确无误、协调一致。在正常运行和制动状态，分别观察液压系统压力保持能力和液压系统各元件动作情况。连续考核运行应不少于 24h。变桨距系统试验的目的主要是测试变桨速率、位置反馈信号与控制电压的关系。

（7）当液压系统单机试验合格后，应在风电场进行风力发电机组的并网调试，检查液压系统是否达到机组的控制要求。分别操作风力发电机组的开机、松制动、停机动作，观察叶尖、变桨和卡钳是否有相应动作。

（8）飞车试验。飞车试验的目的是设定或检验叶尖空气动力制动机组液压系统中的突开阀，以确保在极限风速下液压系统的工作可靠性和安全性。

一般按如下程序进行试验：

1）将所有过转速保护的设置值均改为正常设定值的 2 倍，以免这些保护首先动作。

2）将发电机并网转速调至 5000r/min。

3）调整好突开阀后，启动风力发电机组。当风力发电机组转速达到额定转速的 125% 时，突开阀将打开并将制动刹车油缸中的压力油释放，从而导致空气动力制动动作，使风轮转速迅速降低。

4）读出最大风轮转速值和风速值。

5）试验结果正常时，将转速设置改为正常设定值。

6）试验数据应记录在验收资料要求的记录表中，并给出实验报告。

3. 液压系统整定方法

在整定液压系统各阀体压力值之前，首先检查液压油油位，按紧急停机键释放系统压力，并通过油位窗观察油位，油位必须在标志处以上，如果不是则需要加注液压油。

如果液压油位没有问题，方可对液压系统阀体进行整定。

各阀体调整的基本方法：松开顶丝或锁紧螺母，调节丝杆以调整动作压力，调整完成后重新拧紧顶丝或锁紧螺母。

（1）叶尖溢流阀的整定方法。

1）手动键盘停机后，计算机柜维护开关扳至维护位置，机舱柜维护开关保持在正常位置。此时电磁阀处于得电状态，风力发电机组不能自启动，运行人员无法远程控制风力发电机组。

2）使用开口扳手松开溢流阀调节螺栓上的锁紧螺母。使用六方逆时针旋松调节螺栓，大约旋转1/2圈。

3）拆下液压站接线盒端子接线，使液压系统持续建压，注意观察压力表的指针，观察叶尖压力的最高值。

4）观察压力表，同时慢慢调整螺栓，直到压力表显示叶尖压力值等于要求的整定值。

5）如果调节过程中报出建压超时故障，在机舱柜执行复位操作，使液压系统建压，重复步骤4）。

6）调整完毕后在机舱柜进行复位操作，观察叶尖压力最高能稳定在多少，如果与要求的整定值不同，重复步骤4）。

7）调整完毕后，恢复接线，使液压系统停止工作。旋紧溢流阀的锁紧螺母。

8）机舱柜维护开关扳至维护位置，再扳回正常位置，使叶尖释放掉过高的压力并重新建压。

（2）偏航溢流阀的整定方法。

1）在停机状态按控制面板进入测试程序。

2）在测试程序中接通电磁换向阀电源，使偏航油路完全泄压。

3）卸下任意一个偏航闸的放气帽顶盖，将压力表头连接在放油口上，并确定密封可靠。

4）退出程序并复位风力发电机组。

5）系统压力正常后再次进入测试程序，接通电磁换向阀的电源，观察压力表头显示的偏航余压数值。

6）如果需要对偏航余压进行调整，使用开口扳手松开溢流阀，调节螺栓上的锁紧螺母。使用六方顺时针（偏航余压过小时）或者逆时针（偏航余压过大时）适度旋转调节螺栓，然后旋紧锁紧螺母。

7）重复步骤4）到步骤6），直到偏航余压值在要求的范围内。

8）完成调整后，在测试程序中接通电磁换向阀的电源，使偏航油路完全泄压。然后卸下压力表头，安装放气帽顶盖。

9）退出测试程序，并复位风力发电机组。

此整定方法至少需要3个工作人员相互配合，工作中需使用对讲机进行通信。

4. 液压系统调试注意事项

（1）参加液压系统调试的工作人员必须经过专门的职业技能培训，并具有相应的职业资格证书。参加调试的人员应分工明确，统一指挥。调试前应熟悉并掌握风力发电机组生产厂向用户提供的液压系统使用说明书，其内容主要包括：

1）风力发电机组的型号、系列号、生产日期。

2）液压系统的主要作用、组成及主要技术参数。

3）液压系统的工作原理与使用说明。

4）液压系统正常工作条件、要求（如工作油温范围、油的清洁度要求、油箱注油高度、油的品种代号及工作黏度范围、注油要求等）。

（2）将电脑控制器上的"维护开关"拨到"开"的位置。

（3）执行任何工作时至少有两人互相配合进行。

（4）在拆下阀体、旋转接头等液压元件前，要彻底地清洁这些元件与系统的连接部位，不要用棉布清洁，防止棉絮残留在液压元件上。

（5）在液压系统上工作时应戴防护手套和护目镜，因为液压油对皮肤有刺激作用；戴护目镜可以保护眼睛以防止有油溅入。

（6）当维护工作或对刹车和液压系统等有关的工作完成后，在风机自动运行前必须仔细检查刹车系统。

（7）调试现场应有明显的安全设施和标志，并由专人负责管理。

二、偏航系统运行前调试

为确保机舱偏航系统运行的安全可靠，在机组投入运行前必须对偏航系统进行调试。

1．调试条件

（1）参照电路图检查偏航电机控制开关上的整定值。

（2）偏航电机的电源相序正确。

（3）偏航系统的油管连接完毕。

（4）偏航计数器接线完毕。

（5）风向标、风速计安装、接线完毕。

（6）严格按照试验项目进行试验，并记录结果。

2．调试项目

（1）检查两偏航电机动作方向的一致性。

（2）检查机舱内控制盘面上的偏航键执行功能及偏航动作与偏航键指示方向的一致性。

（3）检查地面控制器面板上的偏航键执行功能及偏航动作与偏航键指示方向的一致性。

（4）风向标指示偏航方向时，机舱的偏航动作正确性。

（5）测试偏航计数器解缆功能，检查偏航计数器解缆位置的设定（如图 2 - 23 所示）。

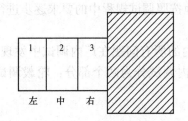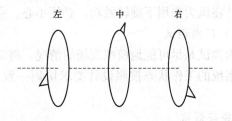

图 2 - 23　偏航计数器解缆位置设定

（6）检查偏航刹车的功能及偏航刹车体内的压力及余压。

（7）采用压熔丝法检查两偏航减速器的齿侧隙（0.3～0.6mm）及其方向的一致性。

（8）测试偏航过程中的噪声。

3. 调试报告

（1）记录两偏航电机运输动作是否一致。

（2）记录偏航键执行结果是否正确。

（3）记录风向标指示偏航时机组动作的正确性。

（4）记录机组偏航后两侧电机齿侧隙及其方向的一致性。

（5）记录偏航停止后偏航系统中的压力。

（6）记录偏航过程中偏航系统中的压力。

（7）记录偏航计数器在不同方向上动作的执行结果。

（8）记录有无异常噪声。

（9）试验过程中发生的其他情况或意外要在备注中详细地记明。

4. 调试方法

（1）操作控制柜内的两偏航控制接触器，检查 CW 和 CCW 两个偏航方向上两偏航电机的动作方向及齿侧隙。

（2）操作机舱内的偏航键和地面控制柜上的偏航键，检查 CW 和 CCW 键执行结果与风机的实际偏航方向是否一致。

（3）记录风机初始位置后，手动偏航机舱 360°，记录偏航时间，然后计算偏航速度（偏航前，给偏航轴承加注少量油脂；偏航过程中，将偏航轴承润滑油脂加足量）。

（4）拨动偏航计数器的不同位置开关，模拟不同扭缆故障，观测故障信号，并用中心位置开关复位故障。

三、风力发电机组电控系统调试

（一）调试基本要求

调试必须在气候条件允许的情况下进行，必须遵守各系统的安全要求，特别是关于高压电气的安全要求及整机的安全要求，必须遵守风机运行手册中关于安全的所有要求，否则会有人身安全危险及风机的安全危险。调试者应熟悉设备的工作原理及基本结构，掌握必要的机械、电气、检测、安全防护等知识和方法，能够正确使用调试工具和安全防护设备，能够判断常见故障的原因并掌握相应处理方法，具备发现危险和察觉潜伏危险并排除危险的能力。必须对风机各系统的功能有相当的了解，知道在危急情况下必须采取的安全措施。

总之，调试必须由通过培训合格的人员进行，尤其是现场调试。因为各系统已经完全连接，叶片在风力作用下旋转做功，必须小心、完全地按照调试规程中的要求逐步进行。

（二）厂内调试

厂内调试是尽可能地模拟现场的情况，将系统内的所有问题在厂内调试中发现、处理，并将各系统的工作状态按照设计要求协调一致。厂内调试分为两个部分：轮毂调试和机舱调试。

1. 轮毂调试

轮毂是指整个轮毂加上变桨系统、变桨轴承、中心润滑系统组成的一个独立系统，在调试时用模拟台模拟机组主控系统。调试的目的是检查轴承、中心润滑系统、变桨齿轮箱、变桨电机、变桨控制系统、各传感器的功能是否正常（变桨部分针对变桨矩机组，定桨矩机组轮毂一般不需要调试）。

（1）调试准备。调试前必须确认系统已经按照要求装配完整，系统在地面固定牢固，系统干燥清洁，变桨齿轮箱与轴承的配合符合要求。

连接调试试验柜与轮毂系统，进行通电前的电气检查，确认系统的接地及各部分的绝缘达到要求，检查进线端子处的电压值、相序合格。只有符合要求后才能向系统送电。送电采用逐级送电，按照电路图逐个合闸各手动开关，并检查系统的状态正常。

（2）调试过程。用计算机连接轮毂控制系统，按照调试文件进行必要的参数修改。按照调试规程逐项进行调试工作，并做完整的记录。

轮毂调试的主要工作有：

1）用手动及程序控制逐个活动三个变桨轴，检查各部分是否活动灵活无卡涩，齿轮箱、发电机、轴承是否润滑良好，没有漏油的现象。

2）检查变桨控制系统的状态是否正常，充电回路、电流保护、转速测定等是否正常，并测试蓄电池充电回路的功能。

3）逐个活动三个变桨轴，检查各轴的角度传感器、92°及95°限位开关、变桨电机、温度传感器等的工作是否正常，并进行角度校准。

4）用主控制系统模拟器模拟各状态信号、指令信号等，检查变桨控制系统是否正确识别并执行。

5）用测试软件进行各刹车程序的功能测试，检查刹车程序执行过程中的各参数是否在正常范围内。

6）进行危急停机程序的测试，此时应由蓄电池供电进行停机。检查刹车程序执行过程中的各参数是否在正常范围内。

7）用测试软件进行长时间连续运行，重点检查中心润滑系统是否正常工作，各轴承、齿轮箱、电动机的润滑是否良好，有没有漏油的现象发生。检查记录电动机外部冷却风扇的启动温度是否符合要求，检查冷却风扇是否能够将电动机温度降低10℃以上。

8）进行低温加热试验，用冷却剂冷却各温度传感器，检查各加热系统是否正常启动加热。

2. 机舱调试

机舱调试时，机舱内各部件及系统安装完毕，用变频电动机通过皮带驱动齿轮箱与发电机间的联轴器模拟机组的运行，用轮毂模拟器模拟轮毂变桨系统。变频器与发电机及主控系统及电网正常连接，模拟系统在现场的工作状态。

（1）调试准备。调试前必须确认系统已经按照要求装配完整合格，系统在地面固定牢固，系统干燥清洁。

各润滑系统、液压系统充满油，各电气系统已经按照接线图接线正确。

按照调试电气检查规程进行通电前的电气检查，确认系统的接地、雷电保护系统及各部分的绝缘达到要求。

将所有手动开关打开，将进线供电开关合闸，检查变频器进线端子处的电压值、相序合格，只有符合要求后才能向系统送电。

（2）机舱调试。送电采用逐级送电，按照电路图逐个合闸各手动开关。检查系统的状态正常，检查主控制系统的供电电压幅值与相序符合要求。此时，主控制系统已经正常启动，使用密码登录系统，按照控制参数清单文件将主控制系统各控制参数修改后，复位控制系统。检查状态清单中各状态值是否正常，因为是装配后的首次调试，存在各种故障是正常的。此时，调试人员需要按照故障指示查找原因，逐步消除各故障，使控制系统显示正常。

按照调试规程要求逐步进行调试，并按照要求进行完整的记录，主要内容有：

1）连接各辅助装置的电源，进行电压及相序的测量，分别激活齿轮箱油泵、液压系统油泵、主轴中心润滑系统、发电机轴承润滑泵，检查电机的转向是否正常，出口压力是否达到要求。对液压系统，可能需要将油路中的空气逐步排出，才能建立起要求的油压。按照电路图检查各开关的过流保护设定值是否正常，按照实际情况可以调整设定值。应检查齿轮箱润滑油压力是否达到要求，液压系统的压力是否达到要求，可以测试手动刹车功能是否正常。

2）通过修改齿轮箱冷却风扇、发电机冷却风扇的启动控制参数，检查转向是否正确。进行 10min 的连续运行，考核冷却风扇的振动、噪声是否符合要求。

3）修改各加热器的启动控制参数，启动各加热器，测试各加热电流。

4）取下主轴轴承处润滑进口连接管，启动主轴轴承中心润滑泵，使管路中的空气排出，直到各管子流出了润滑油脂后再连接轴承，向轴承注油。

5）逐个启动各偏航电机，检查偏航运动灵活、无卡涩。检查偏航运动的方向正确无误，并在主控制系统的状态菜单中检查角度、运动方向无误，检查调整过流保护开关的设定值。检查电气刹车功能是否正常无误。调整设定 CW/CCW 缠绕安全链开关触发，并检查是否正确触发断开安全链，调整完成后使机舱偏航到缠绕零度。

6）连接变桨控制系统的供电，检查照明、信号等是否正常。

7）逐个激活各安全链的开关，检查主控制系统已经正常识别，并执行紧急刹车程序。

8）逐个激活各传感器，检查主控制系统已经正常识别，检查各传感器的功能正常。

9）逐个激活各输出信号，检查继电器是否正常激活。

10）检查各温度测量显示是否正常，必要时可以通过桥接 PT100 检查温度显示是否正常。

11）测试变频器与主控制系统之间的通信是否正常，用毫安表及软件测试力矩及功率因数和转速的设定值是否正常，是否被正确识别处理，必要时可以调整参数设定值。

12）启动驱动电机，低速约 100r/min，检查各运行部件转动是否灵活、无卡涩。检查各转速信号是否正确显示，检查齿轮箱转速与发电机转速是否同步，齿轮箱转速与主轴转速比是否与齿轮箱速比相同。检查主控制系统测定的旋转方向是否与实际方向一致。

13）修改各超速跳闸值，用发电机升速，检查到设定值、停机信号是否触发。

14）用电动机驱动系统到 1200r/min 左右，用调试软件启动变频器，测试调整发电机的励磁曲线值及相位同步值，观察发电机滑环接触是否良好，有无火花。

15）退出变频器调试软件。用电动机驱动系统到 1200r/min 左右，测试机组是否能够自动并网，并用软件中的示波器记录下并网的各参数曲线，检查相位差值是否符合要求，并保存数据文件。

16）连接加热系统的电源，检查电压及相序是否符合要求。检查各温度测点的信号是否正确显示。

17）通过软件修改加热系统的启停参数，检查加热器是否正常运行，检查各加热器出口的风向是否为热风。检查各加热器是否按要求停止加热。

各项工作完成后，整理试验记录，检查是否有漏项及不合格项，提交完整的调试记录，厂内调试工作完成。

（三）现场离网调试

现场离网调试非常重要，尽管已经进行了厂内调试并合格，由于厂内调试条件的限制与现场的实际情况有差异，现场调试的情况与厂内不完全一样。非常重要的差别是机组的驱动由叶片进行，因此关于安全的要求必须完全遵守。

现场离网调试应完全按照机组操作说明书的安全要求进行，特别注意的是关于极端情况下机组失去控制时，人没有办法使机组安全停机的情况下，应遵守人身安全第一的原则紧急撤离所有人员；在雷暴天气、结冰、大风等情况下不能进行机组的调试；调试人员必须熟悉机组各部件的性能，知道在危急情况下所应采取的停机措施；熟悉所有紧急停机按钮的位置及功能。

现场不能吸烟，预防火灾的发生，知道在发生火灾等紧急情况下的逃生装置、通道；现场调试必须由经过厂家培训合格的专业技术人员进行；严禁无权操作，严禁随意操作；必须由至少两人一组互相监视安全状态。

1. 调试前的准备

调试前检查机组的各部件已经正确安装无误，所有高强度螺栓均已按照安装要求的力矩值紧固，按照安装质量检查手册逐项检查无误。

进行通电前的电气检查，完成电气检查表中的所有内容，确认各系统的接地、雷电保护系统的接地，各电缆的相间绝缘及对地绝缘等均达到要求。

确认箱式变压器的过流保护开关已经正确安装，测试调整无误。

将电气及控制系统的所有手动开关打开，通过箱式变压器向机组送电。

在进线端子处检查电压值及相序符合要求。

按照电路图将变频器、轮毂变桨系统的不间断电源（UPS）充电，保证充电 24h。

2. 机组电气检查

对机组防雷系统的连接情况进行检查，检查主控系统、变桨系统、变流系统、发电机系统等的接线是否正确，确认电缆色标与相序规定是否一致。

检查各控制柜之间动力和信号线缆的连接紧固程度是否满足要求。

确认各金属构架、电气装置、通信装置和外来的导体作等电位连接与接地。

检查母排等裸露金属导体间是否干净、清洁，动力电缆外观应完好无破损；应对电气工艺进行检查确认。

对现场连接及安装的动力回路进行绝缘检查。

3. 机组上电检查

确定主控系统、变流系统、变桨系统等系统中的各电气元件已整定完毕。

按照现场调试方案和电气原理图，依次合上各电压等级回路空气开关，测量各电压等级回路电压是否满足要求。

上电顺序：水冷系统上电→主控系统上电→变流系统上电→机舱部分上电→变桨系统上电。按照以上顺序依次上电，每完成一个系统的上电时，等待 30s，如果系统未发生放电、冒烟、灼烧味、漏水现象，则可以继续进行下个系统的上电。

应对备用电源进行检查，测查充电回路是否工作正常。待充电完成后，检查备用电源电压检测回路是否正常。

4. 机组就地通信系统

(1) 主控制器启动。对主控制系统的绝缘水平和接地连接情况进行检查。

机组通电，启动人机界面，检查各用户界面是否可正常调用。

建立人机界面与主控制器之间的通信，进行主控制器参数设定，保证每台机组的地址或网络标识不相互冲突。

将控制回路不间断电源置于掉电保持状态，手动切断供电电源，不间断电源应可靠投入运行。

(2) 子系统和测量终端。检查主控制器和各个子系统通信是否正常，包括主控制器与功能模块之间的通信、主控制器与功率变流器之间的通信、主控制器与变桨变流器之间的通信、主控制器与偏航功率变流器之间的通信等。确认各个子系统通信中断后，主控制器能发出有效的保护指令。

检查各测量终端、风向标、位置传感器及接触器等是否处于正常工作状态。

5. 安全链

(1) 紧急停机按钮触发。按下紧急停机按钮，检查安全链是否断开及机组的故障报警状态。

(2) 机舱过振动。触发过振动传感器，检查安全链是否断开及机组的故障报警状态。

(3) 扭缆保护。触发扭缆保护传感器，检查安全链是否断开及机组的故障报警状态。

(4) 过转速。触发过转速保护开关，检查安全链是否断开及机组的故障报警状态。

(5) 变桨保护。触发变桨保护开关，检查桨叶是否顺桨、安全链是否断开及机组的故障报警状态。

6. 发电机系统

对发电机的绝缘水平和接地连接情况进行检查。

检查发电机滑环与碳刷安装是否牢固可靠，滑道是否光滑，碳刷与滑道接触是否紧密；触发磨损信号，观察机组故障报警状态。

应对发电机防雷系统进行检查，触发电机避雷器，观察机组故障报警状态是否正确。

测量发电机加热器阻值是否在规定范围内，启动加热器，测量加热器电流是否在规定范围内，确保发电机加热器正常工作。

在有条件的情况下，应对发电机过热进行检查；模拟发电机过热故障，观察机组动作及自复位情况。

检查发电机冷却、加脂等系统的工作是否处于正常状态。

7. 主齿轮箱

检查齿轮箱油位是否正常，调节齿轮箱油位传感器，观察齿轮箱油位传感器触发时的机组故障报警状态。

检查齿轮箱防堵塞情况，调节压差传感器，观察压差信号触发时的机组故障报警状态。

检查齿轮箱润滑系统各阀门是否在正常工作位置。启动齿轮箱润滑油泵，观察齿轮箱润滑系统压力、噪声及漏油情况。

手动启动齿轮箱冷却风扇，观察其是否正常启动，转向是否正常。

测量齿轮箱加热器阻值是否在正常范围内，能否确保加热器正常运行。

8. 传动润滑系统

传动润滑系统包括变桨润滑、发电机润滑、主轴集中润滑及偏航润滑等。

检查传动润滑系统油位是否正常，启动传动润滑系统，观察润滑泵运行、噪声、漏油情况；调节传动润滑系统，观察润滑故障信号触发时，机组故障报警状态。

9. 液压系统

检查液压管路元件连接情况有无异常，调节各阀门至工作预定位置。

检查液压油位是否正常，确认液压油清洁度满足工作要求；模拟触发液压油位传感器，观察机组停机过程和故障报警状态。

启动液压泵，观察液压泵旋转方向是否正确，检查系统压力、保压效果、噪声、渗油等情况；检查液压站和管路衔接处，确保建压后回路无渗漏。

触发液压压力传感器信号，检查机组停机过程和故障报警状态。

检查制动块与制动盘之间的间隙是否满足要求；进行机械刹车测试，观察机组停机过程和故障报警状态。

手动操作叶轮刹车，叶轮电磁阀应迅速动作，对刹车回路建压，松闸后回路立即泄压。

10. 偏航系统

检查偏航系统各部件安装是否正常，机舱内作业人员应注意安全，偏航时严禁靠近偏航齿轮等转动部分。

应确定机舱偏航的初始零位置，调节机舱位置传感器与之对应；调节机舱位置传感器，使其在要求的偏航位置能够有触发信号。

顺时针、逆时针操作偏航，观察偏航速度、角度及方向，电机转向是否与程序设定一致，偏航过程应平稳、无异响。

测试机组自动对风功能。手动将风机偏离风向一定角度，进入自动偏航状态，观察风机是否能够自动对风。

11. 变桨系统

（1）一般规定。

1）变桨系统调试时，机组应切入到相应的调试模式。调试人员必须操作锁定装置将叶轮锁定后方可进入轮毂进行调试。

2）变桨系统调试必须由两名及以上调试人员配合完成，禁止单人进行操作。调试过程中各作业人员必须始终处于安全位置。轮毂外人员每次进入轮毂必须经轮毂内变桨调试人员许可。

3）完成变桨调试后应将轮毂内清理干净，不得遗留任何杂物和工具，待所有人员离开轮毂后方可解除叶轮锁定。

4）对变桨系统、变流系统的绝缘水平和接地连接情况进行检查。

（2）手动变桨。

1）在手动模式下，按照现场调试方案和电气原理图，依次合上变桨系统各电压等级回路空气开关，测量各电压等级回路电压是否正常。

2）进行桨叶零位校准，使桨叶零刻度与轮毂零刻度线对齐，将编码器清零确定零位置。

3）进行桨叶限位开关调整，调整接近开关、限位开关等传感器位置，保证反馈信号可靠。

4）点动叶片变桨，应操作桨叶沿顺时针和逆时针方向各转一圈（操作桨叶沿 $0°\sim90°$ 之间运行），观察桨叶的运行、噪声情况，运行过程应流畅、无异常触碰，并确认变桨电机转向、速率、桨叶位置与操作命令是否保持一致。

5）断开主控制柜电源，检测备用电源能否使叶片顺桨。

6）应按照上述步骤对每片桨叶分别进行测试。

（3）冷却与加热。

1）操作风扇启动，确认风扇动作可靠，旋向正确，无振动、异响。

2）操作加热器启动，检查能否正常工作。

（4）变桨保护。

1）手动变桨至一定角度，触发叶片极限位置保护开关，检查叶片是否顺桨。

2）任一变桨柜断电，检查其他两个叶片是否顺桨。

3）断开任一变桨变流器通信线，检查所有叶片是否顺桨。

4）断开主控制器与变桨通信，检查所有叶片是否顺桨。

5）触发任一变桨限位开关，检查所有叶片是否顺桨。

6）断开机舱控制柜电源，检查所有叶片是否顺桨。

（5）自动变桨。

1）手动变桨，观察风机是否能维持在额定转速，降低风机最高转速限值，观察风机是否能够自动收桨，降低转速。

2）恢复自动变桨模式，监测叶片变桨速度、方向、同步等情况。如发现动作异常，应立即停止变桨动作。

12. 温度控制系统调试

设置所有温度开关定值，包括机舱开关柜、机舱控制柜、变流柜、塔基控制柜、变桨控制柜等。

检查机组所有温度反馈是否正常，包括各控制柜内温度、发电机绕组及轴承温度、齿轮箱油温及轴温、水冷系统温度、环境温度、机舱温度等。

调整温度限值，观察加热、冷却系统是否正常启、停。

若机组具有机舱加热系统，应调整温度限值，观察加热系统是否正常启、停。

13. 离网调试结束

进入主控系统故障报警菜单，就地复位后，机组故障应已全部排除，结合调试方案，核对调试项目清单，检查是否有遗漏的调试项目。

与上电相反的顺序断电，清理作业现场，整理调试记录。

（四）风电机组并网调试

1. 并网调试准备

（1）检查现场机组离网调试记录，核实调试结果是否达到并网调试的要求。

（2）确认变桨、变流、冷却等系统的运行方式，各系统参数是否按机组并网调试要求设定，叶轮锁定装置是否处于解除状态。

（3）气象条件应满足并网调试要求。

（4）应对风电机组箱式变压器至机组的动力回路进行绝缘水平检查。

（5）向风电场提交并网调试申请，同意后方可开展机组并网调试。

2. 变流系统调试

（1）确认网侧断路器处于分断位置且锁定可靠。按照现场调试方案和电气原理图，依次合上变流器各电压等级回路空气开关，测量各电压等级回路电压是否正常。

（2）将预设参数文件下载到变流器。

（3）将变流系统切入到调试模式，通过变流器控制面板的参数设置功能手动强制变流器预充电，母线电压应上升至规定值后解除预充电，母线电压应经放电电阻降至零。

（4）预充电测试成功后，解除网侧断路器锁定，通过变流器控制面板的参数设置功能强制操作网侧断路器吸合与分断，断路器应动作可靠，控制器应收到断路器的吸合与分断的反馈信号。

（5）操作柜内散热风扇运行，确认风扇旋转方向正确；检查冷却系统工作是否正常。

（6）检查发电机转速、转向能否被变流系统正确读取。

3. 空转调试

（1）设置软、硬件并网限制，使机组处于待机状态。观察主控制器初始化过程，是否有故障报警；如机组报故障未能进入待机状态，应立即对故障进行排查。

（2）启动机组空转，调节桨距角进行恒转速控制，转速从低至高，稳定在额定转速下。

（3）观察机组的运行情况，包括转速跟踪、三叶片之间的桨距角之差是否在合理的范围之内，偏航自动对风、噪声、电网电压、电流及变桨系统中各变量情况。

（4）空转调试应至少持续 10min，确定机组无异常后，手动使机组停机，观察传动系统运行后的情况。

（5）在空转模式额定转速下运行，按下急停按钮来停止风机；观察风机能否快速顺桨，制动器是否能够正常制动。

（6）在空转模式额定转速下运行，降低超速保护限值（低于额定转速），风机应报超速故障并快速停机；测试完成后恢复保护限值。

4. 并网调试

（1）手动并网。

1）设置软、硬件并网限制，在机组空转状态下，启动网侧变流器和发电机侧变流器，使变流器空载运行，观察变流器各项监测指标是否在正常范围内；检查变流器撬棍电路，启动预充电功能，检测直流母线电压是否正常。

2）取消软、硬件并网限制，启动机组空转，当发电机转速保持在同步转速附近时，手动启动变流器测试发电机同步、并网，持续一段时间，观察机组运行状态是否工作正常。

3）逐步关闭变流器，使叶片顺桨停机。

（2）自动并网。

1）启动机组，当发电机转速达到并网转速时，观察主控制器是否向变流器发出并网信号，变流器在收到并网信号后是否闭合并网开关，并网后变流器是否向主控制器反馈并网成功信号。

2）观察水冷系统，确认主循环泵运转、水压及流量均达到规定要求。

3）观察变桨系统，确认叶片的运行状态正常。

4）并网过程应过渡平稳，发电机及叶轮运转平稳，冲击小，无异常振动；如并网过程中系统出现异常噪声、异味、漏水等问题，应立即停机进行排查。

5）启动风机，观察一段时间内的风机运行数据及状态是否正常。

6）模拟电网断电故障，测试风机能否安全停机；停机过程机组运行平稳，无异常声响和强烈振动。

5．限功率调试

（1）风机在额定功率下运行，通过就地控制面板，将功率分别限定为额定功率的一定比例，观察风机功率是否下降并稳定在对应的限定值。

（2）限功率试运行时间规定为72h，试运行结束后检查发电机滑环表面氧化膜形成情况，确保碳刷磨损状况良好及变桨系统齿面润滑情况正常。

6．并网调试结束

（1）机组在待机、启动、并网、对风、偏航、停机等状态或过程中无故障发生，并通过预验收性能考核。

（2）整理调试记录，填写机组现场调试报告。

（五）中央监控系统调试

1．与风电机组就地控制系统的联合调试

（1）应对中央监控系统进行正确安装，并设置相应的权限。

（2）检查主控制器与中央监控系统的通信状态是否正常。观察主控制器与中央监控系统通信中断后的保护指令和故障报警状态。

（3）在风电机组就地控制系统进行手动控制及自动控制，包括启动、停机、偏航等，观察中央监控系统监测的风电机组运行状态是否与实际相符。

（4）将机组切入到调试模式，观察中央监控系统远程操作功能是否被屏蔽。

（5）将机组切入到自动运行状态，通过中央监控系统远程操作机组，在机组就地控制系统观察机组对中央监控系统发出控制指令的响应情况。

（6）使机组正常运转，通过中央监控系统查看机组的监控信息，包括基本数据显示、实时数据显示等。

2．能量控制系统

对机组进行有功功率调节测试、无功功率调节测试及功率因数调节范围测试。

3．统计及报表系统

（1）观察中央监控系统获取累计值报表情况，查看报表内容是否满足要求。

（2）观察中央监控系统获取日报表情况，查看统计数据是否满足要求。

（3）应模拟机组故障情况，查看中央监控系统故障统计情况及报警状态。

4．调试结束

整理调试记录，编制综合自动化系统现场调试报告及风电机组中央监控系统现场调试报告。

注意：测试过程中，机组出现异常噪声、烟味、灼烧味、放电、漏水现象，立即按下紧急停机按钮，待检查机组正常后方可继续并网测试，机组并网运行中在规定时间内无故障运行方可进行下一测试项目。

小 结

1. 风力发电机组可有多种分类方式，各类机组的结构组成和工作特点也有所不同。

2. 现代常见的风力发电机组包括双馈型风力发电机组和永磁直驱型风力发电机组。

3. 风力发电机组安装的施工组织准备。

4. 风力发电机组安装过程中的安全注意事项。

(1) 安装现场安全要求（共 8 条）。

(2) 接近风机时的安全要求（共 3 条）。

(3) 在风机内工作的安全要求（共 7 条）。

(4) 电气安全（共 6 条）。

(5) 焊接、切割作业（共 3 条）。

(6) 登机（共 4 条）。

5. 风力发电机组安装前准备工作。

(1) 现场条件（共 2 项）。

(2) 技术交流（共 2 项）。

(3) 安装用具（共 4 项）。

(4) 主要零部件。

6. 风力发电机组的安装过程。

(1) 检查基础环（共 6 项）。

(2) 变流器支架和电控柜（共 5 项）。

(3) 塔架（共 17 项）。

(4) 机舱（共 21 项）。

(5) 发电机（共 19 项）。

(6) 叶片/轮毂（共 8 项）。

(7) 叶轮（共 11 项）。

(8) 接线（共 4 项）。

7. 风力发电机组的调试。

(1) 液压系统调试步骤（共 8 步），注意事项（共 7 条）。

(2) 偏航系统运行调试项目（共 8 项）。

(3) 电控系统调试包括厂内调试（轮毂调试与机舱调试）、现场离网调试（共 13 项）、风电机组并网调试（共 6 项）和中央监控系统调试（共 4 项）。

复习思考题

1. 目前使用最广泛的并网风力发电机组有哪几种类型？它们有哪些异同点？

2. 风力发电机组由哪几部分组成，各有哪些作用？

3. 大型并网风力发电机组哪些部件与提高风能利用率有关，其原理是什么？

4. 风力发电机组设备安装前需要做哪些准备工作？

5. 风力发电设备安装过程中应采取哪些安全措施？

6. 塔架通过地脚螺栓与基础连接安装工艺是什么？

7. 叶轮现场的组装工艺是什么？

8. 风力发电机组的调试包括哪些项目？

9. 液压系统调试前需要做好哪些准备工作？

10. 偏航系统调试前应满足哪些条件？

11. 机舱调试需要记录哪些内容？

项目三 风电场的运行与维护

项 目 描 述

目前，国内风力发电机组的单机容量已从最初的几十千瓦发展为今天的几百千瓦甚至兆瓦级。风电场也由初期的数百千瓦装机容量发展为数万千瓦甚至数十万千瓦装机容量的大型风电场。随着风电场装机容量的逐渐增大，以及在电力网架中的比例不断升高，对大型风电场的科学运行、维护管理逐步成为一个新的课题。风电场的企业性质及生产特点决定了运行维护管理工作必须以安全生产为基础，以科技进步为先导，以设备管理为重点，以全面提高人员素质为保证，努力提高企业的社会效益和经济效益。

本项目完成以下三个工作任务：

任务一 风电场的运行

任务二 风力发电机组的运行

任务三 风电场的维护

学 习 重 点

1. 熟悉风电场运行主要工作。
2. 熟悉风电场运行管理规定。

学 习 难 点

风电场运行检修模式。

任务一 风 电 场 的 运 行

任 务 引 领

风电场运行管理工作的主要任务是通过科学的运行维护管理，来提高风力发电机组设备的可利用率及供电的可靠性，从而保证风电场输出的电能质量符合国家电能质量的有关标准。

教 学 目 标

1. 了解生产准备工作的主要内容。

2. 熟悉生产准备验收程序。

3. 熟悉风电场运行的主要内容。

4. 了解风电场检修模式。

5. 了解风电场人员配置及岗位职责。

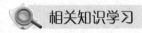 相关知识学习

一、风电场生产准备工作

1. 生产准备的意义

风力发电是一个比较复杂的生产过程，风电场属于技术密集型企业，风电场正常运转需要较高的生产技术管理水平，风电场正常运转所需的制度、人员、设备、技术等都需要较长的准备时间，要使每台新发电机组能够如期顺利投产，并能尽快达到安全、稳定、经济、高效的目标，就必须进行大量的、系统的、扎实的生产准备工作，才能满足风电场投产后电力生产的需要，所以生产准备是风电场工程建设的重要组成部分。

在新建、扩建和改建风电场中，生产准备应纳入到基建期工作中，确保基建向生产的平稳过渡及项目投产后安全、稳定、经济、高效运行。新建、扩建风电场生产准备工作应根据工程进度，如系统设计、设备选型、设备招标、设备监造、设备安装调试、单机试运、整套试运、移交生产等进程同步展开。

2. 生产准备的主要内容

生产准备工作贯穿于工程建设项目始终，在建设项目可行性研究报告批复后，要编制"生产准备工作纲要"，使生产准备与投产运行工作纳入工程建设项目的总体统筹控制计划中。具体生产准备的任务包括以下内容：

(1) 建立生产准备管理职能部门。

1) 项目在可行性研究报告批复后，为了加强对生产准备工作的领导，协调处理生产准备工作中的各种问题，保证生产准备工作顺利有效地进行，在项目开工后应立即成立生产准备机构，根据工程建设进展情况，按照精简、统一、效能的原则，逐步完善机构，负责生产准备工作尽可能做到组织形式简单，人员少而精，并能适应电力生产、风电场（或某一期项目）规模、当地环境、本单位人员素质水平的要求。

2) 根据设计要求和工程进展，遵循精简、高效的扁平化管理体制的组织原则，要适时组建或调整、补充各级生产管理机构，以适应生产管理的实际需要。

3) 生产准备机构成立后的首要任务是立即着手编写生产准备工作计划和实施细则，尽早明确工作目标，全面统筹、科学细致地安排整个生产准备期的工作，保证生产准备工作有条不紊、有据可依，提高生产准备工作质量。

4) 为了保证工作计划和实施细则能得到有效执行，需要形成以下日常工作制度。

a. 为确保生产准备工作顺利完成，并达到预期目标，有关部门和人员必须结合自己部门的实际情况及工程进度，将生产准备规划目标分解成若干小目标，制订出相应的月度计划和周计划，重点工作落实到人并进行逐月考核，确保生产准备工作按时高质量完成。

b. 形成生产准备工作汇报制度，在场用电带电前一般每半个月召开一次生产准备工作例会，场用电带电后每周召开一次生产准备工作例会，会议由生产准备工作委员会主任主

持，全面协调生产准备工作中的问题，并做好详细的记录，确保生产准备工作按计划顺利完成。各有关部门必须以投产计划为中心展开生产准备工作，对生产准备过程中出现的问题，各部门应高度予以重视，协调解决。

（2）制订相关的生产人员配置计划及培训计划。

风电场属于技术密集型、资金密集型工厂。生产准备工作的成功关键在于生产队伍的组建，队伍组建工作的好坏直接影响到机组投产以后能否安全、经济、高效运行，因此必须把生产队伍的组建作为生产准备重中之重的工作来抓。组建生产队伍需要进行人员招聘、培训和定岗定级等工作。

1）根据批准工程建设装机容量和风电场生产运维管理模式，适时配备人员。

2）人员配备应注意年龄、文化层次、技术等级的构成，在相同或类似岗位工作过的人员应达到配置人员总数的三分之一。新员工应尽量从企业或系统内部调剂和大中专毕业生中招聘，经过考试、面试和体检合格后，择优录取。生产管理、技术人员及主要操作、维护人员应在生产准备启动之初到位，尽量能够参与工程建设全过程，其他人员应在升压站调试以前全部到位。

3）根据风电生产特点、要求，应制订好全员培训计划，认真抓好培训工作，使各级管理人员、技术人员、工人经过严格培训和考核，达到任职上岗条件。各级管理人员的培训，应重点进行本专业及相关知识教育，提高管理水平，满足生产现场指挥与生产管理的需要。技术人员、班组长和主要操作人员等骨干的培训，应着重组织好专业知识学习、同类机组实习、劳动安全、环保、消防和急救知识的培训，通过安装调试阶段提高业务素质和技术水平，使之在运行中发挥技术和生产骨干作用。新工人经入场三级安全教育后，通过培训，使他们熟悉工艺流程，掌握操作要领，做到"三懂六会"（三懂：懂原理、懂结构、懂方案规程；六会：会识图、会操作、会维护、会计算、会联系、会排除故障），提高"六种能力"（思维能力，操作、作业能力，协调组织能力，反事故能力，自我保护救护能力，自我约束能力）。各阶段培训结束时，都要进行严格的考试，并将考试成绩列入个人技术档案，作为上岗取证的依据。

4）在全员培训中，尤其应抓好思想、作风、纪律的培养和职业道德教育，采取各种有效方式促进职工自我教育、自我提高，激发"爱国、创业、求实、奉献"的企业精神，开展思想作风练兵，强化管理，从严要求，努力培养一支有理想、有道德、有文件、有纪律的职工队伍。

（3）技术准备、建章立制。

1）技术准备的主要任务是编制三大规程（运行规程、检修规程、安全规程）、收集生产技术资料（包括设备技术台账、使用说明书、试验合格证等），使生产人员熟练掌握设备操作、后台监控、综合自动保护、事故分析等方面的技术，具备独立处理各种事故及设备技术问题的能力。

现场规程的主要内容一般包括：

a. 设备规范。

b. 设备的操作（启、停）程序，以及正常参数范围和极限参数。

c. 设备异常情况的判断，事故处理的规定和注意事项。

d. 设备在运行中检查（巡视）、调整的规定。

e. 停用后的保护。

f. 有关的试验规定。

现场规程一般分为以下几部分：

a. 升压站运行规程。

b. 风机运行规程。

c. 检修维护标准（技术标准、给油脂标准、作业标准）。

2）绘制系统图册。系统图册必须按照现场施工图和实际安装系统进行多次核实而绘制，系统图要有统一的图例，既要简单，又要实用，有极强的权威性，并在场用电带电前完成编制。系统图册一般有：

a. 电气一次部分系统图册。

b. 电气二次部分系统图册。

c. 通信系统图册。

d. 其他图册。

3）准备各类技术记录、表格、台账。风电场生产运行管理中需要大量的技术记录、表格、台账等，需要在升压站试运前准备好。主要内容如下：

a. 运行管理类：值班记录、设备缺陷记录、工作票记录、操作票登记、停/送电工作联系单、运行报表、巡回检查卡、定期试验等。

b. 维护管理类：设备缺陷统计分析、工作记录、定期检修记录、维修登记卡、点检定修的各种记录、仪器仪表定期试验卡、备品备件、检修工器具、材料物资台账等。

c. 生产管理类：生产统计报表，安全报表，两票合格率统计，异常情况统计，经济指标统计，发变电设备可靠性管理报表，设备运行中的异常、障碍、事故统计表，设备变更申请，合理化建议等各类计划专用表等。

d. 标示标牌类：对全场系统设备进行系列编号、命名、明确悬挂位置，制作符合要求的标示牌。

4）根据设计文件，参照国内外同类装置的有关资料，适时完成培训教材、技术资料、管理制度、各种调试方案和考核方案的编制工作。

a. 培训资料：具体包括入职培训、三级安全教育、风电场安全生产管理制度、常用工具及保养、电工基础知识、变电站设备的原理及各种技能、风力发电机组机构原理、风力发电机组电气原理、控制系统、风力发电机组故障代码分析判断处理、急救救护法、消防器材使用方法及模拟操作、风力发电机组运行维护手册、电网业务技能取证培训、风力发电机组业务技能取证培训、风电场事故处理及反事故演习、应急预案的演练等相关的培训资料。

b. 技术资料：变电站安全规程、线路安全规程、危险部位风险评估及事故处理预案（包括关键生产装置和重点生产岗位）、检修规程、风机运行规程、电气运行规程、综合自动化运行规程、保护整定值、设备台账、生产报表、生产技术台账、设备运行记录、消防系统设备技术资料等。

（4）物资准备。

风电场安装调试、试运行以至正常生产，都必须有一定的物资储备。由于风电场耗用的物资数量较大，品种规格多，采购周期长，所以需要提前做好充分的准备。物资准备主要包括生产消耗型物资准备、常规备品备件的准备、生活设施准备、运维车辆的准备。

生产消耗性物资要提前提出消耗计划，在经过几个月的实践后，掌握其消耗规律，制订出各类物资的消耗定额和科学的采购计划。

备品备件材料包括消耗性备品备件、事故性备品备件、仪器、仪表、量具、工具等，可以参考厂家建议和有经验同类型风电场运行数据制订科学合理的备用数量。

为了更好地做好物资管理，必须建立专门的库房，制订科学合理的库房管理制度，各类备品配件应做好分类、建账、建卡、上架工作，做到账卡物相符，严格执行保管和发放制度。

（5）资金准备。

1）编制年度生产准备资金计划，列入工程建设项目计划之中。

2）编制生产准备项目各阶段费用计划，特别是现场安装阶段资金计划。

3）编制各阶段的流动资金计划。

（6）生产准备验收及运营准备。新建、扩建风电场的生产准备验收工作由项目公司负责，并组织成立验收组，由验收组对所属新建扩建风电场的"建立生产组织，员工定岗及岗位培训，工作标准和岗位职责制定、规程制度编制，安健环管理，技术准备，物资管理"等生产准备工作进行验收，提出验收报告。

每台机组经过240h试运后，由施工单位、调试单位、设计单位、监理单位、风电场等共同对各项设备、系统等进行全面检查，依据检查情况决定机组是否停机消缺，若不停机消缺，机组在运行中移交生产；若决定停机消缺，应等待缺陷消除后，机组再次启动，经240h运行后，通过检查鉴定，机组运行参数合格，机组在运行中移交生产，进入商业运行。移交生产的同时完成技术资料、备品备件、专用工具和试验仪器的交接工作。

二、风电场运行内容

1. 风电场生产指标

一般发电企业都会根据公司管理要求，建立科学完整的生产指标体系，通过对生产指标的横、纵向对比分析，评价各风电企业运行维护水平，带动企业生产经营活动向低成本、高效益方向发展，从而实现风电企业生产管理水平的目标。

风电企业生产指标体系一般分七类二十六项指标为基本统计指标。七类指风资源指标、电量指标、能耗指标、设备运行水平指标、风电机组可靠性指标、风电机组经济性指标、运行维护费用指标。

（1）风资源指标包括平均风速、有效风时数、平均空气密度等三项指标。

1）平均风速。平均风速指在给定时间内瞬时风速的平均值。由场内有代表性的测风塔（或若干测风塔）读取（取平均值）。测风高度应与风机轮毂高度相等或接近。平均风速单位为m/s，是反映风电场风资源状况的重要数据。

2）有效风时数（有效风时率）。有效风时数是指在风电机组轮毂高度（或接近）处测得的、介于切入风速与切出风速之间的风速持续小时数的累计值。有效风时数单位为h。

3）平均空气密度。风电场所在处空气密度在统计周期内的平均值，其公式为

$$\rho = p/RT \, (\text{kg/m}^3)$$

式中　p——当地统计周期内的平均大气压，Pa；

　　　R——气体常数；

T——统计周期内的平均气温。

平均空气密度反映了在相同风速下风功率密度的大小。

(2) 电量指标包括发电量、上网电量、购网电量、等效利用小时数等四项指标;

1) 发电量。

a. 单机发电量:是指在风力发电机出口处计量的输出电能,一般从风机监控系统读取。

b. 风电场发电量:是指每台风力发电机发电量的总和,单位为 kWh。

2) 上网电量。风电场与电网的关口表计计量的风电场向电网输送的电能,单位为 kWh。

3) 购网电量。风电场与对外的关口表计计量的电网向风电场输送的电能,单位为 kWh。

4) 等效利用小时数。等效利用小时数也称为等效满负荷发电小时数。风机等效利用小时数是指风机统计周期内的发电量折算到其满负荷运行条件下的发电小时数。

$$风机等效利用小时数 = 发电量/额定功率$$

$$风电场等效利用小时数 = 风电场发电量/风电场装机容量$$

(3) 能耗指标包括场用电量、场用电率、场损率、送出线损率等四项指标。

1) 场用电量。风电场场用电量指场用变压器计量指示的正常生产和生活用电量(不包含基建、技改用电量),单位为 kWh。

2) 场用电率。场用电率指风电场场用电变压器计量指示的正常生产和生活用电量(不包含基建、技改用电量)占全场发电量的百分比,场用电率 = 场用电量/全场发电量×100%。

3) 场损率。场损率指消耗在风电场内输变电系统和风机自用电的电量占全场发电量的百分比。

场损率=(全场发电量+购网电量-主变压器高压侧送出电量-场用电量)/全场发电量×100%

4) 送出线损率。送出线损率指消耗在风电场送出线的电量占全场发电量的百分比。

送出线损率=(主变压器高压侧送出电量-上网电量)/全场发电量×100%

(4) 设备运行水平指标包括单台风机可利用率、风电场风机平均可利用率、风电场可利用率等三项指标。

1) 单台风机可利用率。在统计周期内,除去风力发电机组因维修或故障未工作的时数后余下的时数与这一期间内总时数的比值,用百分比表示,用以反映风电机组运行的可靠性。

$$风机设备可利用率 = [(T-A)/T] \times 100\% \tag{3-1}$$

式中 T——统计时段的日历小时数;

A——因风机维修或故障未工作小时数。

停机小时数 A 不包括以下情况引起的停机时间:

a. 电网故障(电网参数在风力发电机技术规范范围之外)。

b. 气象条件(包括环境温度、覆冰等)超出机组的设计运行条件,而使设备进入保护停机的时间。

c. 不可抗力导致的停机。

d. 合理的例行维护时间 [不超过 80h/(台·年)]。

2）风电场风机平均可利用率。

a. 风电场只有一种型号的风电机组，风电场风机平均可利用率即为风电场所有风机可利用率的平均值。

b. 风电场有多种机型的风机时，风电场机组平均可利用率应根据各种机型风机所占容量加权取平均后得出，计算公式为

$$K_P = \sum_{i=1}^{n} \frac{P_i}{P_z} \times K_i \qquad (3-2)$$

式中　K_P——风电场机组的平均可利用率；

　　　K_i——风电场第 i 种机型风电机组的平均可利用率；

　　　P_i——风电场第 i 种机型风电机组的总容量；

　　　P_z——风电场总装机容量；

　　　n——风电场机型种类数。

3）风电场可利用率。在统计周期内，除去因风电场内输变电设备故障导致风机停机和风力发电机组因维修或故障停机小时数后余下的时数与这一期间内总时数的比值，用百分比表示，用以反映包含风电机组和场内输变电设备运行的可靠性。

（5）风电机组可靠性指标包括计划停还系数、非计划停还系数、运行系数、非计划停运率、非计划停运发生率、暴露率、平均连续可用小时、平均无故障可用小时等八项指标。

1）计划停运系数（POF）：

$$计划停运系数 = \frac{计划停运小时数}{统计期间小时数} \times 100\% \qquad (3-3)$$

其中计划停运指机组处于计划检修或维护的状态。计划停运小时数指机组处于计划停运状态的小时数。

2）非计划停运系数（UOF）：

$$非计划停运系数 = \frac{非计划停运小时数}{统计期间小时数} \times 100\% \qquad (3-4)$$

其中非计划停运指机组不可用而又不是计划停运的状态。非计划停运小时数指机组处于非计划停运状态的小时数。

3）运行系数（SF）：

$$运行系数 = \frac{运行小时数}{统计期间小时数} \times 100\% \qquad (3-5)$$

其中运行是指机组在电气上处于连接到电力系统的状态，或虽未连接到电力系统但在风速条件满足时，可以自动连接到电力系统的状态。运行小时数指机组处于运行状态的小时数。

4）非计划停运率（UOR）：

$$非计划停运率 = \frac{非计划停运小时数}{非计划停运小时数 + 运行时间} \times 100\% \qquad (3-6)$$

5）非计划停运发生率（UOOR），单位为次/年：

$$非计划停运发生率 = \frac{非计划停运次数}{可用小时数} \times 8760 \qquad (3-7)$$

其中风电机组可用状态指机组处于能够执行预定功能的状态，而不论其是否在运行，也

不论其提供了多少出力。可用小时数指风机处于可用状态的小时数。

6）暴露率（EXR）：

$$暴露率 = \frac{运行小时数}{可用小时数} \times 100\% \tag{3-8}$$

7）平均连续可用小时数（CAH），单位为 h：

$$平均连续可用小时数 = \frac{可用小时数}{计划停运次数 + 非计划停运次数} \times 100\% \tag{3-9}$$

8）平均无故障可用小时数（MTBF），单位为 h：

$$平均无故障可用小时数 = \frac{可用小时数}{强迫停运次数} \times 100\% \tag{3-10}$$

（6）风力发电机组经济性指标包括功率特性一致性系数、风能利用系数等两项指标。

1）功率特性一致性系数。根据风机所处位置风速和空气密度，观测风机输出功率与风机厂商提供的在相同噪声条件下的额定功率曲线规定功率进行比较，选取切入风速和额定风速间以 1m/s 为步长的若干个取样点进行计算功率特性一致性系数。

$$功率特性一致性系数 = \frac{\sum_{i=1}^{n} \frac{|i\,点曲线功率 - i\,点实际功率|}{i\,点曲线功率}}{n} \tag{3-11}$$

式中　i——取样点；

　　　n——取样点个数。

2）风能利用系数。风能利用系数的物理意义是风力机的风轮能够从自然风能中吸取能量与风轮扫过面积内气流所具风能的百分比，表征了风机对风能利用的效率。风能利用系数 C_p 可用下式

$$C_p = \frac{P}{0.5\rho S v^3} \tag{3-12}$$

式中　P——风力机实际获得的轴功率，W；

　　　ρ——空气密度，kg/m^3；

　　　S——风轮旋扫面积，m^2；

　　　v——上游风速，m/s。

（7）运行维护费用指标包括单位容量运行维护费、场内度电运行维护费等两项指标，反映风电场运行维护费用实际发生情况的指标（不含场外送出线路费用）。

运行维护费构成：材料费、检修费、外购动力费、人工费、交通运输费、保险费、租赁费、实验检验费、研究开发费及外委费。

2. 风电场运行主要工作

运行管理是风电场运行人员工作的核心，应认真贯彻"安规""两票""三制"，按照标准化、规范化作业的要求，开展变电站各项安全生产工作。

风电场的运行管理工作主要任务就是提高设备可利用率和供电可靠性，保证风电场的安全经济运行和工作人员的人身安全，保持输出电能符合电网质量标准，降低各种损耗。工作中必须以安全生产为基础，科技进步为先导，以整治设备为重点，以提高员工素质为保证，以经济效益为中心，全面扎实地做好各项工作。

（1）风电场运行工作主要包括设备管理、技术管理、日常管理三大方面，具体工作如下。

1) 风电场系统运行状态的监视、调节、巡视检查。

2) 风电场生产设备操作、参数调整。

3) 风电场运行数据备份、统计、分析和上报。

4) 工作票、操作票、交接班、巡视检查、设备定期试验与轮换制度的执行。

5) 风电场内生产设备的原始记录、图纸及资料管理。

6) 风电场内房屋建筑、生活辅助设施的检查、维护和管理。

7) 开展风电场安全运行的事故预想和对策。

8) 根据风电场安全运行需要，制订风电场各类突发事件应急预案。

9) 生产设备在运行过程中发生异常或故障时，属于电网调管范围的设备，运行人员应立即报告电网调度；属于自身调管范围的设备，运行人员根据风电场规定执行。

风电场的运行数据包括发电功率、风速、有功电量、无功电量、场用电量及设备的运行状态等。运行记录包括运行日志，运行日月年报表，气象记录风向、风速、气温、气压等，缺陷记录、故障记录、设备定期试验记录等。其他记录还包括交接班记录、设备检修记录、巡视及特巡记录、工作票及操作票记录、培训工作记录、安全活动记录、反事故演习记录、事故预想记录、安全工器具台账及试验记录等。

（2）风电场变电站特点。

1) 通常为单母线结构或单母线分段结构，如图 3-1 所示。

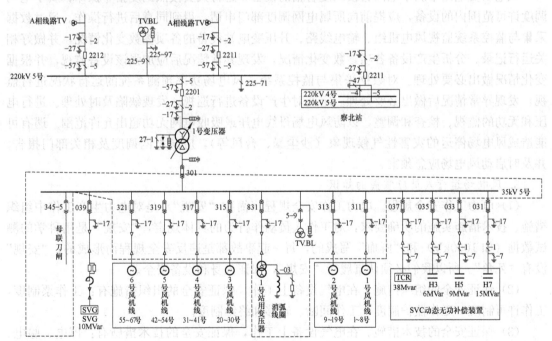

图 3-1 风电场电气主接线图

2) 高压侧电压等级为 220、110kV 或 66kV。

3) 集电母线电压等级为 10kV 或 33（35）kV。

4) 升压变低压侧为小电流接地系统。

5) 因远离负荷中心，通常安装有无功补偿装置。

6）使用自动化控制系统和分散式保护装置，如图 3-2 所示。

图 3-2　风机监控系统

风电场变电站中属于电网直接调度管辖的设备，运行人员按照调度指令操作；属于电网调度许可范围内的设备，应提前向所属电网调度部门申请，得到同意后进行操作。通过数据采集与监控系统监视风电机组、输电线路、升压变电站设备的各项参数变化情况，并做好相关运行记录。分析生产设备各项参数变化情况，发现异常情况后应加强该设备监视，并根据变化情况做出必要处理。对数据采集与监控系统、风电场功率预测系统的运行状况进行监视，发现异常情况后做出必要处理。定期对生产设备进行巡视，发现缺陷及时处理。进行电压和无功的监视、检查和调整，以防风电场母线电压或吸收电网无功超出允许范围。遇有可能造成风电场停运的灾害性气候现象（沙尘暴、台风等），应向电网调度及相关部门报告，并及时启动风电场应急预案。

3. 风电场运行人员应掌握的知识

（1）电力工作安全规程。电力工作安全规程（简称"安规"）是对电力生产工作中组织措施、技术措施实施的明确要求，对工作人员动作行为的具体规定，"安规"是用科学的测试数据（如 1000kV）和"鲜血"写成的，每一起事故都是违反安全规程而形成的，"安规"没有"死角"。所以我们必须认真履行"安规"，保证人身和设备安全。

（2）保证安全的组织措施。在电气设备上工作，保证安全的组织措施有：工作票制度，工作许可制度，工作监护制度，工作间断、转移和终结制度。

（3）保证安全的技术措施。在电气设备上工作，保证安全的技术措施有：停电、验电、接地、悬挂标示牌和装设遮拦（围栏）

（4）两票三制。"两票"是指"工作票"和"操作票"。

根据不同的工作内容，工作票分为第一种工作票、第二种工作票、电力电缆第一种工作票、电力电缆第二种工作票、带电作业工作票等。

倒闸操作票：电气设备停送电、改变运行方式等，操作时应按照技术原则，把每一项操作内容都写在固定格式的纸面上，操作票应由操作人填写。

"三制"就是变电站最基本的三种制度：交接班制度、设备巡视检查制度、设备定期维护制度。

三、风电场检修模式

从地理环境方面来看，我国风能资源较丰富的地区一般都比较偏僻，自然环境比较恶劣，运维人员长期驻现场工作，工作和生活都很不方便，与外界联系太少，这种情况导致风电行业很难吸引优秀人才和稳定的工作人员。风电场分布方面，受地理环境和政府规划等因素的影响，除甘肃、新疆、内蒙古和东北等地区能形成规模较大的风电场群，其他山区和沿海地区很难形成规模化的风电场群，单个风电场容量较小，且地域跨度较大和分散。受风机和设备情况的限制，风电场内风电机组数量多、间距大且检修道路艰险，这些都大大增加了现场机组、设备监管和巡视的困难。不同的风电场采用不同厂家提供的控制和信息平台，数据采集、存储、统计及展现方式存在各种差异，不利于公司内部对不同风电场的设备和生产情况进行对比分析，难以统一管理。因此，根据风电行业的发展状况和趋势，结合风电场现场运维的特点，实现风电场区域化集中管理，"集中控制，少人值守"，运行人员在集控中心监控各风电场中设备的运行情况，及时发现异常并通知现场检修人员进行故障处理和消缺。

1. 风电场运行检修模式

风电场的区域化集中管理是指结合运行管理、检修管理和备品备件管理，根据各个风电场的地理位置分布，将某一个区域内的多个风电场设立一个集中控制中心，地点在省会城市或市级城市，区域内设置运行管理中心、备品备件管理中心和检修管理中心。

（1）运行管理中心。运行管理中心配套建立集中远程监控系统，将区域内采用不同风机、设备和控制平台的风电场的机组数据和升压站数据统一在一个数据平台内。取消各风电场现场值班制度，集中人员在区域管理中心对区域内的风电场运行进行监视、分析、调整和控制。集控运行实现了跨平台统一管理，同时还提高了风电场运行维护水平，并且大幅度减少了风电场对运行人员的需求，改善了运行人员的工作和生活环境。对于新增风电场，还可以节约升压站造价和相应生活设施费用。虽然集控运行很经济、高效，但对运行人员专业水平和工作积极性要求很高，值班人员要时刻关注机组和设备的运行情况，及时发现隐患和故障，利用自己的专业知识去分析、解决，或者通知现场人员去处理。还要根据各风电场的数据进行运行分析、检修总结等，使各风电场更高效地运行。风电场虽然取消了值班制度，但还是需要现场人员经常巡视检查，一方面监控各设备的实际运行情况，另一方面配合集控人员进行升压站设备的异常运行处理。

（2）备品备件管理中心。对于区域内路程较近的几个风电场，集中储备备品备件，统一管理、灵活调用，既减少了各风电场自行采购备品备件的总费用，降低了单个风电场采购发电机、齿轮箱等大部件的压力，又能确保备品备件在最短时间内抵达现场。但对于路程较远或出质保的风电场，不适宜备品备件集中调配，增加了设备检修时间和故障排除时间，同时给备品备件管理造成很大的不便。面对这种情况，每个风电场都应该有自己的备品备件库，设立专管人员管理，随时随地调配、随时使用，避免了因不同风电场所采用不同设备而造成备品备件的浪费，以及取备件消耗的人力和时间，同时还能使风电场现场人员处理故障时间更短，效率更高。

（3）检修管理中心。建立专业检修团队，配备高水平技能的专业检修人员，一般可分为电气班组和风机班组。配备必需的运维检修工具和设备，负责区域内风电场的年度检修和应急故障处理任务。在检修中心建立初期，应针对区域内的风电机组及相关电气设备型号，开展有针对性的培训，使得检修团队能熟练掌握所属区域的机组及相关风电场设备的检修技能。这样做使得单一风电场不必全部建立检修队伍，既精减了人员，又提高了整体人员的专业化水平。检修中心可位于集中管理中心的城市，和区域备品备件管理中心统一考虑。

2. 风电场现场检修模式

随着风电场规模的不断扩大，机组陆续要出质保期，这就需要增加现场运维人员对风机进行维护和检修，而风机检修维护是一个专业性非常强的工作，现场运维人员的技能水平有限，员工可能无法达到胜任检修维护风机的要求，因此有必要成立专业检修班组对风机进行消缺维护，从而确保风机高效、经济、安全地运行，提高风机消缺检修维护水平和加强检修管理工作。

根据以往风电场工作经验，风电场现场检修模式一般经历以下两个阶段。

(1) 从风机调试至厂家质保期内。本阶段风电场升压站新投运，风机陆续开始调试且厂家负责风机维护检修，虽然风电场新员工较多、人员水平参差不齐，但可以采取运检一体管理模式，通过"传、帮、带""师徒协议"及配合厂家人员进行风机调试、消缺、检修等方式使新员工在工作中学习，尽快熟悉一般性升压站电气设备操作及风机调试消缺、检修技能，从而避免员工一进场就进行运检分离模式管理，导致知识技能片面，并且可以从中培养出一些技术业务骨干，为下一步运检分离做准备。

(2) 风机出质保期后。本阶段风机将完全由风电场负责检修维护及故障消缺，风电场采取运检分离的管理模式，所有运行工作由区域集控中心承接，现场运维人员只负责场内设备检修工作及配合集控值班人员进行升压站内电气一、二次设备操作等工作。

风电场现场抽调技术骨干组成专业检修班组，满足风机维护的需要；检修班组负责所有风机的正常运行，负责日常风机的保养和维护，制订风机的半年、全年检修计划，做好备品备件及耗材的准备工作。

四、风电场安全管理

安全是风电单位管理的重中之重，是一门综合性的系统科学。风电场因其所处行业的特点，安全管理涉及生产的全过程。必须坚持"安全生产、预防为主、综合治理"的方针，这是电力生产性质决定的。没有安全，一切都是空谈。安全工作要实现全员、全过程、全方位的管理和监督，要积极开展各项预防性的工作，防止安全事故发生。工作中应严格按照电力行业标准执行。

风电场安全管理工作的主要内容有：

(1) 根据现场实际，建立健全安全监察机构和安全网。

(2) 建立健全安全管理制度及预案，制订安全目标，落实安全生产责任制和行使安全监察职能。

(3) 在机构设置上，风电场应当配备安全专工，风机厂家应配备安全专责，负责各项安全工作的实施。

(4) 安全生产需要全体员工共同参与，形成一个覆盖各生产岗位的安全网络组织，这是安全工作的组织保证。

风电场群集控运行模式，由于集多项功能于一身，且做到环环相扣，因此，可以在很大程度上帮助企业提高运营效率，为企业创造更大效益。其功能主要表现为：一是实现风电场电器设备、风电机组、远方人工控制及功率、电压的自动调节；实现风机及风电场数据的及时采集与处理，其中包括风机各种遥测信息采集、测风信息采集、升压站信息采集与控制、箱式变电站信息采集与控制、电计量监视、故障信息子站监视、直流电源及 UPS 电源监视等。二是实现数据融合与分析，包括风电场经济性指标、可靠性指标、生产指标的统计、计算和分析；风机功率曲线、可利用率的统计分析；风机故障信息统计分析；自动绘制风玫瑰图等，降低运行人员基础生产信息的统计分析工作量，自动快速地提供各种生产信息及分析、比较，为事故分析、生产革新、设备改造、生产计划提供准确的依据。三是实现设备异常分析及劣化监视报警功能。可为升压站及风机设备的各个参数设定劣化条件及报警条件，实时监视设备运行工况，发生异常或劣化时自动报警，提示集控人员提前进行调整，采取措施、安排处理，避免设备在大风期出现故障，造成电量损失。四是在集控中心建设各风电场风功率预测系统，可实现风电场功率预测功能，提前上传电网调度中心，提高电网稳定性。同时，还可以将集控中心整合的风电场信息按电网公司要求上传调度中心，便于调度中心实时掌握风电场运行情况。

综上所述，风电场的稳定、高效运行直接关系着风力发电企业的经济效益，因此，仍需不断探索风电场运行管理模式，最大程度地节约人力、物力，有效地降低生产和管理成本，提高设备健康水平和可利用率，保证设备的可靠性和风电场发电量，提高风力发电企业整体的运营能力和水平，实现风电企业的盈利和可持续发展。

五、风电场人员配置及岗位职责

以装机容量为 200MW 的风电场（风机未出质保期）为例，一般配备 1 名场长、1 名副场长、1 名安全专工、1 名技术专工、2 名运维检修值长、4 名运维检修人员、8 名风机厂家人员。日常值班、升压站设备监控和风机运行监控等工作由集控中心人员负责，这不仅缓解了现场人员配备少的问题，而且现场人员可以更专注地进行设备检修和维护工作，使机组和设备更高效地运行。

场长、专工职责：全面负责风电场的安全管理，执行《电业安全工作规程》和安全生产管理制度，监督安全生产管理制度落实，掌握设备系统的运行情况，组织安全隐患定期排查并治理，组织制订安全方面的技术措施和反事故措施，编写事故预案和组织应急演练；组织编写、修编、完善本风电场的现场工作标准和流程；建立健全本风电场生产现场管理制度、组织修编运行规程、检修规程、作业指导书；负责落实公司各项制度；负责本风电场运行专业管理工作，严格执行"运行规程"；负责组织协调本风电场运行方式的调整、设备投运方案、停送电计划的审核和报批；根据设备系统、运行方式的变化，及时修订完善两票票库，制订符合实际的技术措施；负责组织制订并落实抢发电计划，开展运行分析；负责本风电场抢发电量工作，负责处理生产现场重大缺陷、负责对标工作在本风电场有效落实；制订并落实本风电场的培训计划，监督、指导本风电场培训工作，检验培训效果；负责本风电场设备保险的提报和记录，确保保险理赔工作的顺利开展；跟踪、督查本风电场的缺陷及时处理，制订防范措施；做好外委单位的管理，对其维护的质量进行不定期检查、考核，评估；审核风电场各类生产、生活物资需求计划，并监督、落实好现场物资实物、台账的管理，防止生活物资的浪费、固定资产的流失。

　　值班长职责：监督安全生产管理制度落实；掌握设备系统的运行情况，监督外委单位维护质量；配合场长、专工的管理、监督和检查，同时负责检修工作的旁站和班组管理工作。

　　值班员职责：严格执行《电业安全工作规程》和安全生产管理制度，按照生产现场工作标准和流程工作，认真开展事故预想和反事故演习工作；及时进行应急预案演练，掌握设备的运行情况；严格执行"运行规程"，当班期间熟知设备运行状况，协助值长根据设备系统、运行方式的变化，及时修订完善两票制度，制订符合实际的技术措施；开展运行分析。集控值班人员应及时、准确填报生产运行报表；对当值期间设备缺陷、事故的处理负责，对有缺陷设备按要求加强检查、监视和分析，并实施预控措施，及时统计设备的缺陷，并汇总上报按要求填写缺陷记录；及时更新设备档案；落实本风电场抢发电量工作，负责风机可利用率、场用电率、损失电量等生产指标的统计、分析工作，准确、及时地向上级单位报送生产指标，认真开展风机功率曲线验证工作和生产指标对标工作；严格执行集团公司两票管理制度，保证两票合格。

任务二　风力发电机组的运行

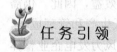

任务引领

　　目前，兆瓦级的机组已达到批量商业化生产的水平，并成为当前世界风力发电的主力机型。同时，在风力发电机组叶片设计和制造过程中广泛采用了新技术和新材料，风电控制系统和保护系统广泛应用电子技术和计算机技术，有效地提高了风力发电总体设计能力和水平，而且新材料和新技术对于增强风电设备的保护功能和控制功能也有重大作用。

教学目标

1. 了解风力发电机组的工作状态。
2. 熟悉风力发电机组的运行操作。
3. 熟悉风力发电机组的并网与脱网。
4. 熟悉风力发电机组计算机界面功能。

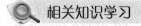

相关知识学习

一、风力发电机组的工作状态

1. 风电技术的发展

　　进入 21 世纪之后，随着现代电力电子技术的不断发展，新材料的涌现及工艺的不断完善，世界风力发电技术又向前迈进了一大步，主要表现如下：

　　(1) 风力发电单机容量继续稳步上升。在风力发电领域内，"更大、更好"在近些年中一直是所有风机研究、设计和制造商所信奉的原则之一。为了降低风力发电的成本，提高风电的市场竞争能力，随着现代风电技术的发展与日趋成熟，风力发电机组的技术沿着增大单机容量、减轻单位千瓦重量、提高转换效率的方向发展。

（2）变桨调节方式迅速取代失速功率调节方式。失速调节方式的主要缺陷是风力发电机组的性能受叶片失速性能的限制，额定风速较高，在风速超过额定值时发电功率有所下降。采用变桨调节方式能充分克服以上缺陷，故得到了迅速的应用。

（3）变速恒频方式迅速取代恒速恒频方式。变速恒频方式通过控制发电机的转速，能使风力机的叶尖速比（tip speed ratio）接近最佳值，从而最大限度地利用风能，提高风力机的运行效率。

（4）无齿轮箱系统的市场份额迅速扩大。齿轮传动不仅降低了风电转换效率和产生噪声（是造成机械故障的主要原因），而且为减少机械磨损需要润滑清洗等定期维护。采用无齿轮箱的直驱方式虽然提高了电机的设计成本，但却有效地提高了系统的效率及运行可靠性。近几年直接驱动技术在风电领域得到了重视，这种风力发电机组采用多极发电机与叶轮直接连接进行驱动的方式，从而免去了齿轮箱这一传统部件，由于其具有很多技术方面的优点，特别是采用永磁发电机技术，其可靠性和效率更高，处于当今国际上领先地位，在今后风电机组发展中将有很大的发展空间。

2. 风力发电机组的工作状态

了解了风电技术发展，对于风电场的员工来说，要快速有效地掌握风力发电知识，必须知道风力发电机组的工作状态。风力发电机组总是工作在如下状态之一：运行状态、暂停状态、停机状态、紧急停机状态。每种工作状态可看作风力发电机组的一个活动层次，运行状态处在最高层次，紧停状态处在最低层次。为了能够清楚地了解机组在各种状态条件下控制系统是如何反应的，必须对每种工作状态做出精确的定义。这样，控制软件就可以根据机组所处的状态，按设定的控制策略对调向系统、液压系统、变桨距系统、制动系统、晶闸管等进行操作，实现状态之间的转换。下面具体介绍一下风机这四种工作状态，如图 3-3 所示。

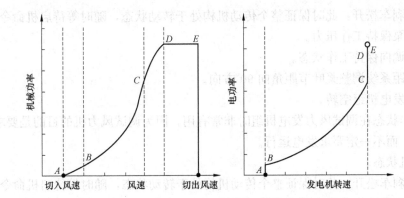

图 3-3　不同运行模式下风机的功率曲线

模式Ⅰ（A~B）：当风速较低，在切入风速附近时，此时相应的双馈型电机的转速也较低。此模式下为了使发电机转速运行较为平稳，在该模式中风机通常保持恒速运行。

模式Ⅱ（B~C）：此模式中风机及发电机组的旋转速度在最小速度与额定速度之间，为了最大限度地利用风能，在此模式中通常采用最大功率点跟踪控制技术，维持风机运行在最佳叶尖速比上，并获取最大风能利用系数，以提高风力发电的效率。

模式Ⅲ（$C\sim D$）：在此模式下，由于风机所设计的机械强度、容许的噪声及变流器的容量等因素的限制，通常需要对风力发电机的运转速度进行限制。风机和发电机组的转速被限制在额定转速，即恒速运行，此时由于风速的上升，风机的转矩将继续上升，进而使其捕获的功率也在上升，发电机组发出的功率也在增加。

模式Ⅳ（$D\sim E$）：随着风速的进一步增大，风机的输出功率将继续上升，但是由于风机和变流器等装置的机械、电气特性限制，在风速较大时通常需要对风机所捕获功率进行限制，在这一过程中风机的转速依然保持不变，因此需要调节桨距角进行配合控制以实现对风机捕获功率的限制。在此模式下，由于风机转速不变，因此随着风速的增加，风机的叶尖速比 A 在减小，再配合桨距角的增加使得风机的风能利用系数 C 将逐渐降低，从而起到限制风机捕获功率的作用。

（1）运行状态。

1）机械刹车松开：此种状态主要表现在双馈发电机组上，也就是说在运行状态，风机的机械刹车，也就是介于齿轮箱和发电机之间的刹车盘通过液压系统提供的压力将刹车盘打开使之处于转动之中。由于机械刹车松开，齿轮箱能够将从风中获取到的机械能直接传到发电机使之同步。

2）允许机组并网发电：风机控制系统发布命令，使风电机组主断路器吸合。构成回路，输出电能。

3）机组自动调向：在发电或待发电的过程中，机舱偏航系统通过风向传感器测出的风向进行偏航，使机组始终处于迎风状态，以便从风中获取最大的风能。

4）液压系统保持工作压力。

5）变桨距系统选择最佳工作状态：变桨距系统根据风速及 AGC 功率输出的控制来调节叶片角度。

（2）暂停状态。

1）机械刹车松开：此时保证整个传动机构处于转动状态，随时等待启机命令。

2）液压泵保持工作压力。

3）自动调向保持工作状态。

4）变桨距系统调整桨叶节距角向 90° 方向。

5）风力发电机组空转。

这个工作状态在调试风力发电机组时非常有用，因为调试风力机的目的是要求机组的各种功能正常，而不一定要求发电运行。

（3）停机状态。

1）机械刹车松开：此时保证整个传动机构处于转动状态，随时等待启机命令。

2）变桨距系统失去压力而实现机械旁路。

3）液压系统保持工作压力。

4）调向系统停止工作。

（4）紧急停机状态。

1）机械刹车与气动刹车同时动作。

2）紧急电路（安全链）开启。

3）计算机所有输出信号无效。

4）计算机仍在运行和测量所有输入信号。

当紧停电路动作时，所有接触器断开，计算机输出信号被旁路，使计算机没有可能去激活任何机构。

3. 风力发电机组工作状态转换

提高工作状态层次只能一层一层地上升，而要降低工作状态层次可以是一层或多层。这种工作状态之间转变方法是基本的控制策略，它的主要出发点是确保机组的安全运行。

如果风力发电机组的工作状态要往更高层次转化，必须一层一层往上升，用这种过程确定系统的每个故障是否被检测。当系统在状态转变过程中检测到故障，则自动进入停机状态。

当系统在运行状态中检测到故障，并且这种故障是致命的，那么工作状态不得不从运行直接到紧急停机，这可以立即不需要通过暂停和停止而实现。

下面我们进一步说明当工作状态转换时，系统是如何动作的。

（1）工作状态层次上升。

1）紧急停机→停机。如果停机状态的条件满足，则：

a. 关闭紧急停机电路；

b. 建立液压工作压力。

c. 松开机械刹车。

2）停机→暂停。如果暂停的条件满足，则：

a. 启动偏航系统；

b. 对变桨距风力发电机组，接通变桨距系统压力阀。

3）暂停→运行。如果运行的条件满足，则：

a. 核对风力发电机组是否处于上风向。

b. 叶尖阻尼板回收或变桨距系统投入工作。

c. 根据所测转速，发电机是否可以切入电网。

（2）工作状态层次下降。工作状态层次下降包括 3 种情况：

1）紧急停机。紧急停机也包含了 3 种情况，即停止→紧急停机；暂停→紧急停机；运行→紧急停机。

其主要控制指令为：打开紧停电路；置所有输出信号于无效；机械刹车作用；逻辑电路复位。

2）停机。停机操作包含了两种情况，即暂停→停机，运行→停机。

a. 暂停→停机：停止自动调向；打开气动刹车或变桨距机构回油阀（使失压）。

b. 运行→停机：变桨距系统停止自动调节；打开气动刹车或变桨距机构回油阀（使失压）；发电机脱网。

3）暂停。

a. 如果发电机并网，调节功率降到 0 后通过晶闸管切出发电机。

b. 如果发电机没有并入电网，则降低风轮转速至 0。

工作状态转换过程实际上还包含着一个重要的内容：当故障发生时，风力发电机组将自动地从较高的工作状态转换到较低的工作状态。故障处理实际上是针对风力发电机组从某一工作状态转换到较低的状态层次可能产生的问题，因此检测的范围是限定的。

为了便于介绍安全措施和对发生的每个故障类型处理，我们给每个故障定义如下信息：故障名称；故障被检测的描述；当故障存在或没有恢复时工作状态层次；故障复位情况（能自动或手动复位，在机上或远程控制复位）。

如果外部条件良好，由外部原因引起的故障状态可能自动复位。一般故障可以通过远程控制复位，如果操作者发现该故障可接受并允许启动风力发电机组，他可以复位故障。有些故障是致命的，不允许自动复位或远程控制复位，必须有工作人员到机组工作现场检查，这些故障必须在风力发电机组内的控制面板上得到复位。

二、风力发电机组的运行操作

1. 风电机组正常运行参数

以东方汽轮机厂的 FD77B 型风机为例，该机型是可变桨调节、可变速并网运行的风机，额定功率 $P=1500\text{kW}$。

（1）风轮旋转速度见表 3-1。

表 3-1　　　　　　　　　　　　　风轮旋转速度

最小运行转速	9.9r/min
正常转速	17.4r/min
最大运行转速（动态，控制模式）	19.0r/min
快速停机对应的极限转速	20.0r/min
安全链对应的极限转速	22.8r/min

（2）功率见表 3-2。

表 3-2　　　　　　　　　　　　　功　率

安全链中断对应的功率（1s）	2000kW
正常停机对应的功率（1s）	1800kW

（3）风速见表 3-3。

表 3-3　　　　　　　　　　　　　风　速

偏航控制激活（风速计）	>2.5m/s
启动风速（风速计、空转转速）	>4.5m/s

（4）切出风速见表 3-4。

表 3-4　　　　　　　　　　　　切　出　风　速

10min 平均值	>20m/s
1min 平均值	>25m/s
1s 平均值	>40m/s
停机后重启风速（风速计、空转转速）10min 平均值	<17m/s

（5）叶片角度见表 3-5。

表 3-5　　　　　　　　　　　叶　片　角　度

低于额定功率运行下叶片角度	0
紧急停机或快速Ⅱa/b方式停机后的停机位置	91°
快速Ⅰ方式停机或正常运行停机后的停机位	90°
自检后风测量的空转位	70°
正常停机变桨速度	5°/s
计算机不控制的紧急停机变桨速度	15°/s 左右
计算机控制的快速Ⅰ方式停机	15°/s 左右
计算机不控制的快速Ⅱa/b方式停机	15°/s 左右
启动变桨速度	0.5~1.2°/s
控制模式最大变桨速度	15°/s 左右
典型的变桨速度	5°/s 左右

（6）偏航控制见表 3-6。

表 3-6　　　　　　　　　　　偏　航　控　制

调节速度	0.75°/s
刹车用额定转矩	1404kN·m
驱动用额定转矩	2000kN·m

（7）电网监视见表 3-7。

表 3-7　　　　　　　　　　　电　网　监　视

过压保护（V/ms）	759/200
低压保护（V/ms）	621/200
超频保护（Hz/ms）	51/100
低频保护（Hz/ms）	49/100

2. 风力发电机组的启动

（1）机组启动应具备的条件。

1）电源相序正确，三相电压平衡。

2）调向系统处于正常状态，风速仪和风向标处于正常运行的状态。

3）制动和控制系统的液压装置的油压和油位在规定范围。

4）齿轮箱油位和油温在正常范围。

5）各项保护装置均在正确投入位置，且保护定值均与批准设定的值相符。

6）控制电源处于接通位置。

7）控制计算机显示处于正常运行状态。

8）手动启动前叶轮上应无结冰现象。

9）在寒冷和潮湿地区，长期停用和新投运的风电机组在投入运行前应检查绝缘，合格后才允许启动。

10）经维修的风电机组在启动前，所有为检修而设立的各种安全措施应已拆除。

（2）机组启动。

风力发电机组的启动有自动和手动两种启动方式。

手动启机有主控室操作、就地操作和机舱上操作三种操作方式。

a. 主控室操作：在主控室操作计算机启动键。

b. 就地操作：断开遥控操作开关，在风电机组的控制盘上，操作启动按钮，操作后再合上遥控开关。

c. 机舱上操作：在机舱的控制盘上操作启动键，但机舱上操作仅限于调试时使用。

风电机组的自动启机：风电机组处于自动状态，当风速达到启动风速范围时，风电机组按计算机程序自动启动并入电网。

风机自启动的条件：

a. 计算机控制系统中不存在未解决的故障信号。

b. 在一定的时间间隔内，风速保持在高于切入风速且低于切出风速之间。

（3）风机禁止启动的项目

1）影响启动的安装、检修、调试工作未结束，工作票未终结和收回，设备现场不符合《电业安全工作规程》的有关规定。

2）危急人身及设备安全情况。

3）叶片处于不正常位置或相互位置与正常运行状态不符时。

4）风电机组明显故障情况下主要保护装置拒动或失灵时。

5）风电机组因雷击损坏时。

6）风电机组发生叶片断裂等严重机械故障时。

7）制动系统故障时。

3. 风力发电机组的停运

（1）正常停机。风力发电机组处于正常运行，且处于自动调整状态下才可以执行停机指令。

风力发电机组的手动停机：当风速超出正常运行范围时，手动操作停机键或按钮，风力发电机组按计算机停机程序与电网解列、停机。凡经手动停机操作后，须再按"启动"按钮，方能使风力发电机组进入自启动状态。

（2）故障停机和紧急停机。故障停机是指风力发电机组故障情况下，因故停止运行的一种停机方式。

风力发电机组的紧急停机按钮分别在机舱主控制柜上、机舱控制柜上和齿轮箱两侧。

风力发电机组在故障停机和紧急停机后，如故障已排除且具备启动的条件，重新启动前必须按"重置"或"复位"就地控制按钮，才能按正常启动操作方式进行启动。

手动紧急停机的项目：

1）危急人身及设备安全的情况时。

2）叶片处于不正常位置或相互位置与正常运行状态不符时。

3）风力发电机组明显故障情况下主要保护装置拒动或失灵时。

4）风力发电机组因雷击损坏时。

5）风力发电机组因发生叶片断裂等严重机械事故时。

6）制动系统故障时。

手动紧急停机的步骤：

1）利用主控室计算机遥控停机。

2）当遥控停机无效时，则就地按正常停机按钮停机。

3）当正常停机无效时，使用紧急停机按钮停机。

4）仍无效时，拉开风力发电机组主开关或连接此台机组的线路断路器。

4. 运行操作的计算机界面

（1）简述。在风机远程监控界面上可以看到以下信息：风机号，启动、停止两个可操作按钮，登录状态、风速、发电机转速、风机的实时功率、系统记录时间，以及实时数据和记录资料等。

（2）功能简介。

1）"主视图"选项，可以看到风机的瞬时功率、瞬时风速及各主要部件的实时温度，以及监视系统电压、电流，如图3-4所示。

图3-4 主视图

2）"运行状态"选项，可以看到风机三个叶片的角度、安全链的状态及箱式变电站的参数，如图3-5所示。

3）"维护"选项，主要可以控制风机偏航、监视液压站及齿轮箱压力、发电机和齿轮箱轴承温度，来判断风机运行是否正常，并能控制风机的启停机，如图3-6所示。

图 3-5　运行状态

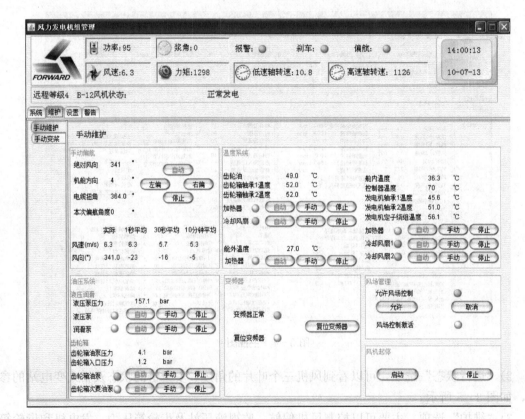

图 3-6　维护

三、风力发电机组的并网与脱网

1. 风力发电机组的并网

风力发电所用发电机有异步发电机和同步发电机两种，需要满足的并网条件也不同。

(1) 同步发电机的并网运行。风力驱动的同步发电机与电网并联运行的电路如图 3-7 所示，包括风力机、增速器、同步发电机、励磁调节器、断路器等，同步发电机经断路器与电网相连。

1) 同步并网的条件。同步发电机并网合闸前，为了避免电流冲击和转轴受到突然的扭矩，需要满足一定的并网条件，这些条件是：

a. 风力发电机的端电压大小等于电网的电压。

b. 风力发电机的频率与电网频率相同。

c. 并网合闸瞬间，风力发电机与电网的回路电势为零。

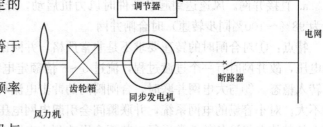

图 3-7　同步发电机的并网运行电路

d. 风力发电机的相序与电网的相序相同。

e. 电压的波形与电网电压的波形相同。

由于风力发电机有固定的旋转方向，只要使发电机的输出端与电网各相互相对应，即可保证条件 d 得到满足。条件 e 在设备选型和制造时可得到保证。所以在并网过程中主要应检查和满足前三个条件。

2) 风力发电机组的启动和并网过程。

a. 风向传感器测出风向并使偏航控制器动作，使风力机对准风向。当风速超过切入风速时，桨距控制器调节叶片桨距角使风力机启动。

b. 当发电机被风力机带到接近同步转速时，投入励磁调节器，向发电机供给励磁，并调节励磁电流使发电机的端电压接近于电网电压。

c. 在风力发电机被加速几乎达到同步转速时，发电机的电势或端电压的幅值将大致与电网电压相同。它们的频率之间的很小差别将使发电机的端电压和电网电压之间的相位差在 0°和 360°的范围内缓慢地变化，检测出断路器两侧的电位差，当其为零或非常小时使断路器合闸并网。

d. 合闸后由于有自整步作用，只要转子转速接近同步转速就可以使发电机牵入同步，使发电机与电网保持频率完全相同。

3) 同步并网的特点。

a. 并网过程通过微机自动检测和操作。

b. 同步并网方式并网时瞬态电流小，因而风力发电机组和电网受到的冲击也小。

c. 对调速器的要求较高。要求风力机调速器调节转速使发电机频率与电网频率的偏差达到容许值时方可并网。如果并网时刻控制不当，则有可能产生较大的冲击电流，甚至并网失败。

d. 控制系统费用较高，对于小型风力发电机组将会占其整个成本的一个相当大的部分，由于这个原因，同步发电机一般用于较大型的风力发电机组。

（2）异步发电机的并网运行。

1）异步发电机并网条件：

a. 转子转向应与定子旋转磁场转向一致，即异步发电机的相序应和电网相序相同。

b. 发电机转速应尽可能接近同步转速。

并网的第一个条件必须满足，否则发电机并网后将处于电磁制动状态，在接线时应调整好相序。第二个条件不是非常严格，但越是接近同步转速并网，冲击电流衰减的时间越快。

2）异步发电机并网方法。

a. 直接并网。风速达到起动条件时风力机启动，异步发电机被带到同步转速附近（一般为98%～100%同步转速）时合闸并网。

特点：①对合闸时的转速要求不是非常严格，并网比较简单。②由于发电机并网时本身无电压，故并网时有一个过渡过程，流过5～6倍额定电流的冲击电流，一般零点几秒后即可转入稳态。③与大电网并联时，合闸瞬间的冲击电流对发电机及大电网系统安全运行的影响不大。对小容量的电网系统，并联瞬间会引起电网电压大幅度下跌，从而影响接在同一电网上的其他电气设备的正常运行，甚至会影响到小电网系统的稳定与安全。④只适用于异步发电机容量小于百千瓦以下，而电网容量较大的情况下。如我国早期引进的55kW和后来国产的50kW风力发电机组都采用直接并网方式。

b. 降压并网。并网前，在异步发电机与电网之间串接电阻或电抗器或接入自耦变压器，以达到降低并网瞬间冲击电流幅值及电网电压下降的幅度。并网后，将电阻、电抗短接，避免耗能。

降压并网适用于百千瓦以上的发电机组，我国引进的200kW异步风力发电机组就是采用这种并网方式。这种并网方式的经济性较差。

c. 软启动并网方式。双向晶闸管控制的软启动并网法，如图3-8所示。

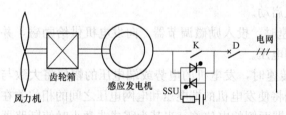

图3-8　双向晶闸管控制的软启动并网

并网过程：风力机将发电机带到同步速附近，发电机输出端的断路器D闭合，使发电机经一组双向晶闸管与电网连接，双向晶闸管触发角由180°至0°逐渐打开，双向晶闸管的导通角由0°至180°逐渐增大。通过电流反馈对双向晶闸管导通角的控制，将冲击电流限制1.5～2倍额定电流以内，从而得到一个比较平滑的并网过程。瞬态过程结束后，微处理机发出信号，用一组开关K将双向晶闸管短接，结束风力发电机的并网过程，进入正常的发电运行。

我国引进和国产的250、300、600kW的风力发电机都采用这种启动方式。这种并网方式要求三相晶闸管性能一致，控制极触发电压、触发电流一致、全开通后压降相同，才能保证晶闸管导通角在0°至180°同步逐渐增大，保证三相电流平衡，否则对发电机有不利影响。并网过程中，每相电流为正负半波对称的非正弦波，含有较多奇次谐波，应采取措施加以抑制和消除。

2. 风力发电机组的脱网

风力发电机组运行中出现功率过低或过高、风速超过运行允许极限值时，控制系统会发出脱网指令，机组将自动退出电网。

任务三　风电场的维护

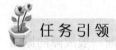 **任务引领**

风电场的维护主要是对风力发电机组和场区内输变电设备的维护。维护形式包括常规巡检和故障处理、常规维护检修及非常规维护检修等。风电场的常规维护检修包括日常维护检修和定期例行维护检修两种。风电场应坚持"预防为主，计划检修"的维护原则。

风电场的日常维护是指风电场运行人员每日应进行的电气设施的检查、调整、注油、清理及临时发生故障的检查、分析和处理。

风电场的定期维护是风电场电气设备安全可靠运行的关键，是风电场达到或提高发电量、实现预期经济效益的重要保证。

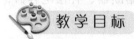 **教学目标**

1. 了解风电场维护工作的主要内容。
2. 熟悉风电场事故处理的方法。
3. 熟悉风电场事故处理流程。

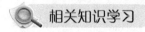 **相关知识学习**

一、风电场运行维护手册

风电场维护清单列出了风电场所有的维护工作，包括维护项目、维护内容、维护标准、维护措施、维护周期、维护结果及维护人员签名等。

每个类型的风电机组均有相应的维护手册，至少包含风力发电机组制造商规定的维护要求和紧急事件处理程序，同时包含非计划性维修。维护手册要明确零部件为磨损和更换标准。任何检查和维修工作必须由培训合格或授权的操作人员，在指定的时间，依照维护手册操作。

维护手册应该包含下列项目：

（1）对风机子系统及其运行进行描述。

（2）润滑周期表应该规定更换或添加油脂的周期、牌号和用量等，以及更换操作的程序。

（3）机组维护检查的周期和程序。

（4）机组保护系统的功能检查程序。

（5）机组完整的配线和接线图。

（6）机组拉索的检查和重新张紧周期表、螺栓检查的重新紧固周期表，包括拉伸力和力矩值。

（7）机组故障诊断程序和故障处理指南。

（8）机组备品备件清单。

（9）机组现场装配和安装图纸。

二、维护人员应具备的基本条件

(1) 风电场的运行人员必须经过岗位培训，熟悉设备和运行维护手册，考核合格，健康状况符合上岗条件。

(2) 熟悉风力发电机组的工作原理及基本结构。

(3) 掌握计算机监控系统的使用方法。

(4) 熟悉风力发电机组各种状态信息、故障信号及故障属性，掌握判断一般故障的原因和处理的方法。

(5) 熟悉操作票、工作票的填写及"引用标准"中有关规程的基本内容。

三、风力发电机组电气部分例行维护

(1) 传感器功能测试与检测回路的检查。

(2) 电缆接线端子的检查与紧固。

(3) 主回路绝缘测试。

(4) 电缆外观与发电机引出线接线柱检查。

(5) 主要电气组件外观检查（如空气断路器、接触器、继电器、熔断器、补偿电容器、过电压保护装置、避雷装置、变流组件、控制变压器等）。

(6) 模块式插件检查与紧固。

(7) 显示器及控制按键开关功能检查。

(8) 电气传动桨距调节系统的回路检查（驱动电动机、储能电容、变流装置、集电环等部件的检查、测试和定期更换）。

(9) 控制柜柜体密封情况检查。

(10) 机组加热装置工作情况检查。

(11) 机组防雷系统检查。

(12) 接地装置检查。

四、风力发电机组机械部分例行维护

(1) 螺栓连接力矩检查。

(2) 各润滑点润滑状况检查及油脂加注。

(3) 润滑系统和液压系统油位及压力检查。

(4) 滤清器污染程度检查，必要时更换处理。

(5) 传动系统主要部件运行状况检查。

(6) 叶片表面及叶尖扰流器工作位置检查。

(7) 桨距调节系统的功能测试及检查调整。

(8) 偏航齿圈啮合情况检查及齿面润滑。

(9) 液压系统工作情况检查测试。

(10) 钳盘式制动器刹车片间隙检查调整。

(11) 缓冲橡胶组件的老化程度检查。

(12) 联轴器同轴度检查。

(13) 润滑管路、液压管路、冷却循环管路的检查固定及渗漏情况检查。

(14) 塔架焊缝、法兰间隙检查及附属设施功能检查。

(15) 风力发电机组防腐情况检查。

五、风电场升压站预防性试验主要内容

（1）主变压器：油中溶解气体色谱分析、测量绕组的直流电阻、测量绕组的 $\tan\delta$、测量绕组泄漏电流、变压器绕组变形试验、测量装置及其二次回路试验等。

（2）高压避雷器：绝缘电阻、工频放电电压、底座绝缘电阻、放电计数器动作检查。

（3）SF_6 断路器（220kV）：辅助回路和控制回路绝缘电阻、断口间并联电容器的绝缘电阻、电容器和 $\tan\delta$、合闸电阻值和合闸电阻的投入时间、时间特性试验、速度特性试验、导电回路电阻、分/合闸电磁铁的动作电压、SF_6 气体密度继电器校验及压力表检查。

（4）绝缘子（220kV）：零值检测、绝缘子绝缘电阻、绝缘子交流耐压、绝缘子表面等值附盐密/灰密。

（5）箱式变电站（35kV）：变压器油色谱分析试验、绕组直流电阻、绕组绝缘电阻、吸收比或极化指数、绕组泄漏电流。

六、风电场运行维护记录

在风电场的运行与维护中，应遵守科学规范的工作流程。这一工作流程就包括做好风电场的运行与维护记录。

运行与维护记录主要包括风电场巡视记录、风电场运行日志、风力发电机组缺陷记录、防误装置检查记录、风电场线路及风力发电机组故障统计、倒闸操作票登记、工作票登记、工作票操作票统计、变电站巡视记录、接地线装设与拆除登记、避雷器动作记录、绝缘测定记录、设备切换记录、蓄电池定期充放电维护记录、调度操作命令记录、生产统计表等。

七、风电场运行维护工作方式

大型风电场的运行维护工作主要采用以下四种形式。

1. 风电场业主自行维护方式

风电场业主自行维护是指业主自己拥有一支具有过硬专业知识和丰富管理经验的运行维护队伍，同时配备风力发电机组运行维护所必需的工具及装备。

2. 专业运行公司承包运行维护方式

专业风电场运行维护公司只参与风电场的运营管理，提出风电场运营管理的经济、技术考核指标，而把具体的运行与维护工作委托给专业运行公司负责。

3. 风电场业主与专业运行公司合作运行维护方式

风电场业主在风电场运行管理期间，与专业运行公司建立技术合作关系。

4. 风力发电机组制造商提供售后服务运行维护方式

制造商设有专门的售后服务部门，为业主提供相应的售后服务。

八、风电场的事故处理

1. 风电场异常运行与事故处理基本要求

风电场事故及异常指运行设备的状态或反映运行质量的参数发生异常变化。根据《国家电网公司电力生产事故调查规程》定义，事故可以按照下列方式进行分类。

按事故的主体分为人身事故、电网事故和设备事故。

按事故的严重程度分为特别重大事故、重大事故、较大事故和一般事故。

引发事故的原因：

1）恶劣天气：雷击、大风、雨雪。

2）设备原因：设备老化、损坏。

3）外力破坏：吊车、山火、小动物。

4）人为原因：误调度、误操作、保护三误（误碰、误整定、误接线）。

5）二次设备原因：保护安全自动装置的误动、拒动。

（1）事故处理对场站运行人员要求。

1）事故发生时，应采取相应的有效措施，防止事故扩大。

2）当设备出现异常运行或发生事故时，事故有关场站值班人员应立即将事故概况（发生时间、天气、跳闸设备）汇报总调值班调度员，以便值班调度员采取初步措施，并立即组织运行人员尽快排除异常，恢复设备正常运行，处理情况记录在运行日志上。在事故原因未查清前，运行人员应保护事故现场的损坏设备，特殊情况例外（如抢救人员生命等），为事故调查提供便利。

3）迅速通知相关专业人员，以协助事故处理。

4）在查明故障的进一步信息后，立即汇报。汇报内容包括事故发生的时间、天气、故障现象、跳闸开关、电压、潮流的变化、一二次设备检查情况、继电保护和安全自动装置动作情况、故障录波信息等，为调度员的事故处理提供正确的参考依据。

5）当事故发生在交接班过程中，应停止交接班，交班人员应坚守岗位、处理事故。

6）事故处理完毕后，当班值长应将事故发生的经过和处理情况，如实记录在交接班簿上，并及时通过计算机监控系统获取反映风力发电机组运行状态的各项参数及动作记录，对保护、信号及自动装置动作情况进行分析，查明事故发生的原因，总结教训，制订整改措施。

7）为防止事故扩大，场站值班员可不待调度指令自行进行以下紧急操作，但事后应尽快报告总调值班调度员。

a. 对人身和设备有威胁时，根据现场规程采取措施。

b. 场（站）用电部分或全部停电时，恢复其电源。

c. 场（站）规程中规定，可以不待调度指令自行处理的其他操作。

（2）事故信息汇报。

1）第一时间（事故后3min内），立即向总调值班调度员汇报事故发生的时间、天气、故障现象、跳闸开关、故障元件，以及在中控室能立即观察到的保护、安全自动装置动作信号，要求简单、扼要。

2）事故后15min内，经过站内一次设备和保护动作情况的检查后，需要补充向总调值班调度员汇报的内容：保护及安全自动装置动作情况，一次设备检查情况。

3）运行人员应进一步分析相关保护动作和故障录波情况，并尽快将完整的保护动作情况和分析结果汇报调度。

要求现场3min内汇报的信息主要指在运行控制室看到的信号，如开关变位、保护及安全自动装置动作情况、电流电压及功率变化等。

2. 风电场常见的事故和异常处理

（1）电气设备着火时的事故处理、

1）切断电源：立即切断电源，只有确实无法切断电源或不允许切断电源时才能带电灭火。

2）救火：救火时，必须防止身体触及带电体。

3）灭火器的选择：要使用不导电的灭火器，如二氧化碳、干粉灭火器等。

4）安全距离：扑灭带电的高压电气设备火灾时，灭火器的机体喷嘴以及人体要与带电体保持相应的距离。

5）安全防护措施：扑救人员应穿绝缘靴、戴绝缘手套。

（2）人身触电事故处理。

1）脱离电源：触电急救，首先要使触电者迅速脱离电源，越快越好。因为电流作用时间越长，伤害越重。

2）伤员脱离电源后的处理：触电伤员如神志清醒者，应使其就地躺平，严密观察，暂时不要站立或走动；触电伤员如神志不清者，应就地仰面躺平，且确保气道通畅，并用5s时间，呼叫伤员或轻拍其肩部，以判定伤员是否意志丧失；禁止摇动伤员头部呼叫伤员；需要抢救的伤员，应立即就地坚持正确抢救，并设法联系医疗部门接替救治。

3）呼吸、心跳情况的判定：触电伤员如意志丧失，应在10s内，用看、听、试的方法，判定伤员呼吸心跳情况。看——看伤员的胸部、腹部有无起伏动作；听——用耳贴近伤员的口鼻处，听有无呼气声音；试——试测口鼻有无呼气的气流。再用两手指轻试一侧（左或右）喉结旁凹陷处的颈动脉有无搏动。若看、听、试结果，既无呼吸又无颈动脉搏动，可判定呼吸心跳停止。

4）心肺复苏法：触电伤员呼吸和心跳均停止时，应立即按心肺复苏法支持生命的三项基本措施，正确进行就地抢救。心肺复苏法分为畅通气道、口对口（鼻）人工呼吸、胸外按压（人工循环）。

5）抢救过程中的再判定：按压吹气1min后（相当于单人抢救时做了4个15：2压吹循环），应用看、听、试方法在5～7s时间内完成对伤员呼吸和心跳是否恢复的再判定。若判定颈动脉已有搏动但无呼吸，则暂停胸外按压，再进行2次口对口人工呼吸，接着每5s吹气一次（12次/min）。如脉搏和呼吸均未恢复，则继续坚持心肺复苏法抢救。在抢救过程中，要每隔数分钟再判定一次，每次判定时间均不得超过5～7s。在医务人员未接替抢救前，现场抢救人员不得放弃现场抢救。

6）抢救过程中伤员的移动与转院：心肺复苏应在现场就地进行，不要为方便而随意移动伤员，如确有需要移动时，抢救中断时间不应超过30s。移动伤员或将伤员送医院时，应使伤员平躺在担架上并在其背部垫以平硬阔木板，移动或送医院过程中应继续抢救，心跳呼吸停止者要继续心肺复苏法抢救，在医务人员未接替救治前不能中止，应创造条件，用塑料袋装入砸碎冰屑做成帽状包绕在伤员头部，露出眼睛，使脑部温度降低，争取心肺脑完全复苏。

7）伤员好转后的处理：如伤员的心跳和呼吸经抢救后均已恢复，可暂停心肺复苏法操作。但心跳呼吸恢复的早期有可能再次停止，应严密监护，不能麻痹，要随时准备再次抢救。初期恢复后，神志不清或精神恍惚、躁动，应设法使伤员安静。

3．线路事故处理

线路常见异常和缺陷：线路过负荷、三相电流不平衡、小接地电流系统单相接地、电缆线路常见缺陷、架空线路常见缺陷。

线路过负荷处理：线路的过载能力比较弱，当线路潮流超过热稳定极限时，运行人员必须果断迅速地将线路潮流控制下来，否则可能发生因线路过载跳闸后引起连锁反应。

线路三相电流不平衡处理：首先判断造成不平衡的原因，应检查测量表计读数是否有误、开关是否非全相运行、负荷是否不平衡、线路参数是否改变、是否有谐波影响等。

4. 开关事故处理

开关异常种类：拒分闸、拒合闸、非全相运行。

开关异常处理：在进行操作发生非全相时，现场值班人员应立即断开开关，并报告值班调度员；当开关出现压力降低闭锁操作或非全相运行时，可用刀闸解开母线环流或用开关串带的方式将异常开关停电。

5. 发电机绝缘偏低事故处理

(1) 查找影响发电机绝缘的因素。

1) 温度对绝缘的影响：温度上升，许多绝缘材料的绝缘电阻都会明显下降，因为温度升高使绝缘材料的原子、分子运动加剧，原来的分子结构变得松散，带电的离子在电场的作用下，产生移动而传递电子，于是绝缘材料的绝缘能力下降。

2) 湿度对绝缘的影响：当绝缘材料在湿度较大的环境中时，其表面会吸收潮气形成水膜，致使其表面电导电流增加，使绝缘电阻显著下降。此外，某些绝缘材料具有毛细管作用，会吸收较多的水分，使电导增加，致使总体绝缘下降。

3) 污秽对绝缘电阻的影响：电机表面容易附着灰尘或油污等污秽物质，这些污秽物质大多能够导电，使绝缘表面电阻降低，但这不代表绝缘体的真实情况。

4) 测试时间对测试的影响：重复测量时，由于残余电荷的存在，使重复测量时所得到的充电电流和吸收电流比前一次小，造成绝缘电阻假增现象。因此，每测一次绝缘电阻后，应将被测试品充分放电，做到放电时间大于充电时间，以利于残余电荷放尽。

以上因素中湿度对 1.5MW 发电机绝缘的影响最大。

(2) 发电机绝缘处理过程。发电机绝缘处理要经历线圈绕制、涨形、嵌线、并头及电缆焊接后的绝缘包扎、浸漆、槽口灌封等环节，任何一个环节任何一处的不到位都将给潮气的侵入留下通道。1.5MW 发电机有 576 支线圈，线圈间、线圈与端环、端环与电缆间并头共644 个，其中最薄弱环节为电缆与端环焊接后的绝缘处理，该部位绝缘处理后无法实施 VPI 浸漆，相对其他部位而言潮气更容易侵入。

(3) 原因分析。电机绝缘故障与电机绝缘设计和工艺过程、所处地区的气象条件（主要为年平均湿度、昼夜温差、降水量等信息）以及故障直接表象等相关，因此需要对设计和现场运行环境条件进行进一步分析，并结合实际的故障，从而确定故障原因，并以此制订纠防措施。

(4) 措施指导。对于传统的电气设备，如工业重载拖动电机、火电厂汽轮发电机组和水电厂的水轮发电机组，均有成熟的运行规程，明确规定了预防性检查和检修的周期。风力发电机组在高空运行，不像传统的火电或水电机组能够现场将电机拆解进行检查和维护，给预防性的检查和检修带来不便，但考虑到设备运行的安全可靠性，做到防患于未然，需要对电机进行必要的检查，并根据检查结果制订相应的预防措施。对于电机，绝缘状态的检查至关重要，绝缘状态检查最简便的方法是绝缘电阻测试，塔上测量绝缘电阻的目的是了解电机绝缘性能、绝缘受潮及污染情况。绝缘电阻的测试有助于发现电机中影响绝缘的绝缘受潮和脏污、绝缘击穿和严重热老化等缺陷，如发现绝缘受潮引起绝缘电阻下降，应采取科学合理的方案予以恢复至合理值。对于大多数额定电压为 1kV 以下的具有散下线圈的电机和具有成型线圈的电机，40℃时绝缘电阻的最小推荐值为 5MΩ；在热态或热试验后，应不低于 $U_N/(1000+P_N/100)$ MΩ。其中，U_N 为电机额定电压（V），P_N 为电机额定功率（kW）。冷态下绝缘电阻的限值在 5MΩ 以上，如绝缘电阻低于此值，应采取烘潮措施。

6. 叶片叶尖导向边胶衣腐蚀脱落事故处理

（1）叶片各部位检查。

1）叶片导向边胶衣刷图工艺检查。

2）叶片胶衣本体材料检查。

3）叶片固化剂配比检查。

4）叶片胶衣厚度检查。

5）叶片胶衣附着力检查。

6）叶片运行环境分析。

（2）综合分析。

1）根据项目风场的运行情况，结合周边风场叶片运行数据进行统计分析。造成胶衣腐蚀的主要因素分为年平均风速、紫外线辐射、低温、高温、年平均降雨量、运行年限。叶尖较高的线速度造成胶衣涂层、雨水和风沙等异物撞击频率加大，因此胶衣腐蚀脱落主要位于叶片叶尖处。

2）综上所述，在叶片旋转过程中，叶尖线速度最大，雨滴、风沙及空气中固体颗粒频繁撞击叶片表面涂层，在叶片材料及涂层内部产生巨大的瞬间冲击及磨损，同时胶衣磨损后雨水不断渗入涂层中，进一步加剧了腐蚀的速度，是叶片叶尖导向边胶衣涂层在短期运行期间产生严重腐蚀的主要原因。

（3）措施指导。

1）叶片胶衣为玻璃钢本体表面的防护涂层，胶衣损伤后玻璃钢基体暴露在自然环境中会加剧老化并可能造成损伤，如发现叶片胶衣损坏，需要及时联系专业人员修复。

2）降雨量较大会造成胶衣涂层腐蚀磨损速率加大，需定期对叶片胶衣涂层进行检查和维修。

7. 发电机后轴承窜动事故处理

（1）故障原因分析。

1）当轴向力朝向叶轮方向，并且大于后轴承内圈与定轴过盈装配的固持力时，就会使内圈承载区域产生轴向位移。最终当内圈轴向位移足够大使得挡边和滚动体发生碰撞时，挡边断裂。

2）当轴向力朝向塔筒方向时，后轴承间隙减小。产生轴向力的因素为异常载荷造成的定轴、内圈和滚子的倾斜变形，这种异常载荷的成因可能是风切变、湍流等因素。

（2）处理方案。

1）根据理论计算结果，后轴承窜动量小于 9.87mm，后轴承不会发生损坏，因此后轴承窜动不会导致轴承损坏，后轴承窜动后滚动体与内圈挡边接触是轴承损坏的根本原因。

2）随着后轴承窜动量的增大，后轴承窜动速度会减慢直至停止。

（3）后轴承复位操作：由于现场存在异常的风况导致后轴承内圈承受轴向载荷，复位不能从根本上解决问题，而且复位本身对后轴承有较大的损坏。因此后轴承窜动后，尽可能不要实施复位操作。

（4）轴系设计改进：增加后轴承定位环，进一步增大了后轴承内圈与定轴和固持力，大大减小后轴承窜动问题发生的概率。

（5）处理方案：按照处理流程针对每一后轴承窜动机组制订处理方案，所有机组后轴承均正常运行，处理方案科学、有效，可以最大限度地减少客户损失。

1）重点关注后轴承间隙持续增大，未达到稳定状态的机组，尤其是后轴承间隙值较大（＞3mm）的机组，建议每2～3个月检测1次后轴承间隙，其余机组每半年检测1次。

2）一旦发现油脂干涩或油脂中有金属颗粒，机组停止运行并尽快实施复位操作。

小　结

1. 生产准备工作的主要内容（共6项）。

2. 风电场主要生产指标。

（1）风资源指标（共3项）。

（2）电量指标（共4项）。

（3）能耗指标（共4项）。

（4）设备运行水平指标（共3项）。

（5）风力发电机组可靠性指标（共8项）。

（6）风力发电机组经济性指标（共2项）。

（7）运行维护费用指标（共2项）。

3. 风电场的运行管理。

运行管理是风电场运行人员工作的核心，认真贯彻"安规""两票""三制"制度。

4. 风电场检修模式。

（1）运行管理中心建立集中远程监控系统，监视区域内机组数据和升压站数据。

（2）集中储备备品备件，统一管理，灵活调用。

（3）检修管理中心负责区域内风电场的年度检修和应急故障处理任务。

（4）成立专业检修班组对风机进行消缺维护，确保风机高效、经济、安全地运行。

（5）风电场安全管理坚持"安全生产、预防为主、综合治理"的方针。

5. 风力发电机组的工作状态（共4种）。

6. 风力发电机组的启动、并网与脱网。

7. 风电场维护基本项目及具体内容。

复习思考题

1. 生产准备主要内容有哪些？

2. 风电场的主要生产指标有哪些？

3. 制定各级管理人员培训计划时，培训内容如何选取？

4. 在电气设备上工作时，安全组织保障措施有哪些？

5."两票三制"具体指的是什么？

6. 风电场安全管理工作的主要内容有哪些？

7. 风力发电机组启动应具备哪些条件？

8. 哪些情况下需要采取手动紧急停机措施？

9. 同步发电机并网运行需具备哪些条件？

10. 异步发电机并网的方法有哪些？

11. 维护人员应具备哪些基本条件？

12. 风力发电机组电气部分例行维护项目有哪些？

13. 风力发电机组机械部分例行维护项目有哪些？

14. 风电场运行维护需要记录的内容有哪些？

15. 当发生人身触电事故时如何处理？

项目四　风力发电机组的维护与检修

项目描述

不同类型风力发电机组的维护检修要求也是不同的。机组维护检修人员应根据风力发电机组的《运行维护安全使用手册》进行维护检修工作。在维护检修中，一方面保证机组运行安全，同时还要确保维护检修人员安全。

本项目完成以下六个工作任务：

任务一　叶轮的维护与检修

任务二　发电系统的维护与检修

任务三　主传动与制动系统的维护与检修

任务四　变桨距、偏航及液压系统的维护与检修

任务五　控制系统的故障与防护

任务六　支撑体系的维护与检修

学习重点

1. 叶片轴承的维护。
2. 发电机的维护及故障分析。
3. 变流系统的维护及故障处理。
4. 变桨距系统的维护。
5. 偏航系统的维护及常见故障。
6. 液压系统的维护及常见故障。
7. 控制系统的维护及常见故障。

学习难点

1. 变流系统的维护及故障处理。
2. 变桨距系统的维护。

任务一　叶轮的维护与检修

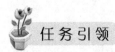

任务引领

叶轮的维护重点是叶片，叶片的表面有胶衣保护，叶片胶衣硬度和韧性都高于其本体的

复合材料和玻璃纤维布。风力机运行 3～5 年后，由于风沙的抽磨，叶片外层的胶衣受到破坏，就容易产生砂眼和裂纹、同时产生较大的噪声，必要时应对胶衣进行修补。

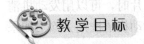

教学目标

1. 了解叶片的维护内容。
2. 掌握叶片轴承的维护方法。

相关知识学习

一、叶片的维护

1. 叶片表面砂眼

叶片的胶衣层破损后，被风沙抽磨的叶片首先出现麻面，麻面其实是细小的砂眼。由于风雨的侵蚀，砂眼会逐步扩大，使风力机的运转阻力增加。如果砂眼存水，会降低风力机的避雷能力。修复砂眼可以采用抹压法和注射法。采用注射法是从砂眼底部向外堵，使内结面积增大饱和、无气泡。

2. 叶片表面裂纹

叶片表面的裂纹，一般在风力机运行 2～3 年后就会出现。造成裂纹的原因是低温和叶片自振。如果裂纹出现在叶片根部，更容易加深加长，风沙和污垢也会使裂纹扩张。纵向裂纹可导致叶片的开裂，横向裂纹可导致叶片的断裂，横向裂纹严重时会使叶片折断。叶片表面裂纹产生的位置，一般都在人们视线的盲区，加之油渍、污垢、盐雾等遮盖，从地面用望远镜很难发现，所以要注意叶片噪声的变化，因为叶片噪声往往预示着表面裂纹的出现。

定期观察叶片，沿着叶片边缘寻找裂纹，所有被发现的裂纹应该登记风力发电机组号、叶片号、在叶片上的位置、长度、方向和裂纹类型。

对仅出现在表层的裂纹，如果可能的话，应该在裂纹末尾做上标记并记录日期。在接下来的检查中，如果裂纹没有变大，不需要采取进一步措施。敲击表面可以检查断层。如果发现断层，要做出标记，并记录尺寸。如果在叶片根部或叶片体上发现裂纹，机组必须停止工作。关于裂纹或其他的损坏情况，必须向生产厂家服务部门报告，已经深入玻璃纤维加强层中的裂纹，必须及时修理。

如果出现横向裂纹，必须采用拉缩加固复原法修复。此法是采用专用的拉金黏合，修复后的区域抗拉强度可大于其他区域。细小的裂纹可用非离子活性剂清洗后涂数遍胶衣加固。

3. 叶尖的磨损及开裂

风力机工作时，叶尖磨损最大。每年都有 0.5cm 左右的磨损缩短，严重的磨损会造成叶尖的开裂。解决风力机叶尖开裂的方法是风力机运转几年后，做一次叶尖的加长和加厚，使叶片的长度和质量复原。叶尖的开裂多见于定桨距风力发电机组。

4. 盐雾和污垢对叶片的影响

沿海地区的风力机叶片运行两三年后，会出现发暗现象，这是盐雾结晶。盐雾的主要成分是强酸性金属盐和金属氧化物，使海水蒸发的盐分与空气中污物混合而成，颜色为灰白色结晶体，显冰凌角形且不易溶解。解决方案是采用非离子表面活性剂重复清洗，待溶解出叶片原始底面后再用清水冲洗。

一般情况下，叶片边缘，时常有由昆虫引起的污染物，但在风轮上的污物不是特别多时，不必清洗。在下次雨季来临的时候会将污物去除。在必须清洗叶片时，可以用发动机清洗剂（及其他同类产品）和刷子来清洗。油脂和油污点也可以使用发动机清洗剂去除。如果叶片迎风面在雨后还显黑色，则很有可能出现表面损坏。

5. 雷电对叶片的损坏

如果叶片发出极强的噪声，可能是由于雷电损坏引起的。在雷电损坏处，叶片外壳上有空洞。由于叶片框架有部分脱落的危险，机组必须停止工作。

雷电损坏的标志有：叶片表面有灼烧的黑色痕迹，在远处看起来像油脂和油污点；前部边缘上和表层上有纵向裂纹；骨架边缘出现断层；当风轮旋转时叶片噪声很大。

雷电损坏的叶片必须拆卸下来维修。叶片的修理必须由制造商进行。一个新的或修复后的叶片安装后必须与其他叶片保持动平衡。

二、叶片轴承的维护

根据生产厂家要求定时定量向叶片轴承加油脂。加油脂时在各油嘴处均匀压入等量润滑脂。在注入新油脂时，出脂孔需要打开，同时最好一边旋转一边加油脂。

三、轮毂的维护

对于刚性轮毂来说，其安装、使用和维护较简单，日常维护工作较少，只要在设计时充分考虑了轮毂的防腐问题，基本上是免维护的。而柔性轮毂则不同，由于轮毂内部存在受力铰链和传动机构，其维护工作是必不可少的。维护时要注意受力铰链和传动机构的润滑、磨损及腐蚀情况，及时进行处理，以免影响机组的正常运行。

任务二　发电系统的维护与检修

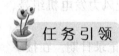 **任务引领**

在并网运行风力发电机组中，发电系统把机械能转换成电能，并输送给电网。发电系统是风力发电机组的重要组成部分，发电系统的维护与检修工作至关重要。

 **教学目标**

1. 了解发电系统的基本结构。
2. 掌握发电系统各个组成部分的维护检修项目。

相关知识学习

一、发电机的维护及故障分析

1. 运行维护

发电机维护必须由受过培训的专业技术人员进行，维护时须配备相应的保护措施（防护眼镜、过滤口罩或呼吸过滤器等）。维护前必须关闭电机，确保安全，做好维护记录。

（1）年度维护。根据发电机运行环境，每年进行一次整体清洁维护；检查所有紧固件（螺栓、垫圈等）连接是否良好；检查绝缘电阻是否满足要求。

（2）检测绝缘电阻。第一次起动之前或长时间放置启动前，应测量绕组绝缘电阻值（包括绕组对地绝缘电阻和绕组之间的绝缘电阻）。原因是经过运输、存放或装机之后，可能会有潮气侵入，造成电阻值降到最小绝缘电阻以下。如果最小绝缘电阻达不到发电机使用说明书的要求，不要启动电机，应对绕组进行干燥处理。

如果有必要对绕组进行烘干处理，可以选择以下方案。

1）电流干燥法：对绕组分别通以合适的低压直流或交流电源，使绕组温度不超过75℃。例如，选择两个端子 U、V 为输入，每小时交换接线，更换 U、W 或 V、W。同时打开观察孔通风来消散潮气。此种干燥方法适用于非常潮湿的绕组。

2）用加热装置干燥：用干燥炉、加热电阻器、热吹风机或其他装置进行干燥，如有可能，使用可设定温度的加热装置。打开观察孔通风来消散潮气。

每种干燥方式都应缓慢连续进行。最高的干燥温度为75℃。干燥时，每小时测量记录一次绝缘电阻，确保绝缘电阻达到要求值。确认潮气消散后，结束干燥处理过程，重新运行电机。

（3）轴承的维护。定时定量地向发电机传动端轴承和非传动端轴承加入指定牌号的润滑脂，加注润滑脂需要在发电机运转时进行，加注润滑脂后，从集油器中排除废油。发电机长时间停用时，或更换轴承，或使用不同的润滑脂时，需要清洗后重新加油。做法是整体卸下轴承，用乙醚或汽油彻底清除旧油脂（注意安全），待乙醚或汽油挥发后在轴承上注入新的润滑脂。安装时应保持清洁，发电机运行过程中再加入适量润滑脂。

如果发电机设有自动润滑系统，应定期检查系统运行情况，如液压泵工作是否正常，油箱内是否有足够油液，油液质量是否达标。发现故障，应及时排除。

（4）电刷的维护。电刷每隔3个月进行定期检查。关停电机，逐个取下电刷观察。正常状态下的电刷表面应光滑清洁。检查电刷高度，注意电刷磨耗和剩余高度不少于新电刷高度的1/3。如果电刷监控系统报警，应更换所有电刷。更换电刷时，注意用同一型号的新电刷代替。新电刷必须能在刷握里活动自如，不能有异常响声。如有异常响声，取下电刷检查刷握。刷握压力应在允许范围内，如果电刷压力达不到，更换损坏的刷握。刷握压力可用测力计检测。检查电刷的同时要检查集电环状态，尤其是集电环、刷握、连线、绝缘和刷架，进行必要的清洁。

更换电刷前要进行预磨，做法是用砂纸带包住集电环，纸带宽度等于集电环宽度加两端余量，按发电机旋转的方向将电刷按组排列预磨。预磨开始用粗大沙粒的砂纸来粗磨，然后用细砂纸进行精磨。粗磨两个方向都可以磨，精磨只能按发电机旋转方向进行。电刷接触面最少要达到集电环接触面的80%。磨完后，用软布仔细擦拭电刷表面，用手指触摸电刷，以确认没有异物。仔细清洗电刷刷件、集电环和集电环组件。

更换主电刷后，必须限制机组功率在小于50%容量的情况下运行72h后才能满功率运行，以使新电刷与集电环能形成良好的结合面。

（5）集电环的维护。集电环每3个月检查一次。集电环正常运行时会留下电刷的刷痕，集电环的表面质量反映出电刷的运行特性。发电机静止时目测集电环面，注意在运行时间约500h之后会出现小刷痕，小刷痕不会影响到集电环的安全功能。如果表面有烧结点，大面积烧伤或烧痕，集电环径向跳动超差，必须重磨集电环。如果出现小污点，用木制研磨工具，不断地按旋转方向来重磨集电环。此磨具必须与集电环的实际弯曲面一致，磨具和集电环之间夹一层细磨砂纸。

每 6 个月清洗集电环室一次。用毛刷仔细清洁集电环槽和中间部位，用软布清洁所有部件，清洁之后检查集电环室绝缘值是否满足要求。

（6）清洗集尘器。每年清洗集尘器一次。集电环室下面的通风处有一个集尘器，用来收集电刷碳粉。松开集尘器螺栓，卸掉盖子，拆掉过滤板，清扫或更换过滤棉，保证集尘器通风顺畅。

2. 发电机的故障分析

发电机常见的故障有绝缘电阻低，振动、噪声大，轴承过热、失效，绕组断路、短路接地。

（1）绝缘电阻低。造成发电机绕组绝缘电阻低的可能原因有电机温度过高，机械性损伤，潮湿、灰尘、导电微粒或其他污染物污染侵蚀电机绕组等。

（2）振动、噪声大。造成发电机振动、噪声大的可能原因有转子系统（包括与发电机相连的变速箱齿轮、联轴器）动不平衡，转子笼条有断裂、开焊、假焊或缩孔，轴径不圆，轴弯曲、变形，齿轮箱 - 发电机系统轴线没对准，安装不紧固，基础不好或有共振，转子与定子相摩擦等。

（3）轴承过热、失效。造成发电机轴承过热、失效的可能原因有不合适的润滑油、润滑油过多或过少、润滑油失效、润滑油不清洁、有异物进入滚道、轴电流电蚀滚道、轴承磨损、轴弯曲和变形、轴承套不圆或变形、电机底脚平面与相应的安装基础支撑平面不是自然的完整接触、电机承受额外的轴向力和径向力、齿轮箱 - 发电机系统轴线没对准、轴的热膨胀不能释放、轴承的内圈或外圈出现滑动等。

（4）绕组断路、短路接地。造成发电机绕组断路、短路接地的可能原因有绕组机械性拉断、损伤，连接线焊接不良（包括虚焊、假焊），电缆绝缘破损接线头脱落，匝间短路，潮湿、灰尘、导电微粒或其他污染物污染侵蚀绕组，长时间过载导致电机过热，绝缘老化开裂，其他电气元件的短路、故障引起的过电压（包括操作过电压）、过电流而引起绕组局部绝缘损坏、短路，雷击损坏等。

发电机出现故障后，首先应当找出引起故障的原因和发生故障的部位，然后采取相应的措施予以消除。必要时应由专业的发电机修理企业或制造企业修理。

二、变流系统的维护及故障处理

1. 变流系统的功能测试

通过变流器控制柜上的控制面板可以进行以下控制操作：预充电测试、网侧断路器测试、风扇强制动作、发电机侧断路器吸合测试。

2. 变流系统接线及接地检查

检查时要确保电源已经断开，检查项目有接线是否牢固可靠、连接电缆是否有磨损、屏蔽层与接地之间的连接是否牢固可靠。

3. 对变流系统保护设定值的检查

应根据参数表和电路图的相应数值进行检查，既包括软件中的保护值，也包括硬件上的保护值。例如电压保护值、电流保护值、过热保护值等。

4. 水冷系统检查和维护

检查和维护项目有冷却液的防冻性、水泵连接螺栓的紧固力矩、水冷系统的静止压力、管道与接头的密封性，应使用无纤维抹布和清洗剂清除冷却器表面脏物。

5. 水冷系统冷却水和防冻剂

冷却水为纯净水，防冻剂一般为乙二醇并加入专用防腐剂。北方平原地区冷却水和防冻剂按 1∶1 的比例相配，混合液的冰点可以达到−35℃；东北地区冷却水和防冻剂按 1∶1.3 的比例相配，混合液的冰点可以达到−45℃。

6. 水冷系统密封性检查

如果发现管路漏水，立即停止水冷系统的工作，查明漏水点并进行处理。如果在带压状态下无法完全处理，要对水冷系统放水。注意回收放出的水，并清理漏出的水。

7. 散热器、过滤器及水冷管路的清洗

（1）散热器的清洗：由于长期暴露在机组外部，运行过程中会不断有灰尘及其他污染物附着在散热器表面和散热片之间，从而使热交换效率降低。建议每年用高压水枪对散热器进行一次冲洗、清理，时间最好在 5、6 月份。

（2）过滤器的清洗：建议每年对变流器冷却水过滤器进行一次检查、清洗。

（3）水冷管路的清洗：以适当时间间隔对冷却管路进行清洗（包括变流器内的管路）。一般在运行两年后需要清理管路中的杂质。水硬度越高，清理周期越短。采用化学清洗应由专业人员操作。

8. 变流器的参数设置

变流器出厂时，厂家对每一个参数都有一个默认值。用户在使用变流器之前要对这些进行检查或设置。

（1）确认发电机参数：变流器在参数中设定发电机的功率、电流、电压、转速、工作频率，这些参数可以在发电机铭牌中直接得到。

（2）设定变流器的启动方式：一般变流器在出厂时设定由面板启动，用户可以根据实际情况选择启动方式，可以用面板、外部端子、通信方式等几种。

（3）给定信号的选择：一般变流器的频率给定也可以有多种方式，如面板给定、外部电压或电流给定、通信方式给定等。

9. 变流器常见故障及处理

（1）参数设置类故障处理。一旦发生了参数设置类故障后，变流器不能正常运行，一般可根据说明书进行修改参数。如果以上修改不成功，最好把所有参数恢复为出厂值，然后按照《用户使用手册》上规定的步骤重新设置。不同公司生产的变流器，其参数恢复和设置的方式也不相同。

（2）变流器过电压。常见的过电压有两种情况：

1）输入交流电源过电压：这种情况是指输入电压超过正常范围，一般发生在负载较轻导致电压升高，或者电路出现故障。此时应切断电源，找出原因，适当处理。

2）发电类过电压：这种情况出现的概率较大，主要在发电机的实际转速高于同步转速时发生。在发生过电压故障时，变流器会报警，并执行过电压保护动作。

（3）变流器过电流。此类故障可能是由于变流器的负载发生突变、负载分配不均、输出短路等原因引起的。这时一般可通过减少负载的突变、进行负载分配设计、对线路进行检查来避免。如果断开负载，变流器仍存在过电流故障，说明变流器逆变电路已损坏，需要更换变流器。

（4）变流器过载。过载故障包括变流器过载和发电机过载，可能是电网电压太低、负载过重等原因引起的。一般应检查电网电压、负载等。

（5）变流器欠电压。说明变流器电源输入部分有问题，须排除故障后才能运行。

（6）变流器温度过高。应检查变流器散热情况及水冷却系统是否存在问题，设法排除相应故障。

三、变压器的维护

变压器的故障包括绕组的相间短路、接地短路、匝间短路、断线及铁芯的烧毁和套管、引出线的故障。当变压器外部发生故障时，由于其绕组中将流过较大的短路电流，会使变压器温度上升，变压器长时间过负载过励磁运行，也将引起绕组和铁芯的过热和绝缘损坏。

变压器发生下列异常应停电处理：①变压器着火、冒烟；②端子过热熔断，形成非全相运行；③外壳破坏，大量冒油（对湿式变压器）；④套管有严重破裂和放电现象等。

电流互感器使用中注意事项：对于高压绕组，在运行中二次绕组必须可靠地进行保护接地，这样当一、二次绕组因绝缘破坏而被高压击穿时，则可将高压引入接地，从而确保人身和设备安全。电流互感器二次侧不得开路。

互感器的检修项目和检修周期：电压互感器内部检修周期5～10年一次；电流互感器内部检修周期1～3年一次。检修项目包括直观检查、绝缘试验、极性试验、误差测定、伏安特性。

四、其他常用电气部件的维修

1. 熔断器的使用与维修

（1）熔断器类型的选择。熔断器类型主要根据负载的情况和电路短路电流的大小来选择，对于容量较小的控制电路或电动机的保护，可选用 RC 系列半封闭式熔断器或 RM 系列无填料封闭式熔断器；对于短路电流相当大的电路，应选用 RL 或 RT 系列有填料封闭式熔断器；对于晶闸管及硅元件的保护，应选用 RS 型快速熔断器。

（2）熔体额定电流的确定。由于各种电气设备都具有一定的过载能力，当过载能力较轻时，可允许较长时间运行，而超过某一过载倍数时，就要求熔体在一定时间内熔断。还有一些设备启动电流很大，如三相异步电动机启动电流是额定电流的4～7倍，因此，选择熔体时必须考虑设备的特性。

熔断器熔体在短路电流作用下应能可靠熔断，起到应有的保护作用，如果熔体选择偏大，负荷长期过负载熔体不能及时熔断；如果熔体选择偏小，在正常负载电流作用下就会熔断。为保证设备正常运行，必须根据设备的性质合理地选择熔体。

1）照明电路电灯：支路熔体额定电流不小于支路上所有电灯的工作电流之和。

2）电动机：单台直接启动电动机的熔体额定电流 $=(1.5-2.5)\times$ 电动机额定电流；多台直接启动电动机的总熔体额定电流 $=(1.5-2.5)\times$ 功率最大的电动机额定电流＋其余电动机额定电流之和；绕线电动机和直流电动机的熔体额定电流 $=(1.2-1.5)\times$ 电动机额定电流。

3）配电变压器低压侧：熔体额定电流 $=(1-1.2)\times$ 变压器低压侧额定电流。

4）电热设备：熔体额定电流不小于电热设备额定电流。

5）补偿电容器：单台时，熔体额定电流＝(1.5－2.5)×电容器额定电流；电容器组时，熔体额定电流＝(1.3－1.8)×电容器组额定电流。

6）快速熔断器与整流元件串联：熔体额定电流≥1.75×整流元件额定电流。

（3）选用熔断器注意事项。

1）熔断器的保护特性应与被保护对象的过载特性有良好的配合。

2）按电路电压等级选用相应电压等级的熔断器，通常熔断器额定电压不应低于电路额定电压。

3）根据配电系统中可能出现的最大短路电流，选择具有相应分断能力的熔断器。

4）在电路中，各级熔断器应相应配合，通常要求前一级熔体比后一级熔体的额定电流大2～3倍，以免发生超级动作而扩大停电范围。

5）熔体额定电流应小于或等于熔断器的额定电流。

（4）熔断器的检查与维修。

1）检查熔体的额定电流与负载情况是否相配合。

2）检查熔体管外观有无损伤、变形、开裂现象，瓷绝缘部分有无破损或闪络放电痕迹。

3）熔体有氧化、腐蚀或破损时，应及时更换。

4）检查熔体管接触性，有无过热现象。

5）有熔断信号指示器的熔断器，其指示是否保持正常状态。

6）熔断器环境温度必须与被保护对象的环境温度基本一致，如果相差太大，可能会使保护动作出现误差，因此，尽量避免安装在高温场合，因熔体长期处于高温下可能老化。

7）检查导电部分有无熔焊、烧损、影响接触的现象。

8）熔断器上、下触点处的弹簧是否有足够的弹性，接触面是否紧密。

9）应经常清除熔断器上及夹子上的灰尘和污垢，可用干净的布擦拭。

（5）熔体熔断的原因。

1）对于变截面熔体，通常在小截面处熔断是由过负载引起，因为小截面处温度上升较快，熔体由于过负载熔断，使熔断部位长度较短。

2）变截面熔体的大截面部位也熔化无遗，熔体爆熔或熔断部位很长，一般是由于短路而引起熔断。

3）熔断器熔体误熔断：熔断器熔体在短路情况下熔断是正常的，但有时在额定电流运行状态下也会熔断称为误熔断。①熔断器的动、静触点（RC）、触片与插座（RM）、熔体与底座（RL、RT、RS）接触不良引起过热，使熔体温度过高造成误熔断；②熔体氧化腐蚀或安装时有机械损伤，使熔体的截面积变小，也会引起熔体误熔断；③因熔断器周围介质温度与被保护对象四周介质温度相差过大，将会引起熔体误熔断。

4）对于玻璃管密封熔断器熔体的熔断，长时间通过近似额定电流时，熔体经常在中间部位熔断，但并不伸长，熔体气化后附在玻璃管壁上；如有1.6倍左右额定电流反复通过和断开时，熔体经常在某一端熔断且伸长；如有2～3倍额定电流反复通过和断开时，熔体在中间部位熔断并气化，无附着现象；通电时的冲击电流会使熔体在金属帽附近某一端熔断；若有大电流（短路电流）通过时，熔体几乎全部熔化。

5）对于快速熔断器熔体的熔断，过负载时与正常工作时相比所增加的热量并不是很大，而两端导线与熔体连接处的接触电阻对温升的影响较大，熔体上最高温度在两端，所以，经常在两端连接处熔断；短路时热量大、时间快、产生的最高温度点在熔体中段，来不及将热量传至两端，因此在中间熔断。

(6) 拆换熔体。

1) 安装熔体时，应保证接触良好，如接触不好，会使接触部分过热，热量传至熔体，使熔体温度过高引起误动作，有时因接触不好产生火花将会干扰弱电装置。

2) 更换熔体时，不要使熔体受到机械损伤和扭拉。由于熔体一般软而易断，容易发生裂痕或减小截面，降低承受电流值，影响设备正常运行。

3) 更换熔体时，必须根据熔体熔断的情况，分清是由于短路电流，还是由于长期过负载引起，以便分析故障原因。过负载电流比短路电流小得多，所以熔体发热时间较长，熔体的小截面处过热，导致多在小截面处熔断，并且熔断的部位较短；短路电流比过负载电流大得多，熔体熔断较快，而且熔断的部位较长，甚至大截面部位也会全部烧光。

4) 检查熔断器与其他保护设备的配合关系是否正确无误。

5) 一般应在不带电的情况下，取下熔断管进行更换。有些熔断器是允许在带电的情况下取下的，但应将负载切断，以免发生危险。

6) 更换熔体时，应注意熔体的电压值、电流值和熔体的片数，并要使熔体与管子相配，不可把不相配的熔体硬拉硬弯装在不相配的管子中，更不能随便找一根铜线或熔体配上凑合使用。

7) 对于封闭管式熔断器，管子不能用其他绝缘管代替，否则容易炸裂管子，发生人身伤害事故。也不能在熔断器管子上钻孔，因为钻孔会造成灭弧困难，可能会喷出高温金属和气体，对人和周围设备是非常危险的。

8) 当熔体熔断后，特别是在分断极限电流分断后，经常有熔体的熔渣熔化在上面，因此在换装新管体前，应仔细擦净整个管子内表面和接触装置上的熔渣、烟尘和尘埃等。当熔断器已经达到所规定的分断极限电流的次数，即使凭肉眼观察没有发现管子有损伤的现象也不宜继续使用，应更换新的管子。

9) 更换熔断器时，要区分是过载电流熔断，还是在分断极限电流时熔断。如果熔断时响声不大，熔体只在一两处熔断，而管子内壁没有烧焦的现象，也没有大量的熔体蒸汽附着在管壁，一般认为是过载电流时熔断。如果熔断时响声特别大，有时看见两端有火花，管内熔体熔成许多小段（装有两片熔体的熔断器，两片熔体熔在一起），管子内壁有大量的熔体蒸汽附着，有时管壁有烧焦现象，甚至在接触装置上也有熔渣，就可能是在分断极限电流时熔断。

2. 电缆的使用与敷设

(1) 选用与使用注意事项。

1) 在长期用于室外或接触油类的场合，应选用耐气候型，但不能长期浸于油中使用，其他用一般型。

2) 使用时电缆线路不宜太长，应保证电压降不超过 5%，特殊情况下不超过 10%，导线截面按载流量选择，并校核电压降。

3) 宜采用插接式中间连接头，使连接方便、可靠。

(2) 信号、控制电缆。

在通信、控制系统中，传输各种启动、操作、显示、测量等电信号，并广泛用于自动控制技术。使用要求：

1）信号控制电缆用于控制、测量、信号传递、报警和联锁系统中，要求安全运行、导线不易折断、绝缘不损坏、绝缘电阻高、护层能起到机械保护作用。与高压电缆相邻近的信号、控制电缆应有接地良好的内钢带铠装层，以免感应电压过高而造成事故。

2）固定敷设时，环境温度应符合以下要求。塑料绝缘塑料护套电缆：−10℃；橡皮绝缘塑料护套电缆：−15℃；橡皮护套和耐寒塑料护套电缆：−20℃。

3）信号控制电缆与设备、仪表连接处需经常拆装，要求导线有一定的柔软性和机械强度，多芯电缆的线芯应有明显标志。电缆护套要有不延燃性和允许接触少量油污。

4）信号电缆应有控制电容值，保证信号传递的速度，减少电路传输衰减。

5）控制电缆按电路压降和机械强度来选择导线截面积。信号电缆应考虑电路长度和电容值。

6）信号控制电缆要考虑备用线芯，有时为减少电缆安装根数或利用已有电缆的潜力，控制电缆可兼作传输信号用。但信号电缆只能在控制电流较小、电压低于250V时才可兼作控制线芯用。

（3）电机、电器用电缆。

电机用电缆的导线采用最柔软的铜芯或铝芯电缆，导线外包一层聚酯薄膜，提高了电缆的电气性能，并使导线与绝缘相对易于滑动，提高了电缆的弯曲性能，用含胶量高、综合性能好的橡皮作绝缘。使用要求：

1）电缆在低电压、大电流的条件下使用，除本身发热外，还可能与被焊器材的热构件接触，要求热老化性能好，热变形小。

2）电缆在使用时收放、移动、扭曲频繁，又经常受到刮、擦等外力，要求电缆柔软易弯曲，有足够的机械强度，绝缘层有较好的抗撕裂性。

3）电缆的使用环境复杂，如日晒、雨淋、接触泥水、油污、酸碱液体等，要求绝缘层有一定的耐气候性、耐油和耐溶剂性能。

4）电缆在使用时，要尽量避免接触热构件、油污、酸碱液体、构件尖锐部位等，减少不必要的损伤。电缆不宜承受拉力，不能受载重车辆挤压；使用后应存放到阴凉干燥处，以延长使用寿命。

（4）通信电缆。风电场风力发电机组通信电缆一般采用传输数据和电信的电缆，通常根据环境、技术和经济条件确定，多数为直埋的铝护套电缆或双层钢带铠装的铅护套电缆。在雷暴日多的地区，可考虑特殊护层结构的防雷电缆、光纤电缆。

电缆敷设时要求如下。

1）直埋铺设：埋设深度一般为1m，电缆铺设时的最小弯曲半径（以电缆外径的倍数表示），铝护套电缆30倍，铅护套同轴电缆25倍，铅护套电缆15倍。

2）管道铺设：电缆进入管道前，应涂中性凡士林油，注意小电缆与管壁的摩擦，并减小混凝土中石灰质对铅、铝护套的腐蚀作用。

3）架空铺设：电缆应有防雷保护，在一定的间隔电杆上设置避雷地线。

3. 母线的使用与安装

（1）母线的正确排列顺序。①垂直：由上至下 N、L1、L2、L3；②水平：由内向外 N、L1、L2、L3；③引下：由左至右 N、L1、L2、L3。

（2）支架安装端正，绝缘子牢固。

（3）母线表面无显著伤痕、焊口无裂缝，突出不太多，无凹陷。

（4）夹板不将母线"夹死"，有 1～2mm 间隙，母线每隔 20～30m 有一个伸缩补偿器。

（5）母线搭接连接处平整，搭接长度不得小于母线宽度。80mm×8mm 母线的搭接处用 4 个 M12×35 镀锌螺栓固定，螺杆由上向下穿，接头接触应紧密，接触部分涂有中性凡士林或导电膏，有振动的接头要加有弹簧垫。

（6）母线平弯时三相一致，立弯时（由内向外）第一相的外侧和第二相的内侧平行，煨弯处无扭翘现象。

（7）三相母线的焊口错开 50mm 以上，一挡内无三个以上焊口，搭头焊缝距弯曲处不得小于 30mm，搭头处距绝缘子和分支点不得小于 50mm，弯曲处距绝缘子不得大于 $0.25L$（L 为两支点间距）。

（8）分支线若是导线，导线应压有鼻子，母线上的钻孔应采用螺栓连接。

（9）铜、钢母线与铝导线的连接处应搪锡。

（10）母线距接地体的距离和相间距离：低压时，室内为 75mm、室外为 200mm；10kV 高压时，室内为 125mm、室外为 500mm。

（11）母线应按相序涂漆，L1 相为黄色，L2 相为绿色，L3 相为红色，零线为黑色（或接地的中性线为紫色带黑横条，不接地中性线为紫色），而高压变（配）电设备构架为灰色。母线的下列各处不准涂漆：①连接、分支处 10mm 以内，与电气设备连接处 10mm 以内；②焊接处和距离焊缝 10mm 以内；③接地线的接地点表面 10mm 以内。

4．中间继电器的维修

（1）内部与机械部分检查与维修。

1）清洁内部灰尘，如果铁芯锈蚀，应用钢丝刷刷净，并涂上银粉漆。

2）各金属部件和弹簧应完整无损，无形变，否则应予更换。

3）动、静触头应清洁，接触良好，若有氧化层，应用钢丝刷刷净，若有烧伤处，则应用细油石打磨光亮。动触头片应无折损，软硬一致。

4）各焊接头应良好，如为点焊者应重新进行锡焊，压接导线应压接良好。

5）对于 DZ 型中间继电器，当全部常闭触头刚闭合时，衔铁与衔铁限制钩间的间隙不得小于 0.5mm，以保证常闭触头的压力；但当线圈无电时，允许衔铁与衔铁限制钩间有不大于 0.1mm 的间隙。

6）用手按住衔铁检查继电器的可动部分，要求动作灵活，触头接触良好，压缩行程不小于 0.5～1mm，偏心度不大于 0.5mm。动、静触头间直线距离要求：DZ 型不小于 3mm，ZJ、YZJ 型不小于 2.5mm。

7）对于延时动作的中间继电器，要求其衔铁前端的磷铜片应平整，螺钉应紧固。

8）对于出口中间继电器，应采用有玻璃窗口的外壳，以便观察其触头状况。

9）对于外壳加装固定螺钉的继电器，应检查当外壳盖上后，动作时是否有卡塞现象。

10）绝缘检查。

（2）线圈直流电阻检查。仅对电压线圈进行直流电阻测量，继电器电压线圈在运行中，有可能出现开路和匝间短路现象，进行直流电阻测量便可发现。最简单的测量方法是用数字式万用表进行测量，比较准确的是用电桥进行测量。

（3）线圈极性检查。对于有保持线圈的中间继电器（直流继电器），动作线圈与保持线圈之间的极性关系非常重要，要求同极性。只有同极性才能起保持作用（因为两线圈产生的磁通方向相同）。

（4）动作、返回、保持值检验与调整维修。

1）动作、返回值检验：利用分压法由小到大调整电压（电流），使继电器动作，该值即为动作值；然后逐渐降低电压（电流），使继电器返回的最高电压即为返回值。

对于出口中间继电器，要求其动作值为额定电压的 55%～70%，其他中间继电器的动作电压为额定电压的 30%～70%，或不大于额定电流（或回路电流）的 70%。

关于返回电压（电流），一般要求不小于额定值的 5%；具有延时返回的中间继电器，要求其返回电压不小于额定电压的 2%。

2）保持值检验：对于具有保持线圈的中间继电器，要求做保持线圈的保持值检验；保持线圈有电流线圈和电压线圈，要求保持电流不大于 80% 额定电流，电压线圈不大于 65% 额定电压。

3）调整维修方法：①当继电器的动作、返网、保持值不符合要求时，可调整其弹簧或电磁铁的气隙，若弹簧过弱或失效时，应更换，调整后应重新检查触点距离和压缩行程；②当继电器动作、返回缓慢时，应进行机械部分检查与调整。对 DZ 型继电器，应放松其弹簧，调整衔铁与上磁轭板连接的角形磷钢片。对于 ZJ、YZJ 型继电器，应检查其可动系统是否有卡塞现象。

（5）触头工作可靠性检验。在相互配合动作检验时进行观察，触头断弧能力应良好。

5. 时间继电器的使用与维修

时间继电器在继电保护和自动装置中作为时间元器件，起着延时动作的作用。延时时间最常见的是零点几秒至 9s，也有的长达几十秒。从电源种类上划分有直流也有交流，均属电压型，其触头，除延时常开、常闭触头外，有些继电器还有一对或几对瞬时动作的常开、常闭触头。

（1）时间继电器的使用。在继电保护和自动装置中，最常用的是 DS-110 系列直流时间继电器。交流时间继电器型号与规格更加复杂，有 DS-120 系列、DSJ 系列、JS-10 系列及 MS-12、MS-21 等。直流额定电压有 24、48、110、127、220V；交流额定电压有110、127、220V 和 380V。延时时间为 0.1～60s，触头类型有延时常开触头、滑动触头与瞬时动作触头。

（2）DS 型时间继电器的维修。

1）继电器的外壳与玻璃、外壳与底座之间均应嵌接严密牢固，内部应清洁。

2）各部分螺钉均应紧固，各焊接头应焊接良好，不得有假焊、虚焊、脱焊与漏焊，如有点焊处应改为锡焊。

3）内部接线应与铭牌相符。

4）衔铁部分，手按衔铁使其缓慢动作应无明显摩擦现象，放手后衔铁靠弹力返回应动作灵活。塔形返回弹簧在任何位置均不允许有重叠现象，衔铁上的弯板在胶木固定座槽中滑动应无摩擦。

5）时间机构部分，用手按下衔铁使时间机构开始走动直到标度盘的终止位置，要求在整个过程中，行走声音应均匀清晰而无起伏现象，行走速度应均匀，不得有忽快、忽慢、跳动或中途卡住等现象，否则应进行解体检查。

6）触头部分，当衔铁按下时，动触点应在距静触头首端 1/3 处开始接触，并在其上滑行到 1/2 处停止；释放衔铁时，动触头应迅速返回到原来位置。

7）绝缘检查同中间继电器有关部分相同，线圈直流电阻测量同中间继电器有关部分相同。

6. 交流接触器的运行与维修

（1）运行中检查。

1）通过的负载电流是否在接触器的额定值之内。

2）接触器的分、合信号指示是否与电路状态相符。

3）灭弧室内有无因接触不良而发出放电响声。

4）电磁线圈有无过热现象，电磁铁上的短路环有无脱出和损伤现象。

5）接触器与导线的连接处有无过热现象。

6）辅助触头有无烧蚀现象。

7）灭弧罩有无松动和损裂现象。

8）绝缘杆有无损裂现象。

9）铁芯吸合是否良好，有无较大的噪声，断开后是否能返回到正常位置。

10）周围的环境有无变化，有无不利于接触器正常运行的因素，如振动过大、通风不良、导电尘埃等。

（2）检查与维护。定期做好维护工作，是保证接触器可靠地运行、延长使用寿命的有效措施。

1）定期检查外观：①消除灰尘，先用棉布沾有少量汽油擦洗油污，再用布擦干；②定期检查接触器各紧固件是否松动，特别是紧固压接导线的螺钉，以防止松动脱落造成连接处发热，如发现过热点后，可用整形锉轻轻锉去导电零件相互接触面的氧化膜，再重新固定好；③检查接地螺钉是否紧固牢靠。

2）灭弧触头系统检查：①检查动、静触头是否对准，三相是否同时闭合，应调节触头弹簧使三相一致；②测量相间绝缘电阻，其阻值不低于 10MΩ；③触头磨损深度不得超过 1mm，严重烧损、开焊脱落时必须更换触头，对银或银基合金触点有轻微烧损或触面发黑或烧毛，一般不影响正常使用，可不进行清理，否则会促使接触器损坏，如影响接触时，可用整形锉磨平打光，除去触头表面的氧化膜，不能使用砂纸；④更换新触头后，应调整分开距离、超额行程和触头压力，使其保持在规定范围之内；⑤辅助触头动作是否灵活，触头有无松动或脱落，触头开距及行程应符合规定值，当发现接触不良又不易修复时，应更换触头。

3）铁芯检查：①定期用干燥的压缩空气吹净接触器堆积的灰尘，灰尘过多会使运动系统卡住，机械破损加大，当带电部件间堆聚过多的导电尘埃时，还会造成相间击穿短路；②应清除灰尘及油污，定期用棉纱配有少量汽油或用刷子将铁芯截面间油污擦干净，以免引起铁芯发响及线圈断电时接触器不释放；③检查各缓冲件位置是否正确齐全；④铁芯端面有无松散现象，可检查铆钉有无断裂；⑤短路环有无脱落或断裂，若有断裂，会引起很大噪声，应更换短路环或铁芯；⑥电磁铁吸力是否正常，有无错位现象。

4）电磁线圈检查：①定期检查接触器控制电路电源电压，并调整到一定范围之内，当电压过高线圈会发热，关合时冲击大；当电压过低，关合速度慢，容易使运动部件卡住，触头焊接在一起；②电磁线圈在电源电压为线圈电压的 85％～105％时应可靠动作，如电源电压低于线圈额定电压的 40％时应可靠释放；③线圈有无过热或表面老化、变色现象，如表面温度高于 65℃，即表明线圈过热，引起匝间短路，如不易修复时，应更换线圈；④引线有无断开或开焊现象；⑤线圈骨架有无磨损、裂纹，是否牢固地装在铁芯上，若发现问题必须及时处理或更换；⑥运行前应用绝缘电阻表测量绝缘电阻是否在允许范围之内。

5）灭弧罩检查：①灭弧罩有无裂损，裂损严重时应更换；②对栅片灭弧罩，检查是否完整或烧损变形、严重松脱或位置变化，如不易修复应及时更换；③清除罩内脱落杂物及金属颗粒。

6）维护使用中注意事项：①在更换接触器时，应保证主触头的额定电流大于或等于负载电流，使用中不要用并触头的方式来增加电流容量；②对于操作频繁、启动次数多（如点动控制），经常反接制动或经常可逆运转的电动机，应更换重任务型接触器，如 CJ10Z 系列交流接触器，或更换比通用接触器大一挡至二挡的接触器；③当接触器安装在容积一定的封闭外壳中时，更换后的接触器在其控制电路额定电压下磁系统的损耗及主电路工作电流下导电部分的损耗，不能比原来接触器大很多，以免温升超过规定；④更换后的接触器与周围金属体间沿喷弧方向的距离，不得小于规定的喷弧距离；⑤更换后的接触器在用于可逆转换电路时，动作时间应大于接触器断开时的电弧燃烧时间，以免可逆转换电路时发生短路；⑥更换后的接触器，其额定电流及关合与分断能力均不能低于原来接触器，而线圈电压应与原控制电路电压相符；⑦电气设备大修后，在重新安装电气系统时，应采用线圈电压符合标准电压；⑧接触器的实际操作频率不应超过规定的数值，以免引起触头严重发热，甚至熔焊；⑨更换元件时应考虑安装尺寸的大小，以便留出维修空间，有利于日常维护时的安全。

任务三　主传动与制动系统的维护与检修

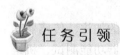
任务引领

风力发电机组主传动系统的作用是将风力发电机组的动力传递给发电机，主传动系统主要是由主轴、主轴承、齿轮箱、联轴器等部分组成。制动装置有两类，一类是机械制动：一般由液压系统、执行机构（制动器）、辅助部分（管路、保护配件等）组成；另一类是空气动力制动，这种制动方式通过叶片完成。

教学目标

1. 学会分析齿轮箱常见故障及处理方法。
2. 掌握主传动与制动系统的维护与检修项目。

相关知识学习

一、齿轮箱的使用及维护

风力发电机组齿轮箱的运行维护是风力发电机组维护的重点之一，只有运行维护水平不断得到提高，才能保证风力发电机组齿轮箱平稳运行，从而保证风力发电机组的正常工作。

1. 安装与空载试运转

在安装齿轮箱时，齿轮箱轴线和与之相连接的部件的轴线应保证同心，其误差不得大于所选用联轴器和齿轮箱的允许值，齿轮箱体上也不允许承受附加的扭转力。齿轮箱安装后用人工盘动应灵活、无卡滞现象。打开观察窗盖检查箱体内部机件应无锈蚀现象。用涂色法检验，齿面接触斑点应达到技术条件的要求。

按照说明书的要求加注规定的机油达到油标刻度线，在正式使用之前，可以利用发电机作为电动机带动齿轮箱空载运转。此时，经检查齿轮箱运转平稳，无冲击振动和异常噪声，润滑情况良好，且各处密封和结合面无泄漏，才能与机组一起投入试运转。加载试验应分阶段进行，分别以额定载荷的 25%、50%、75%、100%加载，每一阶段运转，以达到平衡油温为准，一般不得小于 2h，最高油温不得超过 80℃，其不同轴承间的温差不得高于 15℃。

2. 日常维护

风力发电机组齿轮箱的日常运行维护内容主要包括设备外观检查，噪声测试，油位检查，油温、电气接线检查等。

具体工作任务包括在机组运行期间，特别是持续大风天气时，在中控室应注意观察油温、轴承温度；登机巡视风力发电机组时，应注意检查润滑管路有无渗漏现象，连接处有无松动，清洁齿轮箱；离开机舱前，应开机检查齿轮箱及液压泵运行状况，看看运转是否平稳，有无振动或异常噪声；利用油标尺或油位窗检查油位是否正常，借助玻璃油窗观察油色是否正常，发现油位偏低，应及时补充并查找具体渗漏点，及时处理。

平时要做好详细的齿轮箱运行情况记录，最后要将记录存入该风力发电机组档案，便于以后进行数据的对比分析。

3. 定期维护

定期维护即 2500h 和 5000h 维护。2500h 维护主要内容包括润滑油脂的加注、传感器功能测试、传动部件的紧固；5000h 维护主要内容包括紧固力矩检查、传感器功能测试、机组常见故障的排除等。齿轮箱的运行情况可以通过这两次维护进行检测，只有认真仔细完成齿轮箱全部检查项目，才能确保齿轮箱的平稳运行。

4. 更换润滑油

齿轮箱在投入运行前，应加注厂家规定的润滑油品，润滑油品第一次更换和其后更换的时间间隔，由风力发电机组实际运行工况条件来决定。齿轮箱润滑油品的维护和使用寿命受油品的实际运行环境影响，在油品运行过程中，分解产生的各种物质，可能会引起润滑油品的老化、变质，特别是在高温、高湿及高灰尘等条件下运行，将会进一步加速油品老化、变质，这些都是影响润滑油品使用寿命的重要因素，会对油品的润滑能力产生很大的影响，降低润滑油品的润滑效果，从而影响齿轮箱的正常运行。

新投入的风力发电机组，齿轮箱首次投入运行磨合 250h 后，要对润滑油品进行采样并分析，根据分析结果可以判断齿轮箱是否存在缺陷，并采取相应措施进行及时处理，避免齿轮箱损坏较严重时才发现。

齿轮箱油品第二次分析应在风力发电机组重新运行 8000h（最多不超过 12 个月）后进行，若油质发生变化，氧化生成物过多并超过一定比例时，就应及时更换。如经分析认为该油品可以继续使用，那么再间隔 8000h（最多不超过 12 个月）后对齿轮箱润滑油品进行再次采样、分析；如果润滑油品在运行 18 000h 后，还没有进行更换，那么润滑油品采样分析的时间间隔将要缩短到 4000h（最多不超过 6 个月）；如果风力发电机组在运行过程中，出现异常声音或发生飞车等较严重故障时，齿轮箱润滑油品的采样分析可随时进行，以确保齿轮箱的正常运行。

为了保证齿轮箱安全可靠运行，在齿轮箱首次投入运行 2000h 后，要对齿轮箱润滑油品的实际状态进行分析、检查和评估，油样的试验应由该油品的提供厂家做油品分析单。在进行油品采样时，应保证风力发电机组已运行较长时间，以确保齿轮箱润滑油品处于运行温度，且要在压力循环系统正常运行期间取油样，以保证漂浮物质未沉在油槽底部。

在齿轮箱零件需要更换时，备件应按照正规图样制造，更换新备件后的齿轮箱，其齿轮啮合情况应符合技术条件的规定，并经过试运转与载荷试验后再正式使用。对齿轮箱所进行的检测、保养、维修必须在齿轮箱不工作的情况下进行。

5. 润滑油净化和温控系统的使用及维护

（1）润滑系统初始运行前必须要进行以下准备工作：检查电动机油泵单元的电动机运转方向是否正确，正确的旋向在电动机上已经标出；检查冷却系统电动机运转方向是否正确，正确的旋向已经标出；要避免电动机长时间反向运转，建议不要超过 10s；检查管路系统是否安装好，是否有松动，是否漏装密封件，检查排气软管是否接好。

（2）电动机液压泵单元的使用及其维护包括电动机的工作电压应在规定范围内，在电动机铭牌上已经标出；电动机的风扇护罩需要定期清理，防止电动机过热；油液中最大的允许颗粒尺寸小于 $200\mu m$，大于此尺寸的微粒会导致液压泵过早磨损；液压泵的工作油液清洁度要符合相关标准，否则影响其寿命；液压泵的工作温度和黏度要符合要求，液压泵的最低工作温度为 $-30℃$，同时油液黏度必须小于 $0.0015m^2/s$；如果液压泵过度磨损，会导致油液流量不能达到要求，此时系统温度会升高，在这种情况下必须更换液压泵。

（3）过滤器组的维护主要是滤芯的更换：使用中的过滤器配有压差发讯器，如果其发出信号就需要更换滤芯。被污染的滤芯必须要更换，如果不更换会对整个系统造成损坏。更换受污染的滤芯要按照以下步骤进行：停止设备运行，并从过滤器释放系统压力；打开排油阀；打开过滤器盖，并将工作油液放到合适的容器内；轻轻晃动，并拉出滤芯；清洁过滤器内壁；关闭排油阀；检查过滤器端盖密封件，如果有必要请更换；拿出更换用滤芯，确认和旧滤芯是同一型号，装入滤壳内（之前应确认密封件没有损坏，并且安装好密封件）；安装好过滤器端盖；更换滤芯时要更换密封件，新滤芯带有新的密封件。

检查被换下的滤芯是否有铁屑存在，如有较多铁屑，应该化验齿轮箱润滑油品，通过化验结果，判断齿轮箱是否有潜在的危险；将新的滤芯安装到机组上后，应开机听液压泵和齿轮箱运行声音是否正常，观察液压泵出口压力表，压力是否正常；安装滤油器外壳时，应注意对正螺纹，均匀用力，避免损伤螺纹和密封圈。

（4）冷却器的维护：通常情况下冷却器所需要的维护非常少，但应当注意的是冷却器必须要保持清洁，否则会影响其散热功率和电动机的寿命。

在工作状态下润滑系统是带压的，因此在工作时不要松动或拆卸润滑系统的任何元件或壳体，否则，高温和高压的工作油液可能会溢出。泄漏的工作油液会带来危险。对过滤器操作时要戴护目镜和安全手套。

二、齿轮箱常见故障及排除

齿轮箱的常见故障有齿轮损伤、轴承失效、断轴、齿轮箱油温高、润滑液压泵出口油压低、齿轮箱油位低和润滑液压泵过载等。

1. 齿轮损伤

齿轮损伤的影响因素很多，包括选材、设计、加工、热处理、安装调试、润滑和使用维护等。常见的齿轮损伤有齿面损伤和轮齿折断两类。

（1）轮齿折断常由细微裂纹逐步扩展而成。根据裂纹扩展的情况和断齿原因，断齿可分为过载折断（包括冲击折断）、疲劳折断及随机断裂等。

1）过载折断是由于作用在轮齿上的应力超过其极限应力，导致裂纹迅速扩展，常见的原因有突然冲击超载、轴承损坏、轴弯曲或较大硬物挤入啮合区等。断齿断口有呈放射状花样的裂纹扩展区，有时断口处有平整的塑性变形，断口处常可拼合；仔细检查可看到材质的缺陷，齿面精度太差，轮齿根部未做精细处理等。

2）疲劳折断发生的根本原因是轮齿在过高的交变应力重复作用下，从危险截面（如齿根）的疲劳源起始的疲劳裂纹不断扩展，使轮齿剩余截面上的应力超过其极限应力，造成瞬时折断。在疲劳折断的发源处，是贝状纹扩展的出发点并向外辐射。产生的原因是设计载荷估计不足、材料选用不当、齿轮精度过低、热处理裂纹、磨削烧伤、齿根应力集中等。

3）随机断裂的原因通常由材料缺陷、点蚀、剥落或其他应力集中造成的局部应力过大，或较大的硬质异物落入啮合区引起。

（2）齿面疲劳是在过大的接触应力和应力循环作用下，轮齿表面或其表层下面产生疲劳裂纹并进一步扩展而造成的齿面损伤，其表现形式有早期点蚀、破坏性点蚀、齿面剥落和表面压碎等。特别是破坏性点蚀，常在齿轮啮合线部位出现，并且不断扩展，使齿面严重损伤，磨损加大，最终导致断齿失效。

胶合是相啮合齿面在啮合处的边界膜受到破坏，导致接触齿面金属融焊而撕落齿面上金属的现象，很可能是由于润滑条件不好或有干涉引起，适当改善润滑条件和及时排除干涉起因，调整传动件的参数，清除局部载荷集中，可减轻或消除胶合现象。

2. 轴承失效

轴承在运转过程中，内、外圈与滚动体表面之间经受交变载荷的反复作用，由于安装、润滑、维护等方面的原因，而产生点蚀、裂纹、表面剥落等缺陷，使轴承失效，从而使齿轮副和箱体产生损坏。据统计，在影响轴承失效的众多因素中，属于安装方面的原因占16%，属于污染方面的原因也占16%，而属于润滑和疲劳方面的原因各占34%。使用中有的轴承达不到预定寿命，因而，充分保证润滑条件，按照规范进行安装调试，加强对轴承运转的监控是非常必要的。通常在齿轮箱上设置了轴承温控报警点，对轴承异常高温现象进行监控，要随时随地检查润滑油的变化，发现异常立即停机处理。

3. 断轴

断轴也是齿轮箱的重大故障之一，其原因大多是在制造中没有消除应力集中因素，在过载或交变应力的作用下，超出了材料的疲劳极限。

4. 齿轮箱油温高

如果齿轮箱出现异常高温现象，可能是由于风力发电机组长时间出力过高或风力发电机组本身散热系统工作不正常等。这时要根据具体情况，分析造成齿轮箱油温过高的原因，及时记录有关风力发电机组运行数据，并与正常运行机组对比。首先检查齿轮箱在运行时，是否有异常，如振动声音增大、运行时伴有间歇声音等，这时必须立刻停止风力发电机组的运行，通过齿轮箱本体的各个观测孔，仔细检查齿轮箱各个齿面、轴承情况，各传动零部件有无卡滞现象，前后连接接头是否松动，如果正常，要检查润滑油供应是否充分，特别是在各主要润滑点处，必须要有足够的油液润滑和冷却，同时应该采集油样，进行油品分析，看油品是否变质，及时更换润滑油品；其次，有可能由于本身机组在设计时，对风力发电机组散热考虑的疏忽，风力发电机组长时间运行时，机舱内散热性能较差，从而造成齿轮箱油温上升较快，出现这种情况，只有改善机舱内部散热，才有可能减少齿轮箱油温上升较快问题；另外，还可以加装齿轮箱润滑油品外循环系统。

5. 润滑液压泵出口油压低

润滑液压泵出口管路上一般设有用于监控循环润滑系统压力的压力继电器，润滑液压泵出口油压低故障是由该压力继电器发信号给计算机的。润滑液压泵出口油压低可能由液压泵失效和油液泄漏引起。另外，当风力发电机组在满负载运行时，有可能齿轮箱缺油，而齿轮箱油位传感器未动作，当液压泵输出流量小于设定值时，压力继电器同样也会动作，也有可能由于压力继电器老化，设定值发生偏移，这时就需要重新设定该压力继电器动作值。

6. 齿轮箱油位低

齿轮箱油位的监测通常是依靠一个安装在保护管中的磁电位置开关来完成的，它可以避免油槽内扰动而引起开关的误动作。当报警系统显示出齿轮油位低时，应及时登机检查齿轮箱及润滑管路是否渗漏，油位开关工作是否正常，接线是否有松动，如果出现渗漏，应当及时进行处理。另外，润滑油在齿轮箱外设管路循环时，可能造成齿轮箱本体内油位下降，这种情况一般多出现于新投入使用的机组，需要补加适量润滑油品，但不能补加过量，过量地补加润滑油品会造成润滑油从高速输出轴或其他部位渗漏。

7. 润滑液压泵过载

这类故障多出现在北方的冬季，由于风力发电机组长时间停机，齿轮箱加热元件不能完全加热润滑油品，造成润滑油品黏度变大，当风力发电机组启动，液压泵工作时，电动机过负载。出现该类故障后应使机组处于待机状态，逐步加热润滑油至正常值后再启动风力发电机组，避免由于强制启动风力发电机组时，润滑油黏度较大造成润滑不良，而损坏啮合齿面或轴承等传动部件。另一常见原因是部分使用年限较长的机组，液压泵电机输出轴油封老化，导致齿轮油品进入接线端子盒，造成端子接触不良，三相电流不平衡，出现过载故障，更严重的情况是润滑油品会大量进入电动机绕组，破坏绕组气隙，造成过载。出现上述情况后应更换油封，清洗接线端子盒及电动机绕组，并加温干燥后重新恢复液压泵运行。

三、联轴器的维护

联轴器的维修保养周期应该与整机的检修周期保持一致，但至少6个月一次。

低速轴所用的胀套式联轴器出厂时由制造厂安装并测试合格。严禁拆卸缩紧盘的螺栓。在联轴器投入使用后，每个整机检修周期都必须检查螺栓、行星架，如有异常（如出现裂纹、螺栓松动等），就应检查其拧紧力矩、查找故障原因。

要注意检查高速轴联轴器安装偏差的变化。由于齿轮箱、发电机的底座为弹性支撑，随着风机运行时间的延长，有必要检验联轴器的安装对中度是否出现变化，如有必要，需重新调整齿轮箱和发电机的安装位置，调整时需激光校准。对于膜片联轴器，万一单片膜片破裂就必须更换整个膜片组，并且检查相应的连接法兰，确保没有损坏。

四、制动机构的维护及故障排除

定期检查摩擦块磨损情况，达到磨损限度时应及时更换；检查制动盘是否有凹槽和掉色，制动盘的空隙和位置是否正常，如有问题及时解决；检查每个独立弹簧的位置及相互之间的关系，即使仅有一个弹簧遭到破坏，也要更换整个弹簧包。在检查和维修制动机构时，要将机器置于停机状态，锁定转子，释放制动器中的液压力。

调整摩擦片间隙的步骤：①锁紧风轮制动盘，松开制动器；②松开调节杆上的锁紧螺母，将调节杆向内拧进，使制动盘两边摩擦片距离相等；③重新拧紧锁紧螺母。

更换摩擦片的步骤：①锁紧风轮制动盘，松开制动器；②完全松开上侧摩擦片衬块上的螺栓，拿开摩擦片衬块，拧下摩擦片背面的内六角螺栓，取出磨损的摩擦片；③换上新的摩擦片；④调整摩擦片间隙；⑤检查液压连接和电器控制信号是否正确。

制动机构可能的故障及解决方案见表 4 - 1。

表 4 - 1　　　　　　　　　　　　制动机构可能的故障及解决方案

故障	原因	解决方案
制动器启动慢	液压系统中有空气 摩擦块和制动盘之间空隙大 液压系统中有异常堵塞 液压油黏度太高	排气系统设在最高点 校正空隙 清洗和检查管路、阀 更换或加热液压油
制动时间长 或者制动力不足	负载过大或速度过高 间隙太大 在摩擦块和制动盘之间有油脂 弹簧不配套或损坏	检查制动距离和负载速度 检查间隙，进行校正 清洗摩擦块和制动盘 更换所有弹簧
油液渗漏	密封损坏	更换密封圈，检查密封表面
摩擦块上异常 严重的磨损	制动器使用过频 间隙不足 制动器提起不适当	检查负载是否超过固定值 检查间隙，进行校正 检查液压力，检查摩擦块、活塞、弹簧 导槽的位置是否正确，并进行校正

任务四　变桨距、偏航及液压系统的维护与检修

 任务引领

变桨距就是使叶片绕其安装轴旋转，改变叶片的桨距角从而改变风力发电机组的气动特性。变桨距系统主要有三类：液压变桨距系统、电动变桨距系统和电-液结合的变桨距系统。偏航系统主要由偏航制动器、偏航轴承、偏航驱动组成。液压系统的主要任务是执行风力发电机组的气动刹车、机械刹车及偏航驱动和制动。

 教学目标

1. 学会分析变桨距、偏航及液压系统的常见故障。

2. 掌握变桨距、偏航及液压系统的维护检修项目。

相关知识学习

一、变桨距系统的维护

1. 液压变桨距执行机构的检查与维护

（1）定期检查项目：①变桨距杆是否正常，有无磨损及变形；②活塞杆表面有无损伤，液压缸有无泄漏；③测量液压缸支架的轴承间隙，校准液压缸位置；④变桨距轴承是否正常，密封有无泄漏；⑤变桨距液压缸正负方向的流量是否正常；⑥变桨距系统的正弦响应是否正常。

（2）定期维护项目：①润滑变桨距轴承座导向环；②润滑活塞杆的连接轴承；③润滑变桨距轴承；④润滑液压缸安装支架轴承。

2. 伺服三相异步电动机的维护

（1）控制电路电气元器件检查。

1）安装接线前应对所使用的电气元器件逐个进行检查，电气元器件外观是否整洁，外壳有无破裂，零部件是否齐全，各接线端子及紧固件有无缺损、锈蚀等现象。

2）电气元器件的触头有无熔焊粘连变形，严重氧化锈蚀等现象；触头闭合分断动作是否灵活；触头开距、超程是否符合要求；压力弹簧是否正常。

3）电气元器件的电磁机构和传动部件的运动是否灵活；衔铁有无卡住，吸合位置是否正常等，使用前应清除铁芯端面的防锈油。

4）用万用表检查所有电磁线圈的通断情况。

5）检查有延时作用的电气元器件功能，如时间继电器的延时动作、延时范围及整定机构的作用；检查热继电器的热元件和触头的动作情况。

6）核对各电气元器件的规格与图样要求是否一致。

（2）检查电路。

1）对照原理图、接线图逐线检查，核对线号，防止接线错误和漏接。

2）检查所有端子接线接触情况，排除虚接现象。

（3）试车。完成上述检查后，清点工具材料，清除安装板上的线头杂物，检查三相电源，在有人监护下通电试车。

1）空操作试验：首先拆除电动机定子绕组接线，接通电源，按下相应按钮，接触器应立即动作，松开按钮，则接触器应立即复位，认真观察接触器主触头动作是否正常，仔细听接触器线圈通电运行时有无异常响声。应反复试验几次，检查电路动作是否可靠。

2）带负载试车：断开电源，接上电动机定子绕组引线，装好灭弧罩，重新通电试车，按下按钮，接触器动作，观察电动机启动和运行情况，松开按钮，观察电动机能否停机。

试车时，若发现接触器振动，且有噪声，主触头燃弧严重，电动机嗡嗡响，转动不起来，应立即停机检查，重新检查电源电压、电路、各连接点有无虚接，电动机绕组有无断线，必要时拆开接触器检查电磁机构，排除故障后重新试车。

3. 电动变桨距减速器的维护

变桨距减速器的润滑方式一般是浸油润滑加油脂润滑。每运行 6 个月后，对油质进行如下检查：观察油液中有无水和乳状物；检查油液黏度，如与原来相比差值超过 20％或减少 15％，说明油液失效；检查不溶解物，不能超过 0.2％，进行抗乳化能力检验，以发现油液是否变质；检查添加剂成分是否下降，如有问题则应换油或过滤。换油时由放油孔将油放出，然后再向注油孔注油，安装螺塞时应在螺纹处涂螺纹胶。

应保持润滑系统清洁，采取措施防止灰尘、湿气及化学物质进入齿轮及润滑系统。在重载、高温、潮湿的情况应特别加强对油液的检查分析。当发现齿轮箱中油位过低时，应及时补充油。

在减速器的输入轴、输出轴处，分别有润滑脂孔用于润滑轴承，减速器出厂前已注满润滑脂。每运行 6 个月后，应添加新的润滑脂。添加新的润滑脂时，应将旧的润滑脂全部排出。

4. 低压配电盘的安装与维修

低压配电盘首先应根据电气接线图来确定开关、熔断器、电气元件和仪表等的数量，然后根据这些电器的主次关系和控制关系，将其均匀对称地排列在盘面上，并要求盘面上的电器排列整齐美观，便于监视、操作和维修。通常将仪表和信号灯具居上，经常操作的开关设备居中，较重的电器居下。各种电器之间应保持足够的距离，以保证安全。

（1）低压配电盘的安装。

1）配电盘（箱）的盘面应光滑（涂漆），且有明显的标志，盘架应牢固。

2）明装在墙上的配电盘，盘底距地面高度不小于 1.2m，显示面板应装在盘上方，距地面 1.8m；明装立式铁架盘，盘顶距地面高度不得大于 2.1m，盘底距地面不得小于 0.4m，盘后面距地面不得小于 0.6m；暗装配电盘底口距地面 1.4m。

3）动力配电盘的负载电流在 30A 以上，应包铁皮。对负载电流为 30A 及以下的配电盘，装有金属保护外壳的开关，可不包铁皮。

4）配电盘（箱）接地应可靠，其接地电阻应不大于 4Ω。

5）主配线应采用与引入线截面积相同的绝缘线；二次配线应横平竖直、整齐美观，应使用截面积不小于 1.5mm 的铜芯绝缘线或不小于 2.5mm 的铝芯绝缘线。

6）导线穿过木盘面时，应套上瓷套管，穿过铁盘面时，应装橡皮护圈。

7）在盘面上垂直安装的开关，上方为电源，下方为负载，相序应一致，各分路要标明线路名称；横装的开关，左方接电源，右方接负载。

8）配电盘（箱）上安装的母线，应分相按规定涂上色漆。

9）在配电盘（箱）上，宜装低压漏电保护器，以确保用电安全。

10）安装在室外的配电箱，应设有防雨罩；安装在公共场所的配电箱，铝门上应加锁。

（2）配电盘的运行与维修。一般用电场所都要通过配电盘获得电能。为了保证正常用电，对配电盘上的电器和仪表应经常进行检查和维修，及时发现问题和消除隐患。对运行中的配电盘，应做以下检查。

1）配电盘和盘上电气元件的名称、标识、编号等是否清楚、正确，盘上所有的操作把手、按钮和按键等的位置与现场实际情况是否相符，固定是否牢靠，操作是否灵活。

2）配电盘上表示"合""分"等信号灯和其他信号指示是否正确（红灯亮表示开关处于闭合状态，绿灯亮表示开关处于断开位置）。

3）开关和熔断器等的触点是否牢靠，有无过热变色现象。

　　4）二次回路线的绝缘有无破损，并用绝缘电阻表测量绝缘电阻。

　　5）配电盘上有操作模拟板时，模拟板与现场电气设备的运行状态是否对应一致。

　　6）仪表和表盘玻璃有无松动，并清扫仪表和电器上的灰尘。

　　7）巡视检查中发现的缺陷，应及时记入缺陷登记本和运行日志内，用于排除故障时参考分析。

5. 自动润滑系统维护

　　变桨距系统常采用递进式集中润滑系统，对变桨距轴承和齿轮副进行自动润滑。系统运行和间隔时间可调。

　　当自动润滑系统不能按要求输出油脂时，可能的故障原因是：①电源未接通；②油箱无油脂；③油脂中有气泡；④使用了不适当的油脂；⑤泵的吸油口被堵死；⑥泵芯磨损；⑦泵芯的单向阀损坏或卡死。

　　如果油箱无油脂，需往油箱里加入干净油脂，并启动泵，直至有油脂从润滑点溢出。如果油脂中有气泡，应启动附加润滑循环，拧松安全阀出口接头或主管线，直至油脂中不外冒气泡再重新拧紧。

　　还应指出，变桨距系统的维护部分涉及的内容也适于其他功能块的类似部件，故在其他部分不再重述。

二、偏航系统的维护及常见故障

1. 偏航制动器

　　必须定期进行检查，偏航制动器在制动过程中不得有异常噪声；应注意制动器壳体和制动摩擦片的磨损情况，如有必要，进行更换；检查是否有漏油现象；制动器连接螺栓的紧固力矩是否正确；制动器的额定压力是否正常，最大工作压力是否为机组的设定值；偏航时偏航制动器的阻尼压力是否正常；每月检查制动盘和摩擦片的清洁度，以防制动失效；定期清洁制动盘和摩擦片。

　　当摩擦片的摩擦材料厚度达到下限时，要及时更换摩擦片。更换前要检查并确保制动器在非压力状态下。具体步骤如下：旋松一个挡板，并将其卸掉；检查并确保活塞处于松闸位置上（核实并确保摩擦片也在其松闸位置上）；移出摩擦片，并用新的摩擦片进行更换；将挡板复位并拧上螺钉，不要忘记安装垫圈，螺钉的紧固力矩应符合规定值；当由于制动器安装位置的限制，致使摩擦片从侧面抽不出时，则需将制动器从其托架上取下（注意：制动器与液压站断开）。

　　当需要更换密封件时，将制动器从其托架上取下（注意：制动器与液压站断开）。卸下一侧挡板，取下摩擦片，将活塞从其壳体中拔出，更换每一个活塞的密封件；重新安装活塞，检查并确保它们在壳体里的正确位置；装上摩擦片；重新装上挡板，不要忘记安装垫圈，螺钉的紧固力矩应符合规定值；将制动器重新安装到托架上（注意：两半台的泄漏油孔必须对正），并净化制动器和排气。

2. 偏航轴承

　　必须定期进行检查，应注意轴承齿圈的啮合齿轮副是否需要喷润滑油，如果需要，喷规定型号的润滑油；检查轮齿齿面的磨损情况；检查啮合齿轮副的侧隙是否正常；检查轴承是否需要加注润滑脂，如需要，则加注规定型号的润滑脂；检查是否有非正常的噪声；检查连接螺栓的紧固力矩是否正确。

密封带和密封系统至少每 12 个月检查一次。正常的操作中，密封带必须保持没有灰尘；当清洗部件时，应避免清洁剂接触到密封带或进入滚道系统；若发现密封带有任何损坏，必须通知制造企业；避免任何溶剂接触到密封带或进入滚道内，不要在密封带上涂漆。

在长时间运行后，轨道系统会出现磨损现象。要求每年检查一次，对磨损进行测量。为了便于检查，在安装之后要找出 4 个合适的测量点并在支承和连接支座上标注出来；在这 4 个点上进行测量并记录数据，此数据作为基准测量数据；检验测量在与基准测量条件相同的情况下重复进行；如果测量到的值和基准值有偏差，代表有磨损发生；当磨损达到极限值时，通知制造企业处理。

3. 偏航驱动装置

在日常巡视检查和维护时，应当注意观察偏航减速器的运行状态，必须定期检查减速器齿轮箱的油位，如低于正常油位，应补充规定型号的润滑油到正常油位；定期测试偏航制动释放功能和偏航电动机热继电器的功能，避免偏航减速器长期重载或过载运行。偏航减速器的润滑可参照变桨减速器的润滑。

另外，在日常巡视检查和维护工作中，检查偏航驱动装置是否有漏油现象；检查偏航减速器的小齿轮与偏航齿圈的啮合和润滑情况，及时清理偏航制动盘上的油污，保证足够的制动力矩，减少偏航减速器承受的冲击载荷；检查是否有非正常的机械和电气噪声；检查偏航驱动紧固螺栓的紧固力矩是否正确。

4. 偏航系统的常见故障

(1) 齿圈齿面磨损。原因可能是齿轮副的长期啮合运转；相互啮合的齿轮副齿侧间隙中渗入杂质；润滑油或润滑脂严重缺失使齿轮副处于干摩擦状态。

(2) 液压管路或制动器渗漏。原因可能是管路接头松动或损坏；密封件损坏。

(3) 偏航压力不稳。原因可能是液压管路出现渗漏；液压系统的保压蓄能装置出现故障；液压系统元器件损坏。

(4) 异常噪声。原因可能是制动器摩擦表面与制动盘不平行；润滑油或润滑脂严重缺失；偏航阻尼力矩过大；齿轮副轮齿损坏，偏航驱动装置中油位过低。

(5) 偏航定位不准确。原因可能是风向标信号不准确；偏航系统的阻尼力矩过大或过小；偏航制动力矩达不到机组的设计值；偏航系统的偏航齿圈与偏航驱动装置齿轮之间的齿侧间隙过大。

(6) 偏航计数器故障。原因可能是连接螺栓松动；异物侵入；连接电缆损坏；磨损。

三、液压系统的维护及常见故障

1. 设备的检查

在启动前的检查项目有油位是否正常，行程开关和限位块是否紧固，手动和自动循环是否正常，电磁阀是否处在原始状态等。

在设备运行中监视工况的项目有系统压力是否稳定并在规定范围内，设备有无异常振动和噪声，油温是否在允许的范围内（一般在 35～55℃ 范围内，不得大于 60℃），有无漏油，电压是否保持在额定值的 -15%～+5% 范围内等。

定期检查的项目有螺钉和管接头的检查和紧固，10MPa 以上的系统每月一次，10MPa 以下的系统每三个月一次。过滤器和空气滤清器的检查每月一次。定期进行油液污染度检验，对新换油，经 1000h 使用后应取样化验，取油样需用专用容器，并保证不受污染，取样应取正在使用的"热油",不取静止油,取样数量为 300～500mL/次,按油料化验单化验,油料化验单应纳入设备档案。

2. 液压油

液压系统的介质是液压油,一般采用专门用于液压系统的矿物油。液压系统的液压油应该与生产企业指定的牌号相符。

在正常工作温度下,液压油黏度范围一般为 20×10^{-6}～200×10^{-6} m/s。当环境温度较低时,选用黏度较低的油液。

对于液压系统,油液的清洁十分重要。液压系统中的油液或添加到液压系统中的油液必须经常过滤,即使是初次用的新油也要过滤。不同品牌或型号的液压油混合可能引起化学反应,如出现沉淀和胶质等。液压系统中的油液改变型号之前应该对系统进行彻底的冲洗,并得到生产企业同意。

液压油的使用寿命:矿物油 8000h 或至少每年更换一次。

3. 清洗过滤器和空气滤清器

过滤器堵塞时会发出信号,需要进行清洗。清洗时要确保电机未启动,电磁阀未通电;在拔下插头、卸下配件前,要清洁液压单元表面的灰尘;打开过滤器后,取出滤芯清洗;若滤芯损坏,必须更换;清洁过滤器后,应检查油位,必要时要加足油液;在没收到堵塞信号的情况下,至少每 6 个月清洗一次过滤器。

在正常环境下每 1000h 清洗一次空气滤清器;在灰尘较大的环境下每 500h 清洗一次空气滤清器。

4. 故障排除和更换元器件

大部分故障可以通过更换元器件解决,通常由生产厂家来完成修理工作或更换新元器件。如果用户有这方面的知识或有合适设备(如测试台架),自己也可以进行维修。维修前应阅读使用说明书和液压原理图。液压系统最常见的问题是泄漏,导管接口处的泄漏可以通过拧紧来解决,元器件发生的泄漏则必须更换密封件。

排除故障后,最主要的是查出故障发生的诱因。例如,液压元件因油液污染而失效,则必须更换液压油。

5. 液压系统的常见故障

(1) 出现异常振动和噪声。原因可能是旋转轴连接不同心;液压泵超载或吸油受阻;管路松动;液压阀出现自激振荡;液面低;油液黏度高;过滤器堵塞;油液中混有空气等。

(2) 输出压力不足。原因可能是液压泵失效;吸油口漏气;油路有较大的泄漏;液压阀调节不当;液压缸内泄等。

(3) 油温过高。原因可能是系统内泄漏过大;工作压力过高;系统的冷却能力不足;在保压期间液压泵没泄荷;系统的油液不足;冷却水阀不起作用;温控器设置过高;没有冷水或制冷风扇失效;冷却水的温度过高;周围环境温度过高;系统散热条件不好。

(4) 液压泵的启停太频繁。原因可能是系统内泄漏过大;在蓄能系统中,蓄能器和泵的参数不匹配;蓄能器充气压力过低;气囊(或薄膜)失效;压力继电器设置错误等。

(5) 建压超时。原因可能是元器件有泄漏;液压阀失效;压力传感器差错;电气元器件失效。

任务五　控制系统的故障与防护

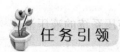

任务引领

　　风力发电机组控制系统的故障表现形式有两类：一类故障是暂时性故障，而另一类则属于永久性故障。例如，由于某种干扰使控制系统的程序"走飞"，脱离了用户程序。这类故障必然使系统无法完成用户所要求的功能。但系统复位之后，整个应用系统仍然能正确地运行用户程序。又如，某硬件连线、插头等接触不良，时而接触时而不接触，使系统工作时好时坏，出现暂时性的故障。当然，另外一些情况就是硬件的永久性损坏或软件错误，它们造成系统永久故障。控制系统的常见故障可以从硬件和软件两个方面进行分析。

教学目标

　　1. 了解控制系统的常见硬件故障。
　　2. 学会减少控制系统故障的方法。

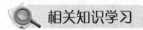

相关知识学习

一、控制系统的常见故障

1. 硬件故障

　　构成风力发电机组控制系统的硬件包括主机及其外设，除了集成电路芯片、电阻、电容、电感、晶体管、电动机、继电器等许多元器件外，还包括插头、插座、印制电路板、按键、引线、焊点等。硬件的故障主要表现在以下几个方面。

　　(1) 电气故障。电气故障主要是指电气装置、电气电路和连接、电气和电子元器件、电路板、接插件所产生的故障。这是风力发电机组控制系统中最常发生的故障。例如：①输入信号电路脱落或腐蚀；②控制电路、端子板、母线接触不良；③执行输出的电动机或电磁铁过载或烧毁；④保护电路熔丝烧毁或空气断路器过电流保护；⑤热继电器、中间继电器、控制接触器安装不牢，接触不可靠，动触点机构卡住或触点烧毁；⑥配电箱过热或配电板损坏；⑦控制器输入输出模板功能失效、强电烧毁或意外损坏。

　　(2) 机械故障。机械故障主要发生在风力发电机组控制系统的电气外设中。凡由于机械上的原因所造成的故障都属于这一类。例如：①安全链开关弹簧复位失效；②偏航或变桨距减速器齿轮卡死；③液压伺服机构电磁阀心卡涩，电磁阀线圈烧毁；④风速仪、风向标转动轴承损坏；⑤转速传感器支架脱落；⑥液压泵堵塞或损坏等。

　　(3) 传感器故障。这类故障主要是指风力发电机组控制系统的信号传感器所产生的故障。例如：①风速仪、风向标的损坏；②温度传感器引线振断、热电阻损坏；③磁电式转速电气信号传输失灵；④电压变换器和电流变换器对地短路或损坏；⑤速度继电器和振动继电器动作信号调整不准或激励信号不动作；⑥开关状态信号传输线断或接触不良造成传感器不能工作等。

造成控制系统硬件故障的因素主要有如下几个方面。

（1）使用不当。在正常使用条件下，元器件有自己的失效期。经过若干时间的使用，它们逐渐衰老失效，这都是正常现象。在另一种情况下，如果不按照元器件的额定工作条件去使用它们，则元器件的故障率将大大提高。在实际使用中，许多硬件故障是由于使用不当造成的。例如，将电源加错，将设备放在恶劣环境下工作，在加电的情况下插拔元器件或电路板等。

各种元器件都有它们自己的电气额定工作条件，这里仅以几种最常使用的元器件为例，予以简单的说明。

1）电阻器：各种电阻器具有各自的特点、性能和使用场合，必须按照厂家规定的电气条件使用它们。电阻器的电气特性主要包括阻值、额定功率、误差、温度系数、温度范围、线性度、噪声、频率特性、稳定性等指标。在选用电阻器时，应根据系统的工作情况和性能要求，选用合适的电阻器。例如，薄膜电阻可用于高频或脉冲电路；而线绕电阻只能用于低频或直流电路中。每个电阻都有一定的额定功率；不同的电阻温度系数也不一样。因此，使用者必须根据多项电气性能的要求，合理地选择电阻器。

2）电容器：电容器的电气性能参数包括容量、耐压、损耗、误差、温度系数、频率特性、线性度、温度范围等。在使用时必须注意这些电气特性。例如，在电容耗损大时，应用于大功率场合会使电容发热烧坏。超过电容的耐压范围使用，电容很快就会击穿。

3）集成电路芯片：就电气性能而言，不同的芯片在不同的用途时都有许多具体要求。主要性能包括工作电压、输入电平、工作最高频率、负载能力、开关特性、环境工作温度、电源电流等，应用时应予以注意。

（2）环境因素的影响。环境因素对风力发电机组控制系统产生很大的影响。因此，应用时必须想法减少外界应力对硬件的影响。

1）温度的影响：由于温度增高，微机应用系统故障率明显增加。有些元器件，当温度增加 10℃时，其失效率可以增加一个数量级。温度过低时，也可对控制系统产生影响。

2）电源的影响：电源自身的波动、浪涌及瞬时掉电都会对电子元器件带来影响，加速其失效的速度。电源的冲击、通过电源进入微机应用系统的干扰、电源自身的强脉冲干扰同样会使系统的硬件产生暂时或永久性故障。

3）湿度的影响：湿度过高会使密封不良、气容性较差的元器件受到侵蚀。有些系统的工作环境不仅湿度大，且具有腐蚀性气体或粉尘，或者湿度本身就是由溶解有腐蚀性物质的液体造成的，故元器件受到的损害会更大。

4）振动、冲击的影响：振动和冲击可以损坏系统的部件或使元器件断裂、脱焊、接触不良。

5）其他因素的影响：除上述环境因素外，还有电磁干扰、压力、盐雾等许多因素，可能对风力发电机组控制系统的运行和寿命造成影响。

（3）结构及工艺上的原因。硬件故障中，由于结构不合理或工艺上的原因而引起的故障占相当大的比重。例如，某些元器件太靠近热源；需要通风的地方未能留出位置；将晶闸管、大继电器等产生较大干扰的器件放在易受干扰的元器件附近等。

工艺上的不完善也同样会影响系统的可靠性。例如，焊点虚焊、印制电路板加工不良、金属氧化孔断开等工艺上的原因，都会使系统产生故障。

2. 软件故障

软件故障主要来自设计。例如，编程中的错误、规范错误、性能错误、中断与堆栈操作错误等。有一些硬件问题也会影响到软件。

二、减少故障的方法

1. 元器件的合理选择

合理地选择微机应用系统的元器件，对提高硬件可靠性是一个重要因素。首先要确定系统的工作条件和工作环境。例如，系统工作电压、电流、频率等工作条件及环境温度、湿度、电源的波动和干扰等环境条件。同时，还要预估系统在未来的工作中可能受到的各种影响、元器件的工作时间等因素。

把所选择的合适元器件的特性测试后，对这些元器件施加外应力，经过一定时间的工作，再把它们的特性重新测一遍，剔除那些不合格的元器件，这个过程称为筛选。在筛选过程中，所加的外应力可以是电的、热的、机械的等。在选择器件之后，使元器件工作在额定的电气条件下，甚至工作在某些极限的条件下，或再加上其他外应力。如使它们同时工作在高温、高湿、振动、拉偏电压等应力下，连续工作数百小时。此后，再对它们进行测试并剔除不合格者。使元器件在高温箱（温度一般在 120～300℃）存放若干小时，就是高温存储筛选。将元器件交替放在高温和低温下，称为温度冲击筛选。

2. 降额使用

降额使用就是使元器件工作在低于它们的额定工作条件以下。一个元件或器件的额定工作条件是多方面的，其中包括电气的电压、电流、功耗、频率等，机械的压力、振动、冲击等，及环境方面的温度、湿度、腐蚀等。元器件在降额使用时，就是设法降低这些工作条件。

3. 可靠的电路设计和冗余设计

这是在设计方面减少风力发电机组控制系统故障，增加可靠性的有效措施。

4. 降低环境影响

(1) 温度：对于高温，可增加通风，保证不让系统温度过高，必要时采用强迫风冷甚至采用水冷。当温度太低时，要采用保温措施，如加电加热器，保温套等。

(2) 冲击振动：冲击及振动环境下工作的风力发电机组控制系统应尽量降低冲击振动的影响。例如，在机架座加减振动装置、四周用弹簧拉住等，以将这种影响减到允许的程度。

(3) 电磁干扰：各种电磁干扰，经过不同渠道进入微机应用系统，造成恶劣的影响。应根据实际情况采取相应措施，如屏蔽和接地等。

(4) 其他环境影响：对于某些特殊场合，必须设法降低湿度、粉尘、腐蚀等影响，以及防爆、防核辐射等。

任务六　支撑体系的维护与检修

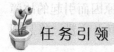
任务引领

风力发电机的支撑体系使风力发电机组能够屹然挺立，成为一道亮丽的景观。它也是保证风力发电机组能够最大限度地收集风能，使其安全可靠地转换成电能的基础。

教学目标

1. 了解支撑体系的构成。
2. 掌握支撑体系的维护检修项目。

相关知识学习

一、连接件的维护

支撑体系中有大量连接件。例如，塔架内外连接螺栓、平台吊板螺栓、塔梯连接螺栓、电缆梯连接螺栓、钢梁连接件等。要定期检查螺栓连接情况，检查是否有损坏、松动和锈蚀。发现松动的，应及时用力矩扳手拧紧，拧紧力矩应达到规定值；发现损伤和锈蚀严重的，要立即更换，更换时螺纹和螺母的支撑面应涂二硫化钼，多个连接件需要更换时，应逐一进行。

换季或温度变化大时，应对螺栓进行相对等分拧紧，拧紧力矩应满足规定要求，同时对螺栓螺母进行涂油防腐。

二、结构件的维护

定期对结构件外观进行检查，查看部件表面是否存在涂漆层脱落、锈蚀、外伤和变形问题。

对局部涂漆层脱落、锈蚀应及时处理，处理时应首先进行清理打磨，出现金属光面后进行两次补底漆（用环氧富锌底漆）和两次涂面漆处理。

对焊道处的外观进行重点检查与处理。例如，塔筒焊道、安装支座焊道、平台吊板焊道、塔梯焊道、电缆梯焊道和型钢吊板焊道等。

三、电缆和电缆夹块的维护

对各类电缆线路进行检查，要注意查看电缆是否扭曲，电缆表面是否有裂纹，电缆是否有向下滑的迹象。尤其注意对偏航纽缆处电缆进行重点检查。

电缆夹块固定螺栓较容易松动，每次维护时都必须全面检查。检查平台螺栓时，可将电缆夹块固定螺栓一并紧固。

四、塔基水平度检测

应定期（每月）和随机（大风、暴雨后）对塔基水平度进行检测。检测方法：在下塔筒外法兰盘上选取 4 个检测点，进行纵向与横向水平检测。对比相关数据，不应有突变和趋势性变化现象；检测点应有标志，检测面应进行保护；检测结果应进行记录，记录表包括检测日期、检测人员、各检测点的横向与纵向水平度等。

五、塔筒标识的维护

塔筒内外标识应清晰，并按规定进行管理，塔筒内不得放置无关物品。定期对塔筒内外标识进行维护，确保标识清晰。

六、接地装置的维护

接地装置在运行中，接地线与接零线有时遭到外力破坏或腐蚀，会发生损伤或断裂。另外，随着土壤的变化，接地电阻也能变化。因此，必须对接地装置定期检查和测试。

1. 接地装置的安全检查周期

各种防雷装置的接地线每年（雨季前）检查一次；对有腐蚀性土壤的接地装置，安装后应根据运行情况，一般每 5 年左右挖开局部地面检查一次；手动电动工具及移动式电气设备的接地线，在每次使用前应进行检查；接地电阻一般 1～3 年测量一次。

2. 检查内容

检查内容主要有：①检查接地线各连接点的接触是否良好，有无损伤、折断和腐蚀现象；②对含有重酸、碱、盐和金属矿岩等化学成分的土壤地带，应定期对接地装置的地下500mm 以上部位挖开地面进行检查，观察接地体的腐蚀程度；③检查分析所测量的接地电阻值变化情况是否符合要求，并在土壤电阻率最大时进行测量，应做好记录，以便分析、比较；④设备每次检修后，应检查接地线是否牢靠；⑤检查接地支线和接地干线是否连接牢靠；⑥检查接地线与电气设备及接地网的接触是否良好，若有松动脱落现象，要及时修补；⑦对移动式电气设备的接地线，每次使用前检查接地情况，观察有无断股等现象。

3. 接地装置保护措施

注意日常维护，采取有效的保护措施，主要有：①要经常观察人工接地体周围的环境情况，不应堆放具有强烈腐蚀性的化学物质；②当发现接地装置接地电阻不符合要求时，及时采用降低接地电阻的措施；③对于接地装置与公路、铁道或管道等交叉的地方，要采取保护措施，避免接地体受到损坏；④在接地线引入建筑物的入口处，最好设有明显标记，为维护工作提供方便；⑤应保持明敷的接地体表面所涂的标记完好无损。

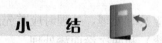

小　　结

1. 维护周期。

（1）风力发电机组安装调试后运行一个月，需要进行全面维护，包括所有螺栓连接的紧固、各个润滑点的润滑，以及其他需要检查的项目。

（2）最初运行一个月的维护完成后，风力发电机组的正常维护分为间隔半年维护和间隔一年维护。间隔半年维护主要是检查风力发电机组的运行状况及向各个润滑点加注润滑脂；间隔一年维护还需抽查螺栓力矩，如发现松动现象，则应对该处全部螺栓进行检查校正。

2. 叶轮常见故障及处理措施。

3. 发电机常见故障及处理措施。

4. 变流系统常见故障及处理措施。

5. 齿轮箱常见故障及处理措施。

6. 变桨距系统、偏航系统零部件检查与维护项目。

7. 偏航系统常见故障及维护。

8. 液压系统常见故障及维护。

9. 控制系统常见故障及维护。

10. 支撑系统常见故障及维护。

11. 维修所需的常用工具。

（1）各种扳手：液压扳手、扭力扳手（如 1500、600、300N·m）、敲击扳手、各种呆扳手、各种梅开棘轮扳手、各种套筒、活动扳手、内六角扳手、钩子扳手、加长杆。

（2）旋具：旋具套筒、一字螺钉旋具、十字螺钉旋具。

（3）各种通用和专用油枪。

（4）测量用品：数字式万用表、卷尺等。

（5）清洁用品：毛刷、卫生纸、抹布、垃圾袋。

（6）安全用品：安全带、安全帽、安全靴、绝缘手套、防护眼镜、保暖衣、止跌扣、加长绳（带缓冲）等。

其他如线滚子、对讲机、手电筒、望远镜等。

1. 叶片维护的主要内容有哪些？

2. 简单描述叶片轴承的维护内容。

3. 发电机绕组的烘干处理方法有哪些？

4. 如何维护电刷？

5. 发电机的常见故障有哪些？

6. 如何处理变流器过电压故障？

7. 如何处理变流器过电流故障？

8. 如何维护变压器？

9. 如何更换齿轮油？

10. 齿轮箱的日常运行维护项目有哪些？

11. 齿轮箱的常见故障有哪些？

12. 制动机构可能出现的故障及排除方法。

13. 如何维护电动变桨距减速器？

14. 自动润滑系统的常见故障及排除方法。

15. 偏航系统的常见故障及排除方法。

16. 控制系统的常见故障中，经常出现的电气故障有哪些？

17. 电容器的性能参数都包括什么？

项目五 风电场输电线路运行与维护

项目描述

对一个风电场而言，应根据风力发电机组容量、风电场规模等因素进行电气主接线设计，使风电场中各种电气设备合理组织起来，并按照一定方式用导体连接以实现电能的汇集与分配。电气主接线的接线方式能反映正常和事故情况下风场的供送电情况。

本项目完成以下四个工作任务：

任务一 风电场电气主接线及维护

任务二 风电场内架空线路及动作维护

任务三 风电场电力电缆及运行维护

任务四 风电场直流系统及运行维护

学习重点

1. 风电场电气主接线的结构形式及主要特点。
2. 风电场 220kV 母线常见故障及处理方法。
3. 架空线路常见故障及处理方法。
4. 电力电缆常见故障及处理方法。

学习难点

1. 不同风电场设备电气主接线形式的选择。
2. 配电网架空线路检修维护工作分析。

任务一 风电场电气主接线及维护

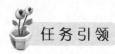
任务引领

国内大部分风电场连接的是 220kV 电网，220kV 母线是风电场电气主接线的重要形式，其正常运行与维护、异常运行及事故处理方式直接影响了整个风电场的稳定运行，是风电场输电线路运行与维护的关键技术。

教学目标

1. 了解风力发电机组、升压变电站、风电场场用电系统以及 220V 直流母线系统的电气主接线形式。

2. 熟练掌握风电场 220kV 母线的常见故障及检查处理方法。

3. 掌握母线的正常巡视检查，了解母线的特殊巡视检查。

4. 掌握母线异常运行及事故处理方法。

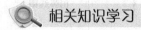

相关知识学习

一、风电场电气主接线形式及构成

电气主接线又称电气一次接线图，它主要是指在发电厂、变电站、电力系统中，为满足预定的功率传送和运行等要求而设计的，表明高压电气设备之间相互连接关系的传送电能的电路。电路中的高压电气设备包括发电机、变压器、母线、断路器、隔离开关、线路等。它们的连接方式对供电可靠性、运行灵活性及经济合理性等起着决定性作用。一次设备连成的电路称为一次电路（主电路）；二次设备连成的电路称为二次电路（副电路）。电气主接线的接线方式能反映正常和事故情况下风电场的供送电情况。

电气主接线应满足以下几点要求。

（1）运行的可靠性：主接线系统应保证对用户供电的可靠性，特别是保证对重要负荷的供电。

（2）运行的灵活性：主接线系统应能灵活地适应各种工作情况，特别是当一部分设备检修或工作情况发生变化时，能够通过倒换开关的运行方式，做到调度灵活，不中断向用户的供电。在扩建时应能很方便地从初期建设到最终接线。

（3）主接线系统还应保证运行操作的方便及在保证满足技术条件的要求下，做到经济合理，尽量减少占地面积，节省投资。

风电场电气主接线通常是用电气主接线图来描述的。建立电气接线图，首先需要规定具体电气设备的图形符号，主要电气设备的图形符号见表 5-1。一般在研究主接线方案和运行方式时，为了清晰和方便，通常将三相电路图描绘成单线图。在绘制主接线全图时，将互感器、避雷器、电容器、中性点设备及载波通信用的通道加工元件（也称高频阻波器）等也表示出来。主接线图用规定的电气设备图形符号和文字符号，并按照工作顺序排列，以单线图的方式详细地表示电器设备或成套装置的全部基本组成和连接关系。

表 5-1　　　　　　　　　　　**主要电气设备的图形符号**

图形符号	电气设备	图形符号	电气设备	图形符号	电气设备
Ⓖ	发电机	↓	避雷器	⏚	接地

图形符号	电气设备	图形符号	电气设备	图形符号	电气设备
	变压器		电抗器		母线
	电动机		电容器		熔断器
	电流互感器		断路器		消弧线圈
	电压互感器		隔离开关		导线

1. 常用的电气主接线形式

电气设备的连接是由母线和开关电器实现的，母线和开关电器不同的组织连接构成了不同的连接形式。例如，高压断路器是发电厂和变电站电气主系统的重要开关电器。断路器的选择，除满足各项技术条件和环境条件外，还应考虑到要便于安装调试和运行维护，考虑了经济技术等方面后才能确定。

（1）母线。在风电场、变电站中各级电压配电装置的连接，大都采用矩形或圆形截面的裸导线或绞线。习惯上把裸露的、没有绝缘层包裹的导电材料，如铜排、铝排等连成的一次线称为母线。母线将配电装置中各个截流分支回路连接在一起，起着汇集、分配和传送电能的作用。母线分为主母线和分支母线，通过它们的电流一般较大，且要求母线能承受动稳定和热稳定电流。母线按外形和结构，大致分为软母线、硬母线和封闭母线三类。母线形式如图 5-1 所示。

　　　　　　（a）　　　　　　　　　　　　　（b）　　　　　　　　　　　　　（c）

图 5-1　母线形式
（a）软母线；（b）硬母线；（c）封闭母线

软母线包括铝绞线、铜绞线、钢芯铝绞线、扩径空芯导线等。软母线多用于电压较高的户外配电室。因户外空间大，导线有所摆动也不至于造成线距离不够。软母线施工简便，造价低廉。硬母线包括矩形母线、槽型母线、管型母线等。硬母线多用于低电压的户内外配电装置。矩形母线与其他形式的母线相比，具有散热面积大、节省材料、便于支撑和安装的优点。矩形母线一般使用于主变压器至配电室内，施工安全方便、运行变化小、载流量大，但造价较高。封闭母线包括共相母线、分相母线等。材质为扁铜（相当于电线）、没有绝缘层、外面刷有表示相序的颜色油漆，主要用于室内变压器到配电柜再到电源总闸然后连接到各分闸的母线，称为母线排。

（2）电气主接线形式。电气主接线常见有单元接线、桥形接线、单母线接线、单母线分段接线、双母线接线及双母线分段接线六种形式。风电场电气主接线形式分为有汇流母线和无汇流母线两类。

各电压等级可有如下接线形式：①220kV 可采用单母线分段式或双母线形式；②110kV 采用单母线分段或双母线，当带有重要负荷时还可采用带旁路的形式；③10kV 采用单母线分段形式。

有汇流母线（简称母线）是汇集和分配电能的载体。有汇流母线的接线形式包括单母线、单母线分段、双母线、双母线分段及带旁路母线等；无汇流母线的接线形式包括单元接线、桥形接线、角形接线和变压器-线路单元接线等。采用有汇流母线的接线形式，由于有母线作为中间环节，便于实现多回路的集中，有利于安装和扩建；无汇流母线的接线形式适用于进出线回路少、不再扩建和发展的风电场。

2. 风电场电气主接线

风电场升压变电站的主接线多为单母线接线或单母线分段接线，具体形式取决于风电场的规模，即风力发电机组的分组数目。当集电系统分组汇集的 10kV 或 35kV 线路数目较少时，采用单母线接线；而对于大规模的风电场，10kV 或 35kV 分组数目较多时，就需要采用单母线分段接线方式；对于特大型风电场，可以考虑采用双母线接线形式。一般风电场电气主接线通常由 220kV 接线、35kV 接线、400V 接线和 220V 直流母线系统组成。

（1）风力发电机组电气主接线。目前，风电场的主流风力发电机组输出电压一般为 690V，经塔内电缆引至机组升压变压器（箱式变电站）低压侧，将电压升高到 10kV 或 35kV。大、中容量风电场一般通过 10kV（或 35kV）线路连接到升压变压器后接入 110kV（或 220kV）输电网络；小容量风电场一般通过 10kV（或 35kV）线路就近 T 接（Ⅱ接）到配电网络。风力发电机组的接线大都采用一机一变的单元接线，即一台风力发电机组配备一台变压器。

（2）集电系统电气主接线。集电系统的作用是通过电缆或架空线路将风力发电机组群生产的电能收集起来，送入风电场升压变电站。集电系统的一次设备主要包括 10kV 或 35kV 电缆、架空线路及相应的开关设备。集电系统在收集电能时，按组进行收集，分组采用位置就近原则，每组包含的风力发电机数目大体相同，多为 3～8 台。对于每组内的多台风力发电机组输出，一般是在箱式变电所中各集电变压器的高压侧采用单元集中汇流或分段串接汇流方式（其中分段串接汇流方式是中型及以上风电场常用方式），汇流到 10kV 或 35kV 母线，再经过一条 10kV 或 35kV 电缆或架空线路输送到升压变电站。当然，采用地下电缆还是架空线路，还要看风电场的具体情况。架空线路投资低，但在风电场内需要条形或格形布置，不利于设备检修，也不美观；采用直埋电力电缆敷设，风电场景观较好，但成本较高。

风电场电力采集系统的设计与任何中压电网的设计基本相同。通常，在电路中，它并不需要提供任何备用设备来考虑中压设备的故障，运行经验和可靠性计算都显示风电场的电力采集系统同单台风力机相比更加可靠，因此，再提供任何备用电路都是不划算的。这也适用于单电路或变压器连接风电场到电网的情况。集电线路接线包括集电拓扑布局和集电开关配置。在拓扑布局方面，主要有放射形、环形、星形三种拓扑布局结构，其中环形又可以分为单边环形、双边环形和复合环形。集电系统的拓扑布局方案中，放射形布局投资少、结构简单，能够满足可靠性要求，在国内外工程中应用最多。放射形布局的开关配置方面，主要有传统开关配置、完全开关配置、部分开关配置三种开关配置方案。传统开关配置方案中风机与风机之间只有电缆进行连接，开关设备仅安装在集电电缆接入汇流母线入口处。放射状电路带有一些用来进行隔离和开关用的开关器件，风力机变压器通过简单的开关设备同放射状的电路相连。风电场集电环节的接线多为单母线分段接线。

（3）升压变电站电气主接线。风电场升压变电站的主变压器将集电系统汇集的电能再次升高，一般可将电压升高到110、220、500kV或更高，然后接入电网。升压站电气主接线方案将影响风电场安全可靠性，对设备选择及布置起着决定性作用，应满足可靠性、灵活性、经济性三项要求，经技术经济分析和比较确定。风电场升压变电站的主接线多为单母线或单母线分段接线，接线方式取决于风力发电机组的分组类目。对于规模很大的特大型风电场，可以考虑采用双母线接线形式。

当前国内大部分风电场连接的是220kV电网。通常情况下，220kV配电装置采用户外型，升压变电站装设两台主变压器（主变压器台数根据风电场容量决定），通过1回220kV线路接至一次变压器并入电网。220kV配电装置共2回进线，1回出线，主要可以考虑单母线接线、不完全单母线接线等。从灵活简洁的角度考虑，推荐采用"2进1出"单母线接线。升压变压器与高压线路均配置完善的主保护与后备保护，风电场接入后，其动作性能一般不受影响。

（4）风电场场用电系统电气主接线。风电场的场用电也就是风电场内用电，包括生产用电和生活用电两部分，即维持风电场正常运行及安排检修维护等生产用电和风电场运行维护人员在风电场内的生活用电，通常包括400V的电压等级。400V为单母线方式，场用电变压器低压侧接至400V母线作为工作电源；10kV备用电源由10kV站外电源接入，经备用变压器降压后接至400V母线作为备用电源。

（5）220V直流母线系统。220V直流母线系统的两组蓄电池均采用单母线接线，每组蓄电池设置一段母线，两段母线间设置联络开关。正常运行时联络开关断开运行，两组蓄电池处于浮充状态。

二、风电场220kV母线的运行和维护

1. 母线巡视检查

（1）母线的正常巡视检查。

1）母线支持绝缘子是否清洁、完整，有无放电痕迹和裂纹。

2）天气过热或过冷时，矩形及管形母线接缝处应有恰当的伸缩缝隙。

3）固定支座是否牢固；软母线有无松股断股；线夹是否松动，接头有无发热发红现象。

4）母线上有无异声，导线有无断股及烧伤痕迹。

5）母线接缝处伸缩器是否良好。

（2）母线的特殊巡视检查。

1）母线每次通过短路电流后，检查绝缘子有无断裂，穿墙套管有无损伤，母线有无弯曲、变形。

2) 过负荷时，增加巡视次数，检查有无发热现象。

3) 降雪时，母线各接头及导线导电部分有无发热、冒气现象。

4) 阴雨、大雾天气时，绝缘子应无严重电晕及放电现象。

5) 雷雨后，重点检查绝缘子应无破损及闪络痕迹。

6) 大风天气，检查导线摆情况及有无搭挂杂物。

2．母线、线路倒闸操作

（1）母线的倒闸操作。

1) 母线倒闸操作应考虑母线差动保护的运行方式。

2) 母线停电或母线电压互感器停电时，应防止电压互感器反送电和继电保护及自动装置误动。

（2）线路操作的一般规定。

1) 线路停电的操作顺序为断开线路断路器、线路侧刀开关、母线侧刀开关，断开可能向该线路反送电设备的刀开关或取下其熔断器；送电时，操作顺序相反。

2) 在线路可能受电的各侧都有明显断开点时，应将线路转为检修状态。

3．母线异常运行及事故处理

（1）母线及接头的长期允许工作温度不得超过 70℃，每年应进行一次接头温度测量。运行中应加强监视，发现接头发热或发红后，应立即采取减负荷等降温措施。

（2）可能造成母线失电压的原因：母线设备本身故障或母线保护误动作；线路故障断路器拒动，引起越级跳闸，造成母线失电压；变电站内部故障，使联络线跳闸引起全站停电，或系统联络线跳闸引起全站停电。

（3）母线失电压的处理：检查失电压母线及其设备有无明显故障，检查各分屏开关保护动作情况，是否由保护动作而开关拒跳或越级跳闸引起；如属母线及主变压器故障，应等待故障消除后按调试命令再恢复送电。

任务二　风电场内架空线路及动作维护

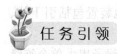
任务引领

架空线路是用绝缘子将输电导线架设在直立于地面的杆塔上，并与风电场、变电站互相连接，构成电力系统各种电压等级的电力网络或配电网，用以传输电能。架空线路容易受到气象和环境的影响而引起故障，同时整个输电走廊占用土地面积较多，易对周边环境造成电磁干扰；但是其架设及维修比较方便，成本较低。

教学目标

1．了解架空线路的基本概念。

2．掌握架空线路的结构组成。

3．熟练掌握架空线路常见故障及检查处理方法。

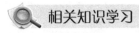 相关知识学习

一、架空线路介绍

输电线路是连接风电场、变电站与用电设备的一种传送电能的装置，按结构分为架空线路和电缆线路。

为了节约投资成本，也便于运行、维护和运输等，要尽可能选择平坦的地形作为线路架设路径，且最好是在道路或公路的两侧架设。同时，要综合考虑未来的发展，便于电网和城市今后的各种规划。

配电网架空线路的基本要求为：①必须要确保不间断、可靠的供电，除保证线路架设的质量外，还要做好运行维修工作，避免出现各种事故；②电压质量在很大程度上决定了用电设备的经济、安全运行情况，例如，一般来说，10kV 电力用户的电压变动要控制在 ±7% 的范围内；③要采取有效的措施对送电过程中的线路损耗进行严格控制，从而实现经济供电。

架空线路按电压等级可分为 110、220kV 和 500kV 三种线路，东北、西北等地区有 60、154、330kV 等电压等级的线路，此外也有 35kV 线路在风电场内用作集电线路。架空线路按杆塔上的回路数目分为单回路线路、双回路线路、多回路线路。架空线路由导线、架空地线、接地装置、绝缘子串、杆塔、金具和基础等部分组成。

导线：其作用是传输电能。架空线路的导线不仅具有良好的导电性能，还具有机械强度高、耐磨耐折、抗腐蚀性强及质轻价廉等特点，其结构可分单股线、单金属多股线、复合金属多股绞线三种形式。导线都是处在高电位，承担传导电流的功能，必须具有足够的截面积以保持合理的通流密度。为了减小电晕放电引起的电能损耗和电磁干扰，导线还应具有较大的曲率半径。

架空地线：又称为避雷线，主要用于防止架空线路遭受雷闪袭击所引起的事故，它与接地装置共同起防雷作用，将雷电流引入大地以保护电力线路免受雷击。输电线路的避雷线一般采用钢绞线，超高压送电线路的避雷线正常运行时对地是绝缘的。

接地装置：接地装置是接地体和接地线的总称，输电线路杆塔的接地装置包括引下线、引出线、接地网等。

绝缘子串：绝缘子的作用是用来使导线和杆塔之间保持绝缘状态。绝缘子串由单个绝缘子串接而成，需满足绝缘强度和机械强度的要求。绝缘子分针式和悬式两种，针式绝缘子使用在电压不超过 35kV 的线路上，悬式绝缘子是成串使用的绝缘子，用于电压等级为 35kV 及以上的线路上。线路电压等级不同，每串绝缘子的个数也不同。对于特殊地段的架空线路，还需采用特别型号的绝缘子串。

杆塔：杆塔是架空线路的主要支撑结构，用于支持导线和避雷线，多由钢筋混凝土或钢材构成，根据机械强度和电绝缘强度的要求进行结构设计。

金具：支持、接续、保护导线和避雷线，连接和保护绝缘子。

基础：杆塔的地下装置统称为基础，其埋设在地下，与杆塔底部连接，用于稳定杆塔，使杆塔不致因承受垂直荷载、水平荷载、事故断线张力和外力作用而上拔、下沉或倾倒。

架空线路暴露在大气环境中，直接受到气象条件的作用，应有一定的机械强度以适应当

地气温变化、强风暴侵袭、结冰荷载及跨越江河时可能遇到的洪水等影响。同时，雷闪袭击、雨淋、湿雾及自然和工业污秽等也都会降低或破坏架空线路的绝缘强度，甚至造成停电事故。但与地下输电线路（地理电缆）相比较，架空线路建设成本低、施工周期短，易于检修维护。因此，架空线路输电是电力工业发展以来所采用的主要输电方式。通常所称的输电线路就是指架空线路。

如上所述，架空线路的导线和避雷线都架设在空中，要承受自重、风力、冰雪荷载等机械力的作用和空气中有害气体的侵蚀，同时还受温度变化的影响，运行条件相当恶劣。因此，它们的材料应有相当高的机械强度和抗化学腐蚀能力，而且，导线还应有良好的导电性能。导线主要由铝、钢、铜等材料制成，在特殊条件下也使用铝合金。避雷线则一般用钢线。

二、架空线路的运行及维护

架空线路输电是电力工业发展以来所采用的主要输电方式。架空线路作为整个电网中最为重要的线路之一，直接影响着整个电力系统的安全、高效运行。但是在实际中由于各种原因，架空线路在具体的运行过程中往往会发生很多故障，极大地影响了整个电力系统的高效安全运行。对此，必须采取有效措施做好架空线路的检修和维护工作。

架空线路运行中的故障主要体现在以下四个方面。

（1）雷击故障。主要是指线路中的绝缘子被雷击穿甚至爆裂、断线。一般架空线路的雷击事故发生后，主要是因绝缘子自身存在质量问题或防雷、避雷措施不足而导致整个连接器接触不良，加之避雷器的接地设置不达标，进而导致线路故障的发生。

（2）由于杆塔基础不牢固，常出现倒伏事故，这主要是因为杆塔和线路的设计缺乏科学性，或在施工中没有按照设计规范施工。

（3）外力导致的断杆和倒杆事故。如汽车将电杆撞断即是最常见的外力事故。

（4）熔断器跌落。这主要是因生产工艺粗糙、制造质量差和外力作用等的影响，导致线路自动摆动、跌落，这不仅会降低供电可靠性，还导致售电量下降。上述故障势必会对整个电路的安全、高效运行造成影响，轻则引发电力企业的经济损失，降低企业的电力服务水平，重则导致整个电路系统瘫痪，甚至引发安全事故。

架空线路维修检修一般分为改进、大修和定期巡视维护，也包括事故抢修及预防性试验等。架空线路的巡视，按其性质和任务的不同分为定期巡视和特殊巡视。定期巡视是为了全面掌握线路各部件的运行情况及沿线环境的变化，巡视的周期一般为一个月，范围是全线。当遭遇特殊气候或电网负荷波动频繁时，对线路的定期巡视显然是不够的，需要有针对性的增加巡视次数，或进行特殊性巡视。

1．架空配电线路的运行及维护

（1）架空配电线路的巡视检查。确保电力网正常运行最基础的一项工作就是巡视，在将配电网架空线路架设完成投入使用之后，相关的工作人员必须要对其进行定期（每月一次）巡视与检查，这样才能够充分了解线路的运行状况，及时发现缺陷和沿线威胁线路安全运行的隐患。线路巡视有定期巡视、特殊性巡视、夜间巡视和故障性巡视等四种方式。

1）定期巡视由专职巡线员进行，掌握线路的运行状况、沿线环境变化情况，并做好护线宣传工作。

2）特殊性巡视在气候恶劣（如台风、暴雨、覆冰等）、河水泛滥、火灾和其他特殊情况下，对线路的全部或部分进行巡视或检查。

3）夜间巡视在线路高峰负荷或阴雾天气时进行，检查导线接点有无发热打火现象，绝缘表面有无闪络，检查木横担有无燃烧现象等。

4）故障巡视用于查明线路发生故障的地点和原因。

（2）架空配电线路的预防性试验。由于通过巡视很难发现一部分安全隐患，因此必须要做好预防性试验的工作。架空线路的预防性试验工作主要是对绝缘子、避雷器、真空断路器、变压器和接地电阻等进行测试，保证各种设备的运行参数符合安全标准。如果设备试验不合格，就必须要对其进行及时维修或更换，进而从根本上消除隐患。

除要采用预防性试验的方式对设备进行定期测试外，在高新科技不断发展的今天，很多地区的供电部门开始广泛运用红外测温设备和局部放电测试设备等。在对架空线路各连接点进行定期巡视的同时，就可以采用红外测温的方式对修补导线的驳接点、支线 T 接点和金具连接处进行测试，以便准确找到线路过热等问题缺陷；采用局部测试设备可以及时发现设备绝缘受损等安全隐患。

（3）巡视检查的主要内容。配电网架空线路的主要巡视检查内容包括以下几个方面。

1）杆塔。杆塔是否倾斜；铁塔构件有无弯曲、变形或锈蚀；螺栓有无松动；混凝土杆有无裂纹、酥松或钢筋外露，焊接处有无开裂、锈蚀；杆塔基础有无损坏、下沉或上拔，周围土壤有无挖掘或沉陷；寒冷地区电杆有无冻鼓现象，杆塔位置是否合适，保护设施是否完好，标志是否清晰；杆塔防洪设施有无损坏、坍塌；杆塔周围有无杂草和蔓藤类植物附生，有无危及安全的鸟巢、风筝及杂物。

2）金属横担有无锈蚀、歪斜或变形；螺栓是否紧固、有无缺少螺母；开口销有无锈蚀、断裂或脱落。

3）绝缘子。瓷件有无脏污、损伤、拉线、裂纹或雷击痕迹；铁脚、铁帽有无锈蚀、松动或弯曲。尤其是在夏季高温、阴雾天气时，要对绝缘子表面有无闪络现象进行检查。电网的安全运行在很大程度上取决于架空线路设备绝缘的完整性，然而绝缘设备却非常容易受到腐蚀、大风和雷击等各种情况的影响，最终导致绝缘设备的特性被改变，增强了其导电性，因此很容易发生短路故障。

4）导线（包括架空地线及耦合地线）有无断股、损伤或烧伤痕迹；在化工、沿海等地区的导线有无腐蚀现象；三相弛度是否平衡，有无过紧、过松动现象；连接线夹弹簧垫是否齐全，螺母是否紧固；过（跳）引线有无损伤、断股或歪扭，与杆塔、构件及其他引线间距离是否符合规定；导线上有无抛扔物；固定导线用绝缘子上的绑线有无松弛或开断现象；特别是在夏季高温、线路高峰负荷的时候，检查接头是否良好，导线连接点有无打火和发热（如接头变色、雪先融化等）等现象进行。

5）防雷设施。避雷器陶瓷套有无裂纹、损伤、闪络痕迹，表面是否脏污；避雷器的固定是否牢固；引线连接是否良好，与杆塔构件的距离是否符合规定；各部附件是否锈蚀，接地端焊接处有无开裂、脱落；保护间隙有无烧损、锈蚀或被外物短接，间隙距离是否符合规定；雷电观测装置是否完好。

6）接地装置。接地引下线有无丢失、断股或损伤；接头接触是否良好，线夹螺栓有无松动或锈蚀；接地引下线的保护管有无破损、丢失，固定是否牢靠；接地体有无外露或严重腐蚀，在埋设范围内有无土方工程。

7）沿线情况。沿线有无易燃、易爆物品或腐蚀性液、气体；周围有无被风刮起危及线路安全的金属薄膜、杂物等；线行下方是否存在外力破坏因素；有无威胁线路安全的工程设施（机械、脚手架等）及有无违反"电力设施保护条例"的建筑；线路附近有无射击、放风筝、抛扔外物、飘洒金属或在杆塔、拉线上拴牲畜等现象；查明沿线污秽及沿线江河泛滥、山洪和泥石流等异常现象。

　　巡查人员要以不同地区的气候特征为根据，在雾霾、台风和雷雨天气做好相应的特殊巡视工作，从而避免线路由于特殊天气而发生故障。例如在沿海地区，工作人员必须要做好防风加固工作；在雷雨多发的地区，要加大对线路防雷设施的投入；在烟尘污染严重的地区，要定期开展清洗绝缘子的工作。

　　（4）架空配电线路的事故及处理。

　　1）事故处理原则。

　　a. 尽快查出事故地点和原因，消除事故根源，防止事故扩大。

　　b. 采取措施防止行人接近故障导线和设备，避免发生人身事故。

　　c. 尽量缩小事故停电范围和减少事故损失。

　　d. 对已停电的用户尽快恢复供电。

　　2）配电系统事故。

　　a. 断路器掉闸（不论重合是否成功）或熔断器跌落（熔丝熔断）。

　　b. 发生永久性接地或频发性接地。

　　c. 变压器一次或二次熔丝熔断。

　　d. 线路倒杆、断线；发生火灾、触电伤亡等意外事件。

　　e. 用户报告无电或电压异常。

　　发生以上情况时，应迅速查明原因，并及时处理。

　　3）事故处理。

　　a. 高压配电线路发生故障或异常现象，应迅速对该线路和其相连接的高压用户设备进行全面巡查，直至故障点查出为止。

　　b. 线路上的熔断器或柱上断路器掉闸时，不得盲目试送，应详细检查线路和有关设备，确无问题后，方可恢复送电。

　　c. 中性点不接地，系统发生永久性接地故障时，可用柱上开关或其他设备（如用负荷切断器操作隔离开关或跌落熔断器）分段选出故障段。

　　d. 变压器一、二次熔丝熔断按如下规定处理：一次熔丝熔断时，应详细检查高压设备及变压器，确无问题后方可送电；二次熔丝（片）熔断时，首先查明熔断器接触是否良好，然后检查低压线路，确无问题后方可送电，送电后立即测量负荷电流，判明是否运行正常。

　　e. 变压器、油断路器发生事故，有冒油、冒烟或外壳过热现象时，应断开电源并待冷却后处理。

　　f. 应将事故现场状况和经过做好记录（人身事故还应记录触电部位、原因、抢救情况等），并收集引起设备故障的一切部件，加以妥善保管，作为分析事故的依据。

　　2. 风电场 35kV 集电线路运行与维护

　　（1）正常运行巡视检查项目。

　　1）检查线路横担接线螺栓是否松动。

　　2）检查电缆出口与架空线路连接处螺栓是否松动。

3）检查电缆三岔口（T形接头处）是否有损伤及放电现象。

4）电缆线路上不应堆置瓦砾、矿渣、建筑材料、笨重物件、酸碱性排泄物，或砌堆石灰坑等。

5）节日前夕、恶劣天气、负荷高峰，应特别加强巡视。

6）发现异常及故障要及时上报，并拍照存档。

（2）异常运行及事故处理。

1）35kV架空线路单相接地。

现象：

a. 接地选线装置"单相接地"报警。

b. 35kV母线电压其中一相显著下降，另两相升高。

c. 35kV零序电压显著升高。

处理：

a. 根据接地选线装置选定的接地线路，停止接地线路所连接的所有风力发电机组，拉开集电线开关，若接地故障消失，则应尽快找出接地点，并消除故障。若接地现象依然存在，应依次拉开其他两条线路，直至接地现象消失。

b. 35kV接地运行最长时间不允许超过2h。

2）35kV架空线路断相。

现象：

a. 故障线路所连接的风力发电机组同时故障停运。

b. 故障线路负荷电流降至零。

处理：

a. 立即断开故障线路，减小系统断相对风力发电机组的影响。

b. 巡视故障线路，查出故障点，做进一步检修处理。

3）35kV架空线路故障跳闸。

现象：

a. 集电线开关跳闸。

b. 线路保护动作。

c. 故障线路所带风力发电机组停止运行。

处理：

a. 记录故障现象。

b. 做好线路停电措施，检修处理。

4）电力电缆的异常运行。

现象：

a. 电缆头有轻微放电现象。

b. 电缆头有严重放电现象。

c. 电缆头爆炸。

原因：

a. 电缆头绝缘损坏。

b. 电缆负荷电流大，电缆头处温度过高。

　　c. 电缆头损伤。

处理：

a. 将对应电气设备停电。

b. 加强运行监视。

c. 检修处理。

d. 做好灭火的准备工作。

（3）风电场的低压保护。风电场配电网的保护配置根据风力发电机接入 10kV（或 35kV）线路的方式有所不同。如果风力发电机集中接入 10kV（或 35kV）线路，两侧一般都要配置阶段式电流保护或距离保护；如果风力发电机分散 T 接，10kV（或 35kV）接入线路就作为集电线路，这时只在电网侧配置阶段式电流保护或距离保护。

3. 配电网架空线路检修维护工作分析

（1）制订好检修计划。在做好维护工作的基础上，还应在检修工作中致力于制订完善的检修计划。检修计划工作主要包括需要在预定检修时间内完成的检修工作、满足检修质量要求和配电网测试检修周期的工作和月度检修计划中所列入的配电网检修工作。检修人员在制订停电计划时，必须充分考虑主网设备检修与用户设备检修之间的相互配合、高压设备工作与低压设备工作之间的相互配合、主配网停电的相互配合、电气设备的预防性试验与设备检修之间的有效配合等，避免在同一条线路上出现重复安排停电的情况。在具体的检修工作中，工作人员必须要认真总结和分析常见的工作类型，采用表单化的方式处理同一类工作，明确合理的检修时间，并结合设备的运行情况，及时调整计划中的不足之处。如果架空线路设备发生紧急故障，首先要考虑带电作业的方式。如果必须要采用停电的方式，而且也没有列入检修计划中去，那么就需要在配电网设备的非计划停运检修中对其进行记录。

（2）故障检修和维护工作。在制订检修计划的基础上，应注重检修工作的开展，从根本上确保解决各种故障。一般而言，一旦配电网架空线路出现故障，首先应该利用故障巡视的方式找出故障点，然后利用合理的分析排查方法排查配电网的故障，常用的一种方法就是分段检查法。在采用分段检查法对配电网架空线路的对地故障进行检查时，如果已经实现了配电网自动化，就能很快判断出故障区域；如果没有达到配电网自动化标准，可以利用分段检查线路开关状态、计量和调度等相关应用系统大致判断出故障范围。然后以此为基础，利用巡视的方式就可以查找到故障点，从而有效缩短整个检修工作的时间，减少因停电时间过长而导致的损失。

在整个维护工作中，加强巡视是根本性前提。在维护过程中，应在整个配电网架设完成后及时巡视，一般可采取定期与不定期相结合的方式，从而及时、高效地掌握线路运行情况。例如，通过及时、高效的巡视，可及时了解线路中各种设备的绝缘性是否完整，从而确保整个线路运行的安全。在加强巡视的基础上，应加强对整个线路中电网设备的维护，及时更换存在问题的设备，确保线路始终处于安全、高效的运行状态。此外，随着现代科学技术的不断发展，传统的人工巡视已难以满足线路运行的需要，因此，必须在日常维护中加强现代科学技术的应用，切实加大维护投资的力度，加强在线监测系统的应用，利用在线监测系统对整个线路的运行情况进行监测，从而采取有针对性的措施加以解决。只有这样，才能更好地确保整个维护工作的高效开展。

应建立健全应急管理预案，设定相应的应急管理小组，确保及时、高效地排除故障。在日常运行中，应加强对巡视人员的培训，不断强化其专业技术水平，并在现代科学技术的辅助下，促进整个线路维护工作的高效开展。

（3）注重预防性试验的开展。在注重巡视工作的同时，为了解决在巡视过程中没有被发现的问题，必须在检修工作中加强预防性试验工作的开展。对配电网架空线路而言，其预防性试验的开展主要包括以下三方面的工作。

1）对绝缘子进行绝缘电阻测试，并对配电网架空线路中各种设备的运行参数是否与安全运行标准相符进行测试。如果不合格，则应及时维修或更换，以确保从根本上消除隐患。

2）在做好配电网架空线路中各种设备的预防性试验的基础上，应在日常工作中广泛应用高新技术含量高的测试设备，如局部放电测试设备、红外线测温设备等，从而为整个预防性维护和检修工作奠定坚实的基础。

3）在线路运行的过程中，应结合实际需要，采取定期与不定期相结合的方式，切实加强电气设备预防性试验的开展。同时，还应及时汇总存在的问题，根据问题的严重性对其进行划分，一般分为一般类问题、重大问题和紧急问题，并根据紧急程度制订检修计划，从而促进整个维护和检修工作的高效开展。

任务三　风电场电力电缆及运行维护

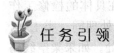

任务引领

电力电缆在电力系统的主干线路中用于传输和分配大功率电能，包括 1～500kV 及以上各种电压等级、各种绝缘的电力电缆。电力电缆不需在地面上架设杆塔，占用土地面积少、供电可靠、极少受外力破坏、对人身较安全。电力电缆常用于城市地下电网、发电站引出线路、工矿企业内部供电及过江海水下输电线。在电力线路中，电缆所占比重正逐渐增加，其运行维护及异常处理是一项重要工作。

教学目标

1. 了解电力电缆的基本概念。
2. 掌握电力电缆的结构组成。
3. 熟练掌握电力电缆常见故障及检查处理方法。

相关知识学习

一、电力电缆介绍

电力电缆的基本结构由线芯（导体）、绝缘层、屏蔽层和保护层四部分组成，电力电缆及剖面结构如图 5-2 所示。

线芯：是电力电缆的导电部分，用来输送电能，是电力电缆的主要部分。电缆的导体采用铝或铜的单股或多股线，通常用多股线。

绝缘层：作用是使线芯与大地及不同相的线芯间在电气上彼此隔离，保证电能输送，是

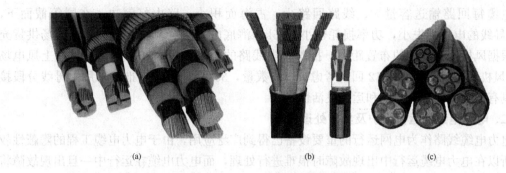

图 5-2　电力电缆及剖面结构图
（a）油浸纸绝缘电力电缆；（b）塑料绝缘电力电缆；（c）橡皮绝缘电力电缆

电力电缆结构中不可缺少的组成部分。绝缘层的材料有橡胶、沥青、聚乙烯、聚氯乙烯、棉、麻、绸、纸、浸渍纸和矿物油、植物油等液体绝缘材料，目前大多用浸渍纸。

屏蔽层：10kV 及以上的电力电缆一般都有导体屏蔽层和绝缘屏蔽层。

保护层：作用是保护电力电缆免受外界杂质和水分的入侵，防止外力直接损坏电力电缆，并防止绝缘油外溢。保护层分为内护层和外护层两部分。内护层用以保护绝缘不受损伤，防止浸渍剂的外溢和水分的侵入；外护层的作用在于防止外界的机械损伤和化学腐蚀。

电力电缆按绝缘材料可分为油浸纸绝缘电力电缆、塑料绝缘电力电缆、橡皮绝缘电力电缆。按电压等级可分为中、低压电力电缆（35kV 及以下）、高压电缆（110kV 以上）、超高压电缆（275～800kV）及特高压电缆（1000kV 及以上）。此外，还可按电流制分为交流电缆和直流电缆。

电力电缆一般埋设于土壤中或敷设于室内、沟道、隧道中，受气候条件和周围环境影响小，传输性能稳定、可靠性高，具有向超高压、大容量方向发展的更为有利的条件，如低温、超导电力电缆等。此外，电力电缆还具有分布电容较大、维护工作量少、电击可能性小的优势。

电缆线路的造价较架空线路高，电压越高，二者差别越大，并且检修电缆线路费工费时。但电缆线路有其优点，如不需在地面上架设杆塔，占用土地面积少；供电可靠，极少受外力破坏；对人身较安全等。

在欧洲，几乎所有风电场内的电力采集电路都是通过地下电缆网络相连的。这既是出于视觉美观的需要，又是为了安全考虑。因为在竖起风力发电机组的时候通常需要大型起重机在现场工作。在世界上其他国家（如印度和美国）的风电场内，有时也会采用架空的中压电线，这样可以降低成本。当电缆工作时，它们的低串联感抗将随电流的变化而引起电压波动，因此，在电路上产生了不可忽略的损耗。当风电场项目进行到电气系统详细设计时，应准确估算出风电场的输电能力。根据这些数据，通过负荷潮流程序，可以计算风力发电机组在不同输出功率下的电气设备损耗，综合考虑项目周期，并利用现金流折现技术来选择最佳电缆尺寸和变压器额定值。在风力发电上网电价很高的国家中，为了降低电气损耗来减少成本，所使用的电缆和变压器的热比值超过了风电场全功率输出时所需的容量。

如今，随着海上风电等海上能源的开发，海底电缆的应用越来越多。海上风电场的集电线路采用的就是海底电缆。集电线路电压可采用 10kV 或 35kV。与采用 10kV 相比，35kV

海底电缆每回路输送容量大、线路回路少、占海面积小、路由好解决。在同等截面下，35kV 导线的电压损失小，功率损耗也小。35kV 海底电缆已全部实现国产化，市场供货充足。根据风机及升压站的布置距离，推荐集电线路的电压采用 35kV。300MW 海上风电场 35kV 风机集电线路一般为 12 回，考虑其出线数量，35kV 配电装置推荐采用单母线分段接线，具有较高的供电可靠性和运行灵活性。

二、电力电缆的运行维护及异常处理

电力电缆线路作为电网运行的重要设备已得到广泛应用，由于电力电缆工程的隐蔽性较强，所以在电力电缆运行中出现故障时很难进行处理，而电力电缆在运行中一旦出现故障将会直接影响电网安全稳定的运行，严重的情况下将会导致火灾事故，带来严重的损失。因此加强对电力电缆线路运行维护，做好电力电缆的管理工作，对预防电力电缆故障的发生，保证配电网运行的安全稳定性具有重要作用。

电力电缆的维护检查每三个月进行一次。电缆终端头的巡视检查与其他一次设备同时进行。此外，每年要对电缆进行一次停电检查。

1. 电力电缆运行与检修的注意事项

(1) 正常运行时，35kV 电力电缆长期允许工作温度不应超过 60℃。

(2) 电力电缆的正常工作电压不应超过额定电压的 15%。

(3) 紧急事故时，35kV 电缆线路允许过负荷 15%，连续运行不超过 2h，同时应严密监视。

(4) 备用电缆应尽量连接在电力系统中充电，其保护应调整为无时限动作位置。

(5) 停电超过 48h 而不满一个月的电缆重新投入运行前应测量绝缘电阻，停电超过一个月而不满一年的电缆重新投入运行前应做直流耐压试验；融冰电缆应充电运行。

(6) 停电后的电缆应将各线芯对地多次放电，确无残余电荷后，才能在两侧挂接地线。

(7) 电缆头或电缆中间头检修后，应核对相位，并做直流耐压试验，合格后方可投入运行。

2. 电力电缆的正常巡视检查内容

(1) 电缆沟内支架应牢固，无松动或锈蚀现象，接地良好。

(2) 电缆沟内无易燃或其他杂物，无积水，电缆孔洞、沟道封闭严密，防小动物措施完好。

(3) 电缆中间、始、终端头无渗油、溢胶、放电、发热等现象，接地应良好，无松动、断股现象。

(4) 电缆终端头应完整清洁，引出线的线夹应紧固，无发热现象。

3. 运行中的电缆维护

(1) 电缆走向标牌齐全，在埋设电缆的地方禁止挖土、打桩、堆积重物、泼洒酸碱等腐蚀物。

(2) 如需挖掘电缆应停电进行，若无法停电，应有熟悉现场情况的人员指挥操作。

(3) 挖出的电缆上面严禁人踩或压折。

(4) 运行中的电缆禁止移动，已移动的电缆，应通过试验合格后，才允许投入运行。

4. 电力电缆消缺预试的验收

(1) 电缆排列整齐，无机械损伤。

（2）电缆的固定、弯曲半径、有关距离符合要求。

（3）电缆终端的相色正确，电缆终端、电缆接头安装固定。

（4）电缆沟内无杂物，盖板齐全。

（5）电缆支架等的金属部件防腐层完好。

（6）全部电气试验合格。

5．电力电缆的异常运行及处理

（1）应加强对电力电缆特别是电缆头的巡视检查，尤其是夜间闭灯检查时，发现电缆头有轻微放电现象，应及时检修处理；发现电缆头放电现象严重时，应采取紧急停电等措施，立即检修处理。电缆头漏油应根据漏油程度监视其运行，如漏油严重，应立即检修处理；电缆头爆炸，应立即停电。

（2）电缆发生过负荷运行，应及时减少负荷。

（3）巡视检查发现电缆有鼓肚现象应检修处理。

任务四　风电场直流系统及运行维护

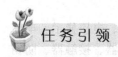

任务引领

直流系统是应用于各类发电厂、变电站和其他使用直流设备的用户，为信号设备、保护、自动装置、事故照明、应急电源及断路器分、合闸操作提供直流电源的电源设备。直流系统是一个独立的电源，它不受发电机、厂用电及系统运行方式的影响，并在外部交流电中断的情况下，保证由后备电源——蓄电池继续提供直流电源的重要设备。

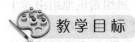

教学目标

1．熟悉直流系统的组成及各子系统、单元模块的工作原理。

2．熟练掌握风电场直流系统运行异常及处理。

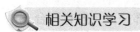

相关知识学习

一、直流系统概述

1．直流系统的组成

直流系统主要是由整流模块系统、监控系统、绝缘监测单元、电池巡检单元、开关量检测单元、降压单元和配电单元构成。

（1）整流模块系统。电力整流模块就是把交流电整流成直流电的单机模块，它可以多台并联使用。模块输出是110、220V稳定可调的直流电压。模块自身有较为完善的各种保护功能，如输入过电压保护、输出过电压保护、输出限流保护和输出短路保护等。

（2）监控系统。监控系统是整个直流系统的控制、管理核心，其主要任务是对系统中各功能单元和蓄电池进行长期自动监测，获取系统中的各种运行参数和状态，根据测量数据及运行状态及时进行处理，并以此为依据对系统进行控制，实现直流系统的全自动管理，保证其工作的连续性、可靠性和安全性。

（3）绝缘监测单元。直流系统绝缘监测单元是监视直流系统绝缘情况的一种装置，可实时监测线路对地漏电阻。此数值可根据具体情况设定。当线路对地绝缘电阻降低到设定值时，就会发出告警信号。

（4）电池巡检单元。电池巡检单元就是对蓄电池在线电压情况巡回检测的一种设备。可以实时检测到每节蓄电池的电压，当某一节蓄电池电压不在设定值时，电池巡检单元就会发出告警信号，并能通过监控系统显示出是哪一节蓄电池发生故障。

（5）开关量检测单元。开关量检测单元是对开关量在线检测及告警干接点输出的一种设备。例如，由于上下级直流断路器保护动作特性不匹配，在直流系统运行过程中，当下级用电设备出现短路故障时，经常引起上一级直流断路器的越级跳闸，从而引起其他馈电线路的断电事故。在整套系统中，断路器发生故障跳闸或熔断器熔断后开关量检测单元就会发出告警信号，并能通过监控系统显示出是哪一路断路器发生故障跳闸或哪路熔断器熔断。

（6）降压单元。降压单元就是降压稳压设备，是合闸母线电压输入降压单元，降压单元再输出到控制母线，调节控制母线电压在设定范围内（110V或220V）。当合闸母线电压变化时，降压单元自动调节，保证输出电压稳定。

（7）配电单元。配电单元主要是直流屏中为实现交流输入、直流输出、电压显示、电流显示等功能所使用的器件，如电源线、接线端子、交流断路器、直流断路器、接触器、防雷器、分流器、熔断器、转换开关、按钮、指示灯及电流、电压表等。

2. 风电场的直流系统

风电场直流系统电压为220V，选用智能高频开关直流电源，整流模块$N+1$热备份。设置两组220A·h阀控式密封铅酸蓄电池，两组蓄电池均采用单母线接线，每组蓄电池设一段母线，两段母线间设置联络开关，正常运行时联络开关断开运行。每组蓄电池组由若干只电池组成。直流系统正常情况下采用浮充电方式运行，事故放电后进行均衡充电。直流系统还配有微机直流绝缘检测装置。为监察直流系统电压、绝缘状况，监测直流系统接地故障，每段直流母线设置有直流系统接地检测装置。

220V直流系统一般由免维护阀控式密封铅酸蓄电池、高频开关电源整流装置、电源监控系统、微机直流绝缘检测装置、直流馈线等组成。

（1）智能高频开关。直流系统风电场220V直流系统电源充电部分，一般有两台充电柜，每台充电柜均有两路交流电源，分别取自380V场用电Ⅰ、Ⅱ段母线；交流电源为工作电源，蓄电池组电源热备用。当全场停电时由两组直流蓄电池提供直流电源，从而保证直流负荷的不间断供电。每台高频充电器配置有n个智能高频开关整流装置，分2组运行。每组中的任意一个整流器故障时会自动退出，不会影响并联运行的其他整流器。需要检修时，可以实现热插拔。高频开关电源正常时除向直流负荷供电外，还对蓄电池进行浮充电，保证蓄电池组的电压。智能高频开关直流电源充电模块可自动实现蓄电池组浮充、均充的转换。

智能高频开关直流系统主要由交流配电单元、高频开关整流模块、蓄电池组、降压装置、开关量检测、绝缘检测、电池巡检和集中监控模块等部分组成。

智能高频开关直流系统供电方式为当交流输入正常时，两路交流输入经过交流切换控制选择其中一路输入，并通过交流配电单元给各个充电模块供电。充电模块将输入三相交流电转换为220V的直流电，经隔离二极管隔离后输出，一方面给蓄电池组充电，另一方面给直流母线供电。两路交流输入故障停电时，充电模块停止工作，此时由蓄电池组不间断向直流母线供电。监控模块监测蓄电池组电压及放电时间，当蓄电池组放电到一定程度时，监控模块会发出告警。交流输入恢复正常后，充电模块对蓄电池组进行充电。

监控模块对直流系统进行管理和控制，信号通过配电监控分散采集处理后，再由监控模块统一管理，在显示屏上提供人机操作界面，具备远程管理功能。系统还可以配置绝缘检测、开关量检测、蓄电池巡检等，获得系统的各种运行参数，实施各种控制操作，实现对电源系统的"四遥"功能。

（2）直流系统蓄电池组的管理。蓄电池组是直流系统中不可或缺的重要组成部分，对蓄电池组良好的维护监测显得尤其重要。蓄电池充电设备采用智能化微机型产品，具有恒压恒流性能。稳态浮充电电压的偏差不大于±0.5%，充电电流偏差不大于±2%，波纹系数不大于1%，满足蓄电池充放电的要求。

蓄电池组采用熔断器保护，充电浮充电设备进线和直流馈线采用断路器保护。

所谓的免维护密封蓄电池，也只是无需人工加酸加水，而并非真正意义上的免维护；相反，其维护要求变得更高。智能高频开关直流系统具有先进的电池管理功能；监控电池的充电电压、充放电电流、环境温度补偿、维护性定期均充等。

阀控式密封铅酸蓄电池各种运行状态下的程序如下：

1）正常充电程序：用0.1C、10A（可设置）恒流充电，电压达到整定值（2.30～2.40）V×n（n为单体电池节数）时，微机控制充电浮充电装置自动转为恒压充电，当充电电流逐渐减小，达到0.01C、10A（可设置）时，微机开始计时，3h后，微机控制充电浮充电装置自动转为浮充电状态运行，电压为（2.23－2.28）V×n。

2）长期浮充电程序：正常运行浮充状态下每隔1～3个月，微机控制充电浮充电装置自动转入恒流充电状态运行，按阀控式密封铅酸蓄电池正常充电程序进行充电。

3）交流电中断程序：正常浮充电运行状态时，如电网事故停电，此时充电装置停止工作，蓄电池通过降压模块，无间断地向直流母线送电。当电池电压低于设置的告警限值时，系统监控模块发出声光告警。

4）交流电源恢复程序：交流电源恢复送电运行时，微机控制充电装置自动进入恒流充电状态运行，按阀控式密封铅酸蓄电池正常充电程序进行充电。

5）蓄电池温度补偿：阀控式密封铅酸蓄电池在不同的温度下对蓄电池充电电压做相应的调整才能保障蓄电池处于最佳状态，蓄电池管理系统监测环境温度，升压变电站可根据厂家提供的参数，选择使用电池温度补偿功能，这样，系统便可以监测环境温度变化，自动调整蓄电池充电电压，以满足蓄电池充电要求。

二、直流系统的运行与维护

1. 直流系统的运行

直流系统的各组成部分对风电场运行起着重要作用，尤其作为后备电源蓄电池的性能和质量直接关系到风电场的稳定运行和设备的安全。直流系统的绝缘检测、巡视、异常运行及事故处理应引起足够重视。

直流系统正常情况下采用浮充电方式运行，事故放电后进行均衡充电。

（1）直流系统的运行操作。

1）高频开关电源充电器投入前的检查项目：高频开关模块良好，充电器出口开关良好，充电器监控系统良好。

2）高频开关电源充电器投入运行：合上充电器出口开关、充电器交流侧电源开关，监测充电器高频开关模块和微机监控系统正常运行，模块均流小于3%。

3）高频开关电源充电器停止运行：断开充电器交流侧电源开关，拉开充电器出口刀开关。蓄电池在进行定期均衡充电及放电期间，应避免设备的分合闸操作。正常运行中，备用充电器出口刀开关断开，备用充电器空载运行。

（2）蓄电池充电方式。

蓄电池组采用熔断器保护，充电浮电设备进线和直流馈线采用断路器保护。

1）蓄电池正常运行方式：浮充电方式。

2）蓄电池均衡充电方式：阀控式密封免维护蓄电池组深度放电或浮充电时，单体电池的电压和容量都有可能出现不平衡，为此适当提高充电电压，这种充电方法称为均衡充电。一般三个月进行一次。

3）蓄电池定期充放电方式。新装或大修后的阀控式密封免维护蓄电池组应进行全核对性放电试验，此后每隔2~3年进行一次核对性试验，6年后每年进行一次核对性放电试验。

（3）直流系统绝缘检测装置。每段直流母线提供一套直流系统绝缘检测装置，为保证绝缘检测装置精度，各回路直流电流传感器应为毫安级产品，并与绝缘检测装置组合成套，该装置应为独立的智能型装置。

直流系统绝缘检测装置的主要功能是在线检测直流系统的对地绝缘状况（包括直流母线、蓄电池回路、每个电源模块和各个馈线回路绝缘状况），并自动检出故障回路。绝缘检测装置可与成套装置中的总监控装置通信。

2. 正常巡视检查项目及运行规定

目前，电力直流系统特点是高频开关模块型充电装置已基本取代相控型硅整流充电装置，阀控密封免维护铅酸蓄电池已逐步取代固定型铅酸蓄电池。风电场直流系统一般有运行人员进行日常巡检工作，检修维护人员定期对直流设备进行一般性的日常定检检查和简单的电池电压测量等工作。风电场一般随机组大小对直流系统进行核对性放电测试。智能高频开关直流电源系统可通过监控串口与变电站后台的监控实现通信，可在调度端实现对直流系统的"三遥"。运行人员或专职直流维护人员定期对直流设备进行一般性的清扫、日常检查等工作。对充电设备进行巡检，对蓄电池组进行日常维护和年度放电核对容量。

完整的直流系统维护应建立明确的直流系统维护制度，不但包括蓄电池日常定检，定期对蓄电池组做放电实验，还要定期测试充电设备的稳压精度、稳流精度及纹波系数、充电机效率等性能参数，还包括上下级直流断路器匹配特性检查。

（1）直流充电装置的正常巡视检查。

1）充电模块的声响、气味、风扇运转正常，直流系统的充电方式正确。

2）蓄电池电流、总电流表指示稳定正确，直流合闸母线电压指示在允许范围内。

3）交流侧及直流侧熔断器无熔断。

4）充电模块、供电模块上电正常，"浮充"指示灯亮；"输入"指示灯在均衡充电状态下亮；"故障"指示灯在模块有故障时亮。

5）各元器件无过热现象，导线各连接点牢固。

（2）蓄电池的正常巡视检查。

1）室内清洁，温度正常，排风、照明良好。

2）连接片无松动和腐蚀现象，极柱与安全阀周围无酸雾溢出。

3）壳体无渗漏和变形；电池密封良好，无腐蚀现象；电解液无渗漏、溢出现象。

4）各接头压接良好，无过热、泛碱现象。

5）浮充状态下蓄电池单体电压值正常，单个电池电压在正常范围内。

6）蓄电池温度符合规定值。

（3）充电屏和直流馈电屏的检查维护。

1）定期清洁蓄电池壳体、充电机柜、直流馈线柜。

2）充电器、绝缘监测装置功能齐全，面板指示正确；各种电压表、电流表指示正确；直流馈电屏直流负荷电源指示灯显示正确，与实际运行方式相符。

3）屏后端子排接触良好，无松动；直流母线绝缘情况正常，无报警现象。

4）正常时直流母线电压应维持在（230±10）V。如遇异常，应及时进行相应的调整，使其保持在规定范围内。

（4）蓄电池运行规定。

1）蓄电池组采用浮充电运行方式。以浮充电方式运行时，严禁充电器单独带母线或蓄电池长时间单独带母线运行。

2）蓄电池对温度要求较高，运行时应控制在标准使用温度范围内。温度太低，会使其容量下降；温度过高，则会缩短其使用寿命。

3）直流各分段母线联络刀开关正常运行时，应处于断开状态，只有在各分段直流母线电源部分进行相关检修或工作时，才能投入。

4）不允许将两组蓄电池并列运行。

（5）蓄电池常见问题分析。

1）漏液：机械损伤和制造时密封不严，密封材料老化，极柱腐蚀，或者电池寿命终止后继续使用。

2）蓄电池鼓胀：个别电池鼓胀导致电池安全阀失效。当内部压力超过一定限度时，蓄电池有发生破裂的危险；一组电池鼓胀是由于环境温度高、充电器故障等。通常是由于充电电流过大导致蓄电池发热量大，进而导致蓄电池温度上升。

3）蓄电池过放电：过放电即超过电池放电终止保护电压之后的继续放电。过放电危害是生成的 $PbSO_4$ 在充电时不能完全恢复成活性物质，导致电池容量下降，根据负载电流调整放电终止保护电压。

4）电池组个别电池电压异常：当电池电压小于 2.1V 时，表明内部存在短路的可能；当电池电压大于 2.5V 时，内部存在断路的可能，包括极群或串联连接存在虚焊、负极板极耳、汇流排产生泥状硫酸盐化等。

（6）蓄电池的维护要点。

1）做好日常监测工作，保证蓄电池组处于正常工作环境（电压、电流、温度）。浮充电时单体电池电压差最大为 50mV；均充电时电流不大于 0.1C；环境温度控制在 5～25℃之间，通风散热良好。阀控式铅酸蓄电池的"贫液"式设计，使得电池对环境温度非常敏感（每增加 10℃，寿命减少一半）。所以，良好的运行环境非常重要。

2）每年做一次容量核对性放电，选择 50％～100％C。

3）发现异常电池及时处理，宜采用对单体电池进行处理，可采用活化仪活化，进行补充电；如不行再进行更换。

4）对阀控电池不宜采用整组电池充电的方式对个别电池补充电，以防止其他正常电池被过充。

5）注意电池间的连接电阻，在 1C 的放电电流下，每两个单体电池极柱间的电压降应小于 8mV。

6）对充电机要求纹波系数小，并有温度补偿（$-3\sim-6$mV/℃）；由于电池品牌、型号及电池状况的不同，应根据实际情况通过监控模块重新调整电池充电参数，以保证电池处于良好工作状态。

3. 直流系统异常运行及事故处理

(1) 直流母线电压过高或过低。

现象：

1）警铃响，"直流母线电压异常"报警。

2）母线电压表指示高于或低于规定值。

3）"直流系统熔断器熔断""充电装置故障""直流系统故障"信号灯亮。

处理：

1）检查母线电压值，判断监控器动作是否正确。

2）调整充电器输出，使母线电压恢复正常。

3）检查充电器是否故障跳闸，如某一组充电器故障跳闸，应立即检查充电器四路交流电源是否正常，监控器盘后互投控制熔断器是否熔断。

(2) 直流系统接地。

现象：

1）报警响，"直流母线绝缘降低"报警。

2）直流母线绝缘监视装置有接地现象，一极对地电压降低或为零，另一极电压升高或为 220V。

处理：

1）根据微机直流绝缘监测装置显示情况，确定接地回路，假如报多个回路接地，则应重点选择报出绝缘电阻值最小的回路。

2）查接地负荷应根据故障支路检修、操作及气候影响判断接地点。用瞬停法进行查找，先低压后高压、先室外后室内的原则，无论该支路接地与否，拉开后应立即合上。

3）切换绝缘不良设备。

4）根据天气、环境及负荷的重要性依次进行查找；对接地回路进行外部检查，确定是否因明显的漏水、漏气所造成。

在故障查找过程中，注意不要造成另一点接地；直流接地运行时间不得超过 2h。

(3) 蓄电池熔断器熔断。

现象：

1）警铃响，"直流系统熔断器熔断""直流系统故障"报警。

2）"直流母线电压异常"光字牌亮。

处理：若供电模块交流电源消失，此时应拉开故障两路直流输出总开关，更换蓄电池熔断器后，再合上两路直流输出总开关。

（4）220V 直流母线电压消失。

现象：

1）220V 母线电压指示到零。

2）"充电装置故障""直流系统熔断器熔断""直流系统故障""控制电路断线"报警。

处理：

1）若此时供电模块交流电源消失，应检查蓄电池熔断器是否熔断。

2）如母线上有明显故障点，应立即切除故障点，恢复供电。

（5）充电器故障。

现象：

1）"充电器故障"信号发出。

2）充电器输出电压、电流到零。

3）充电器运行灯灭。

处理：

1）检查充电器跳闸原因。

2）过电压、过电流动作可手动复位。

3）交流电源故障，查明原因，恢复正常运行。

4）充电器确属故障跳闸无法立即恢复，应手动投入备用充电器，恢复母线电压。

4. 直流断路器匹配特性检查

在直流回路中，熔断器、断路器是直流系统各出线过流和短路故障主要的保护元件，可作为馈线回路供电网络断开和隔离之用。其选型和动作值整定是否适当及上下级之间是否具有保护的选择性配合，直接关系到能否把系统的故障限制在最小范围内。这对防止系统破坏、事故扩大和主设备严重损坏至关重要。

（1）小型直流断路器的级差配合要求。《国家电网公司十八项电网重大反事故措施》规定各级熔断器的定值整定，应保证级差的合理配合。上、下级熔体之间额定电流值，应保证 2~4 级级差，电源端选上限，网络末端选下限。为防止事故情况下蓄电池组总熔断器无选择性熔断，该熔断器与分熔断器之间应保证 3~4 级级差。

直流系统发生越级跳闸或越级熔断事故的根本原因就是小型直流断路器的级差配合不正常。当短路电流大时也有可能造成越级跳闸的事故。要彻底解决小型直流断路器越级跳闸或直流熔断器无选择性的越级熔断，就要测试小型直流断路器和熔断器安秒特性。

（2）电力直流系统中小型直流断路器和直流熔断器的配合。

1）交直流断路器不能混用：由于交直流的燃弧及熄弧过程不同，额定值相同的交直流断路器开断直流电源的能力并不完全一样，用交流断路器代替直流断路器或交、直流断路器混用是保护越级误动的主要原因之一。

2）为了保证级差配合最好选择按同一型号、同熔体材料确定上、下级差，从而保证满足选择性，对不同厂家、型号的熔断器配合，应加大级差。

3）熔断器采用热效应原理，而断路器是磁效应与热效应相结合，安秒特性曲线不同，配合级差也不同。对于断路器之间、断路器与熔断器之间的级差配合不应照搬熔断器间的配合规定。

4）熔断器与断路器（两段式）间及同型两段式断路器间的配合除应按设计规程执行外，还应核定最大短路电流不应超过上级元件额定电流的 8～10 倍。

5）不同型号断路器的配合应考虑断路器的固有动作时间，必须保证上级断路器固有动作时间不小于下级固有动作时间。推荐采用上级塑壳式断路器、下级微型断路器的配合。

小　结

1. 风电场常用的电气主接线形式。
2. 风电场母线的正常巡视检查（共五项）和特殊巡视检查（共六项）的内容。
3. 风电场母线异常运行及事故处理（共三项）。
4. 配电网架空线路的基本要求（共三项）。
5. 架空线路的基本组成。
6. 架空配电线路的巡视检查方式（共四种）。
7. 架空配电线路巡视检查的主要内容（共七项）。
8. 架空配电线路异常运行及事故处理（共四项）。
9. 电力电缆的组成。
10. 电力电缆运行与检修的注意事项（共七项）。
11. 电力电缆的异常运行及处理（共三项）。
12. 直流系统的组成。
13. 直流充电装置的正常巡视检查内容（共五项）。
14. 直流系统异常运行及事故处理（共五项）。

复习思考题

1. 简述风电场常用的电气主接线形式。
2. 简述架空配电线路的事故处理方法。
3. 配电网架空线路的基本要求是什么？
4. 对比架空线路和电力电缆的优缺点。
5. 电力电缆运行与检修的注意事项有哪些？
6. 风电场直流系统由几部分组成？
7. 列举直流系统故障的处理方法。

项目六　风电场变电站电气设备运行与维护

项目描述

　　电力变压器、高压断路器、隔离开关等都是电力系统中最重要的电气设备。电力变压器在正常运行情况下的运行状态将直接影响着变电站母线、断路器和隔离开关的状态。电抗器和电容器能够对电气系统稳定运行和信号传输起到帮助，作为辅助设备在电力系统中也有着特殊的地位。继电保护设备是变电站安全稳定运行的核心，通过继电保护设备和其他二次回路设备配合工作，能够实现对变电站主要电气设备和输配电线路的自动控制、监视、测量和保护等功能。

　　本项目完成以下七个学习任务：

　　任务一　变压器运行与维护

　　任务二　开关设备运行与维护

　　任务三　电抗器、电容器运行与维护

　　任务四　高压互感器运行与维护

　　任务五　变电站避雷与接地装置运行与维护

　　任务六　组合电器运行与维护

　　任务七　二次回路及继电保护

学习重点

1. 能够完成变压器运行巡视检查（巡检）。
2. 掌握变压器异常运行的表征状态。

学习难点

1. 变压器运行维护项目。
2. 变压器事故时的自救与故障扩展延缓措施。

特别提示

　　在本项目学习过程中，如需进行现场实操练习或现场的认识实习，请在学习《电力安全工作规程（发电厂和变电站电气部分）》之后进行。如无法满足学习条件，请遵循以下基础安全规程！

　　（1）任何参加实操的师生在未经现场工作人员许可的情况下严禁进入现场。

　　（2）在经过现场工作人员许可后，进入现场进行学习的师生，在进行巡视高压设备实习时，不得移开或越过工作围栏和遮栏。

（3）雷雨天气不可以进行室外高压设备实习。若确实需要巡视室外高压设备，所有参与实习的人员都应穿绝缘靴，且不得靠近避雷器和避雷针。

（4）在实习过程中严禁师生接触高压设备外壳，避免感应电伤或烫伤。

（5）禁止单独一人进行高压设备实习，实习过程中，特别是操作过程中应最少两人同行。

（6）所有参与实习的师生，在实习现场人体与带电设备的距离不得小于规程规定的安全距离，避免发生电击事故。

（7）高压带电设备不停电时的安全距离。10kV 及以下：0.7m；35kV：1.0m；110kV：1.5m；220kV：3.0m；500kV：5.0m；750kV：7.2m；1000kV：8.7m；± 500kV：6m；±660kV：8.4m；±800kV：9.3m。

以上 7 点必须在进入实习或实训现场前认真学习，并熟记！

任务一　变压器运行与维护

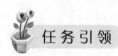
任务引领

变压器运行过程中的维护、检修等工作主要是为了使变压器能够尽量保持在正常运行状态，尽量少的时间在异常运行状态，尽量不出现故障状态。

主要任务有：

（1）熟悉如何进行变压器巡检，并了解巡检过程中的关键巡检点。

（2）了解巡检等方式，尽早地从声音、气味等方面来发现变压器异常点。

（3）处理变压器异常运行状态。

（4）通过结合大型设备，完成变压器的维修。

教学目标

1. 掌握变压器运行巡视检查（巡检）时的关键检查点。
2. 掌握变压器异常运行时的变压器声、光、震动、气味等表现。
3. 掌握变压器事故时的自救与故障扩展延缓措施。
4. 掌握变电站用电系统的运行维护。
5. 了解变压器事故的危险性。
6. 理解变电站用电系统在变电站中的作用。
7. 熟悉变压器检修的关键点及维护方法。

相关知识学习

一、变压器正常运行与检查

1. 变压器的并联运行

考虑到变压器的制造质量不可能绝对可靠，电网安全稳定的运行和降低电力系统运行过程中的电能损耗，在变电站中的主变压器通常采用两台或三台并联方式运行，这种运行方式被称作变压器的并联运行。

变压器的并联运行接线是所有并联变压器的一次绕组和二次绕组分别以端子对端子直接连接，共同运行；并联运行方式要求所并联的所有变压器之间没有循环电流；并联运行的变压器要求，若一台并联运行的变压器因故障退出运行，其余变压器仍能够满足变电站100%运行负荷要求。

但从经济角度来说，并联运行的变压器也不是越多越好，过多并联运行的变压器会使变电站的接线复杂、占地增加，直接带来的就是总投资的增加；同时过多并联运行的变压器也会增加变电站运行人员巡视、继电保护维护和设备操作的工作量。

所以，一般的变电站当中通常都采用两台或三台并联运行。

（1）并联运行的必要条件。

1）所有并联运行变压器的一、二次侧电压比必须相等，也可描述为所有并联运行变压器的一次绕组额定电压与二次绕组额定电压之比必须相等。

2）各变压器连接组标号中的数字要相同，也可描述为二次侧电压对一次侧电压的相位移相同。

3）为了使负荷分配合理，要求各变压器的阻抗电压百分数相等。

（2）并联运行变压器间的循环电流，这里以两台变压器为例来介绍循环电流。

即使变压器在空载运行，也会由于两台变压器二次侧电压不相等，电流从电压高的一台变压器向电压低的一台变压器输送电流，从而在并联的二次绕组中产生循环电流。循环电流 I_C 的大小与并联变压器的阻抗电压百分数有关，其计算式为

$$I_C = \pm (U_A - U_B) \left(\frac{U_{kA}\%U_A}{100I_{An}} + \frac{U_{kB}\%U_B}{100I_{Bn}} \right)^{-1} \qquad (6-1)$$

式中　　U_A、U_B——变压器 A 和 B 的二次侧线电压，若 $U_A > U_B$，则在变压器 A 和 I_C 取正号，变压器 B 取负号；

　　　　I_{An}、I_{Bn}——变压器 A 和 B 的额定二次侧线电流；

$U_{kA}\%$、$U_{kB}\%$——变压器 A 和 B 的阻抗电压百分数。

（3）常用连接组标号端子变换法。变压器连接组标号中的数字可归纳为 4、8、0，10、2、6，1、5、9 及 7、3、11 等 4 组。对同一组中数字不同的变压器，将相应端子的标志按图 6-1 变换后，使连接组标号中的数字相同，就仍可并联运行。

1、5 和 7、11 两类的并联运行，其端子的改接方法如图 6-1 所示。

2. 变压器的经济运行

变压器在电力系统中是比较特殊的电气设备，这是因为变压器的运行时间长，且负荷呈日周期、季节周期和年周期变化很大。如何使得变压器在比较经济的状况下运行，也是电力系统中变压器正常运行过程中需要时刻关注的问题；另一方面变压器的经济运行也是电力系统正常运行时降低电力系统网损的主要措施之一。

在电力系统中，所有的设备都不可能达到100%效率运行。变压器在传输和变换电能过程中，本身就要消耗一部分能量。一方面是变压器变换电压时，铁芯所需和产生的励磁电流在铁芯中造成的能量损耗，这部分损耗在正常情况下是不变的，属于不变损耗，通常被称作铁损；另一方面是变压器内部绕组和线缆带来的能量损耗，这些损耗能够通过电阻定律简单

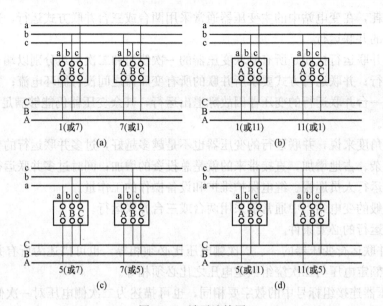

图 6-1 端子连接图

（a）1、7 端子连接；（b）1、11 端子连接；（c）5、7 端子连接；（d）5、11 端子连接

理解，这部分能量损耗的大小会跟随周围温度、负荷大小改变，属于可变损耗，通常被称作铜损，这部分损耗通常与变压器负载电流的平方成正比。

（1）一台变压器经济运行条件。根据能量守恒原理可以列出下式：

$$P_1 = P_2 + P_{ke} + P_0 \qquad (6-2)$$

式中　P_0——铁损；

　　　　P_1——输入功率；

　　　　P_2——输出功率；

　　　　P_{ke}——铜损。

同时为了衡量变压器电压变换时的传输效率，通常将变压器的输出和输入功率之比称为变压器的效率 η：

$$\eta = \frac{P_2}{P_1} \qquad (6-3)$$

由以上两式可得

$$\eta = \frac{P_2}{P_2 + P_{ke} + P_0} \qquad (6-4)$$

如果二次侧的电压变化可以忽略不计，则变化负荷的输出功率为

$$P_2 = \beta P_e \cos\phi_2$$
$$\beta = \frac{I_2}{I_{2e}} \qquad (6-5)$$

式中　β——负载系数；

　　　　I_2——实际负荷电流；

　　　　I_{2e}——二次侧额定电流；

　　　　P_e——变压器的额定功率；

$\cos\phi_2$——输出功率为 P_2 时的功率因数。

又因为铜损与负荷电流的平方成正比，所以变压器带任意负荷时的铜损功率为

$$P_k=\left(\frac{I_2}{I_{2e}}\right)^2 P_{ke}=\beta^2 P_{ke} \tag{6-6}$$

所以式（6-4）也可写成

$$\eta=\frac{\beta P_e\cos\phi_2}{\beta P_e\cos\phi_2+\beta^2 P_{ke}+P_0} \tag{6-7}$$

由上式可知，如果功率因数不变，变压器效率是随着负荷的变化而变化的。

这里我们给出一个变压器经济符合系数

$$\beta=\sqrt{\frac{P_0}{P_{ke}}} \tag{6-8}$$

（2）两台变压器的经济运行。

1）变压器参数相同时的运行。已知变压器中的铜损与变压器负荷电流的平方成正比，所以在运行中势必会存在一个负荷值使得两台变压器运行和一台变压器运行的总损耗相等，这个负荷值称为临界负荷。当变电站总负荷小于临界负荷时，一台变压器运行较为经济，反之亦然。

2）变压器参数不相同时的运行。实际使用中不可能存在两台变压器参数完全一致的变压器，但为了能够得到不同负荷时的经济运行方式，通常使用列表的方法把每台变压器在不同负荷时的损耗列出，同时列出两台变压器同时运行时的损耗，用最小值来划定一个不同运行方式和负载的关系表。

3. 变压器的检查

变压器检查也可以称作变压器的巡检，这类检查与断路器等设备的巡检统一称为变电站的巡视检查（巡检）。

在变压器正常运行情况下，对变压器的检查通常可以用望、闻、听、测来总结。

望即通过目视观察来确定变压器外壳是否良好，绝缘套管是否有裂纹或脱落，变压器油是否在正常位置，变压器吸湿器是否发生变色反应，等等。

闻即通过闻变压器周围是否有异味。

听即通过听变压器运行声音来判断变压器内部是否运行正常，变压器是否处于过负荷运行状态，或变压器油循环泵和变压器风冷电机是否故障，等等。

测是通过红外测温设备来测量变压器主体外壳，一、二次出线接头和分解开关等关键位置温度是否正常。

除以上四字总结外，变压器的日常检查还要通过继电保护小室内的继电保护设备动作情况和故障录波仪来判断变压器的运行是否正常。

变压器巡检的关键检查点具体总结如下：

（1）检查变压器的油温指示是否正常。

（2）检查油位，根据温度与油位的对应关系判断油位是否正常。

（3）监听（视）声音和振动，注意异常的声音和振动。

（4）检查有无漏油、渗油现象，箱壳上的各种阀门状态是否符合运行要求，特别注意阀门、表计、法兰连接处及焊缝等。

（5）检查呼吸器硅胶应呈蓝色，当硅胶整体 2/3 以上变为粉红色时应及时更换；检查油封杯油位、油色是否正常。

（6）瓦斯继电器有防雨罩，且封盖完好。

（7）变压器本体无小动物筑巢现象。

（8）外壳及接地良好。

二、变压器的维护检修

1. 预防变压器绝缘击穿事故

（1）防止水分和空气进入变压器。

1）变压器在运输和备用存放时必须进行密封处理。

2）运行和密封存放的变压器主要密封检查点是变压器本体和冷却系统的各个连接部位。

3）变压器的水冷却器和潜油泵在安装前必须按照制造商使用说明书逐台检漏测试，必要时要进行解体检查。

4）要保证安全气道与储油柜和外部环境连通并通畅，定期清理储油柜内部的积水。

5）呼吸器油封要保持油位在正常位置，且要保证呼吸器的畅通；同时保证干燥剂不失效。

6）新安装或放油大修后的变压器要严格按照使用说明书要求进行抽真空和注油，以达到要求的变压器真空度、抽真空时间和注油速度。

7）变压器投入运行前要完全排净内部空气，特别是套管、油管道中和冷却器中的残存气体。

8）当进行变压器的带电补油作业时，必须先将储油柜中的积水放尽。

9）当气体继电器动作时，要及时取气检查，并做油色谱分析。

10）当套管存在将军帽结构时，要特别关注其是否存在积水，在不存在改造条件时要定期检查其密封性，防止水分从绝缘套管顶部进入变压器。

（2）防止杂物进入变压器。

1）对没有制造厂特殊要求的变压器，在安装时必须吊罩或进入检查，必要时吊心，彻底清除杂物。

2）安装前必须清理油管、冷却器和潜油泵内部，并用干净绝缘油冲洗。

3）变压器如果安装有净油器，要定期检查活性氧化铝或硅胶是否冲入变压器。

4）潜油泵轴承必须使用 E 级或以上级别轴承。

5）变压器因内部故障跳闸时应立即切断潜油泵。

6）变压器中使用的滤油网禁止使用铜丝滤网。

7）要防止真空滤油机轴承磨损或是滤油滤网损坏造成的杂物进入变压器。

8）潜油泵和净油器在安装和大修时，必要时要解体检查。

（3）防止绝缘受伤。

1）在变压器吊罩时要防止绝缘受伤，特别要防止引线根部和绕组绝缘受伤。

2）在变压器内部检查时要拧紧螺栓、压钉，防止运行中受到电流冲击发生变形。

3）在变压器检修和安装过程中更换的绝缘部件必须试验合格，同时需经过干燥处理。

（4）防止绕组温度过高。

1）合理控制变压器运行时的油温。

2）变压器必要时要进行温升试验来确定负荷能力。

3）强迫油循环的变压器冷却系统故障时，要严格遵照制造厂的允许负荷时间来运行。

4）强迫油循环变压器冷却系统必须有两个可靠电源。

5）风冷却器的电动机要定期维护，同时风扇叶片应平衡校准。

6）强迫油循环的风冷却器要定期使用压缩空气或水清洗。

7）对运行时间超过 10 年的变压器要定期进行糠醛含量测定来确定绝缘老化程度。

（5）防止过电压击穿。

1）对于中性点有效接地系统的中性点不接地运行的变压器，必须装设过电压保护。

2）薄绝缘变压器必须配合氧化锌避雷器使用。

（6）防止工作电压下的击穿事故。

1）对新装和大修后的 110kV 及以上电压等级变压必须进行局部放电试验，同时要求感应试验电压达到 1.3～1.5 倍最大工作相电压。

2）对于 110kV 及以上的变压器油中一旦出现乙炔，必须缩短检测周期。

3）对于运行中出现油色谱异常的变压器，必须进行局部放电试验。

4）对于 110kV 及以上的三相变压器，根据检测结果怀疑存在围屏树枝状放电的时候，必须解开围屏检查。

5）额定电压 110kV 及以上变压器投运时，必须逐台启动散热器。

（7）防止保护装置误动、拒动。

1）变压器保护装置在投运前必须做好交接试验，定期做好校验。

2）气体继电器保护应安装调整正确，定期检验，气体继电器禁止在新安装或大修后的变压器投运 1h 内调整。

3）跳闸电源必须可靠。

4）发生过出口或近区短路的变压器，必须对绕组进行变形测量。

2. 预防铁芯多点接地和断路故障

（1）铁芯吊检时，如有多点接地，必须消除多点接地故障。

（2）安装变压器时，要检查钟罩顶部与铁芯上夹件的间隙，避免触碰发生。

（3）运输时的铁芯固定连接，在安装时要完全脱开。

（4）穿心螺栓的绝缘必须良好，同时要避免金属底座触碰铁芯。

（5）铁芯及铁轭静电屏蔽引线应紧固完好，防止出现电位悬浮放电。

（6）铁芯或夹件通过套管引出接地的变压器，要将接地线引至适当的位置，并在运行中监视接地线中有无环流。当存在环流时，可以在接地回路中串入电阻限流，但电流不允许超过 300mA，且此种限流方法只适用临时措施使用。

3. 预防套管闪络和套管爆炸事故

（1）定期对套管进行清洁，特别是污秽或严重污秽地区要涂防污涂料或更换加强套管。

（2）对于油纸电容式套管要定期对其介损、电容和油色谱进行分析。

（3）对于 110kV 及以上的变压器检修后必须进行介损和局部放电试验。

（4）采用油套管的变压器要对套管中的油位定期检查，同时要及时处理漏油和渗油事故。

（5）运行检查中要对套管引出线端子温度进行详细检查和记录。

4. 预防引线事故

(1) 在日常运行检查中，要检查引线、均压环、引线支架有无变形。

(2) 在检修变压器时注意去掉裸露引线上的毛刺及尖角，防止在运行中发生放电击穿，发现引线绝缘有损伤的应予修复。

5. 防止变压器火灾事故

(1) 变压器放油后，进行电气试验时，严防因感应高压打火或通电时发热，引燃油纸等绝缘物。

(2) 事故储油坑应保持在良好状态，卵石厚度符合要求。储油坑及排油管道应畅通，事故时应能迅速将油排出，防止油排入电缆沟内。

(3) 室内变压器也应有储油或挡油矮墙，防止火灾蔓延，洞内变压器设法安装自动、遥控的水喷雾或其他灭火装置。

三、变压器异常运行及事故处理

1. 变压器的异常运行

(1) 声音异常。

1) 变压器正常运行时的声音。虽然变压器属于静止电机，但是在运行中还是会发出声音。这种声音是轻微、连续不断的"嗡嗡"声，这种噪声是连续均匀的，产生这种声音的原因有以下几点。

a. 励磁电流的磁场作用使硅钢片振动。

b. 铁芯的接缝和叠层之间的电磁力作用引起振动。

c. 绕组的导线之间或绕组之间的电磁力作用引起振动。

d. 变压器上的某些零部件引起振动。

2) 变压器声音变大。若变压器的声音比平时增大，且声音均匀，则有以下几种原因。

a. 电网发生过电压。

b. 变压器过负荷。

3) 变压器有杂声。若变压器的声音比正常时增大且有明显的杂声，但电流电压无明显异常时，则可能是内部夹件或压紧铁芯的螺钉松动，使得硅钢片振动增大。

4) 变压器有水沸腾声。若变压器的声音夹杂有水沸腾声，且温度急剧变化、油位升高，则应判断为变压器绕组发生短路故障，或分接开关因接触不良引起严重过热，这时应立即停用变压器进行检查。

5) 变压器有爆裂声。若变压器声音中夹杂有不均匀的爆裂声，则是变压器内部或表面绝缘击穿，此时应立即将变压器停用检查。

6) 变压器油放电声。若变压器内部或表面发生局部放电，声音中就会夹杂有"噼啪"放电声。发生这种情况时，若是在夜间或阴雨天气下，可看到变压器套管附近有蓝色的电晕或火花，则说明瓷件污秽严重或设备线夹接触不良，若变压器的内部放电，则是不接地的部件静电放电，或是分接开关接触不良放电，这时应将变压器做进一步检测或停用。

7) 变压器油撞击和摩擦声。若变压器的声音中夹杂连续有规律的撞击声和摩擦声，则可能是变压器外部某些零件（如表计、电缆、油管等）因变压器振动造成撞击或摩擦，或外来高次谐波源造成，应根据情况予以处理。

(2) 油温异常。运行中的变压器内部的铁损和铜损都会转化为热量。当发热与散热达到平衡状态时，变压器各部分温度趋于稳定。铁损基本不变，铜损随着负荷变化。温升通常是指变压器顶层油温与周围空气的差值。工作人员主要监视运行中变压器顶层油温，当发现在同样正常条件下，顶层油温比平时高出10℃以上，或者负载不变而顶层油温温度不断上升时，则判定为变压器内部出现异常。

通常此类异常可以分为两种情况，一是内部故障引起的温度异常；二是冷却器运行不正常引起的温度异常。

（3）油位异常。变压器的储油柜上的油位表一般都标有，−30、+20、+40℃三条标识线，对应变压器当前运行的最低和最高环境温度的油面标准位置。通常能够遇到的油位异常有以下几种：

1）假油位。此类异常是指变压器中的油位正常，但在油位表上的显示不正常或不变。由以下情况引起：

a. 油位表或油标管堵塞。

b. 油呼吸器阻塞。

c. 防爆管通气孔堵塞。

d. 变压器油枕内存有空气。

2）油面过低。油面过低应视为异常，因其低到一定限度时，会造成轻瓦斯保护动作；严重缺油时，变压器内部绕组暴露，会使其绝缘降低，甚至造成因绝缘散热不良而引起损坏事故。通常能够造成油位过低的原因有：

a. 变压器严重渗油。

b. 检修人员因工作原因多次放油后未做补充。

c. 气温过低且油量不足，或油枕容积偏小，不能够满足运行要求。

（4）外表异常。变压器外表异常大多表现为变压器表面污秽。由于目前运行的变压器已经基本淘汰防爆管，所以在介绍时就不针对防爆管介绍。具体造成污秽的原因如下：

1）压力释放阀异常。当变压器内部压力达到或超过压力释放阀的标准时，压力释放阀就会动作，表现为溢油或喷油。在压力释放阀动作后，压力释放阀会自动复位，运行巡视人员应通过结合故障录波器记录迅速对变压器异常进行处理。

2）套管闪络放电。套管的闪络放电会造成套管发热，导致绝缘老化受损甚至引起套管爆炸。通常原因如下：

a. 套管表面过脏，特别是在雪天和雨天。

b. 系统出现内部过电压或外部过电压，套管内存在放电点导致击穿。

3）渗漏油。这类异常容易与压力释放阀异常混淆，因为通常表现都是变压器本体油渍污秽。但此类异常的漏油点不同，渗漏发生点有以下位置：阀门系统、胶垫等。

（5）颜色、气味异常。

1）引线、线卡处过热引起异常。套管接线端部紧固部分松动或引线头线鼻子滑牙等；接触面发生严重氧化，使接触处过热，颜色变暗失去光泽，表面镀层也遭到破坏；温度很高时会发出焦臭味。

2）套管、绝缘子有污秽或损伤严重时发生放电、闪络，产生一种特殊的臭氧味。

3）呼吸器硅胶一般正常干燥为蓝色，其作用为吸附空气中进入油枕胶袋、隔膜中的潮气，以免变压器受潮，当硅胶蓝色变为粉红色时，表明受潮且硅胶已失效，一般粉红色部分超过 2/3 时，应予以更换。

4）附件电源线或二次线的老化损伤造成短路产生的异常气味。

5）冷却器中电机短路，分控制箱内接触器、热继电器过热等烧损产生焦臭味。

2. 变压器事故处理

（1）主变压器油温过高。如油温比以往同样条件下高出 10℃，且还在继续上升，则可断定变压器内部有故障。当差动保护和气体继电器保护不动作，但出现油色逐渐变暗，油温渐渐升高等情况时要立即报告，并将变压器停止运行，进行检修。

（2）主变压器漏油。由于漏油使油位迅速下降时，因油面过低（低于顶盖）而没有气体继电器保护动作致跳闸，将会损坏引线绝缘，所以禁止将气体继电器跳闸保护只作用于信号。有时变压器内部有"咝咝"的放电声，且变压器顶盖下形成了空气层，有很大的危险，所以必须迅速采取措施，阻止漏油。

（3）主变压器着火。主变压器着火时，应首先切断电源。若是顶盖上部着火，应立即打开事故放油阀，将油放至低于着火处，同时要用四氯化碳灭火机或砂子灭火，并注意油流方面，以防火灾扩大而引起其他设备着火。

如火势无法控制，应切断主变压器所有电源，切断主变压器周边设备电源，报告调度和上级机关，同时人员要迅速撤离至安全位置，联系消防部门。

（4）主变压器保护动作。请参照继电保护原理教材或参照运行手册和运行规程。

（5）其他故障情况。如有下列严重情况之一，应先将备用变压器投入运行，然后立即切除有故障的主变压器后，报告调度和上级机关。

1）变压器内部有强烈而不均匀的噪声，有爆裂的火花放电声音。

2）油枕或防爆筒喷油。

3）漏油现象严重，使油面降低至油位指示计的最低限值，且一时无法堵住。

4）油色变化过甚，油内出现明显强烈的碳质。

5）套管有严重的破损及放电炸裂现象，已不能持续运行。

6）在正常负荷和冷却条件下，变压器温度不正常，并不断上升。

四、站用电系统的运行与维护

1. 站用电系统的作用和重要性

站用电系统是指维持变电站正常运行和设备检修所需的一切用电负荷的总称，在变电站的站用电系统中，通常情况只存在 0.4kV 一个电压等级。变电站的站用电系统一般都由两台分别接自不同电源的站用变压器为变电站站用电系统供电。对于只有一台主变压器的变电站，一台站用变压器的电源取自本站主变压器低压侧母线，另外一台站用变压器的电源取自主变电站周边由其他变电站供电的配电网 10kV 或 35kV 线路；对于有两台或两台以上主变电站而言，两台站用变压器的电源要分别取自两台主变压器的低压侧；但是如果变电站只有一个电源点，站用变压器仍然需要从周边由其他变电站供电的配电网 10kV 或 35kV 线路取电。

如此复杂的站用电取电要求主要是因为变电站的站用电系统是保证变电站安全可靠输送电能的一个必不可少的环节，作为向变电站内的一、二次设备供电的电源，必须保证站用电系统的供电可靠。

2. 站用电系统的设备和分类

站用电系统主要供电的设备有：主变压器的冷却系统，交流操作电源，检修用电源，直流系统电源，设备加热、驱潮、照明的交流电源，为变电站 UPS 和 SF$_6$ 气体检测装置提供交流电源，为生活用电提供电源等。依据变电站的布置和设备选型不同，站用电供电设备会存在差异。

站用电系统和民用电系统相同，也把用电设备分为三类。

一类设备包括直流系统用交流电源、交流操作电源（包括电动隔离开关操作用电源、断路器操作电源等，GIS 设备除外）、主变压器冷却系统、UPS 逆变用交流电源。一类设备主要是变电站正常运行和安全运行重要保障设备，因此在站用电系统中要首先保证这些设备的供电。

二类设备包括主变压器有载调压装置用交流电源，设备加热、驱潮、照明用交流电源，检修电源箱和实验电源屏用交流电源，SF$_6$ 气体检测装置。二类设备主要是用作变电站运行和维护，这类设备只允许短暂停电。

三类设备包括配电室排风电源、生活和照明用电。这类设备主要是为变电站值班人员提供日常生活用电，与三类负荷类似。

3. 站用电系统的维护

（1）站用变压器的维护。站用变压器有三类，分别是油浸式站用变压器、干式站用变压器和接地站用变压器。

1）油浸式站用变压器为三相一体式，一般为自然油循环冷却，容量较大的装设在专用站用变压器室内，容量较小的直接装设在高压室的馈线间隔内。此类变压器的维护参看主变压器的本体维护内容。

2）干式站用变压器由于没有绝缘冷却油填充，所以在维护时与油浸式站用变压器有着很大不同。首先干式站用变压器要注意变压器温度正常，变压器各部位无脏污，特别要注意变压器的封闭笼完好。

3）接地站用变压器在站用电系统中不仅仅是给变电站使用的低压交流电供电，另一方面接地站用变压器还在 10kV 侧形成人为中性点，同消弧线圈相结合，用于 10kV 发生接地时补偿接地电容电流，消除接地电弧。在维护接地变压器时，要特别注意接地消弧线圈的绝缘是否完好、接头是否牢固、消弧线圈表面是否污秽。

在站用变压器运行维护时有几点特别要注意的：

1）站内两台（或三台）站用变压器不做并列运行。

2）各配电箱、双电源干线，严禁将两路电源并列运行。

3）失去电源的配电箱不准从另一配电箱中引接电源。

4）不准随便在户外操作箱引接检修和试验电源。

5）备用电源应处于热备用状态，自动投入装置应处于运行状态。

（2）其他设备的维护。

1）接头和绝缘维护。对于站用电系统来说，本身发热量不是很大，但是对于设备的电缆接头、设备绝缘层以及设备周边的积水和易燃杂物是要及时排查和清理的。另一方面要注意电缆终端头、母线接头的温度，避免电缆头爆炸。

同时对配电箱和备用电源自投等设备要定期检查，避免因箱内污秽导致温度升高或跳闸。

2）电缆和电缆沟维护。为避免电缆起火或造成绝缘老化，要注意电缆沟内支架是否变形，是否紧固；电缆沟内的杂物要及时清理；避雷器和电缆屏蔽层接地良好。

3）周边系统维护。对于周边系统的维护，首先是要观察设备传输信号是否正常，设备信号动作是否正常；另一方面要对周边系统的端子排进行维护，避免因杂物或污秽造成设备误动和拒动。

4）SF$_6$绝缘设备的维护。对于使用SF$_6$气体作为绝缘的断路器、互感器或GIS等室内设备，在正常运行或检修时，各类人员均应从装设有SF$_6$报警器和SF$_6$浓度显示器的门进入，且在进入前必须提前使用排风扇强制通风至少15min，防止装置失灵。另一方面要通过红外检测等手段对设备的气体绝缘进行观测，结合设备绝缘气体压力来判定设备的绝缘情况。

5）高压配电室的整体维护。高压配电室是放置站用电系统和变电站低压侧设备的小室。高压配电室排风扇要配合巡视进行定期的启动试验。

任务二　开关设备运行与维护

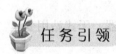

任务引领

断路器能够在线路、设备故障时切断故障设备，保证电网的安全运行；隔离开关能够在设备间制造明显断开点。由于这些设备在电力系统中的地位特殊，所以在日常的设备维护中要针对此类设备的功能进行维护。

教学目标

1. 掌握断路器运行巡视点。
2. 掌握隔离开关运行巡视点。
3. 掌握断路器故障原因。
4. 掌握隔离开关故障原因。
5. 了解断路器和隔离开关故障判别和处理办法。

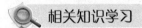

相关知识学习

一、断路器运行与维护

1. 断路器失灵

由于断路器失灵只在对断路器检修时发生，所以这里只分析断路器失灵发生的原因。断路器失灵通常由下述几种原因引起：

（1）操作不当。检查有无漏装合闸保险、控制开关是否复位过快或未扭到位、检查有无漏投并列装置、检查是否按自投装置的有关要求操作。

（2）故障或检修线路的误合。对于后加速保护环节的开关将有信号发出，无后加速环节的开关则无信号发出，应观察电流表有无因短路电流出现而引起的冲击摆动，照明灯光是否突然变暗，电压表读数是否突然下降。若有上述现象应立即停止操作，汇报给调度，以便查明情况。

（3）操作、合闸电源故障。检查电磁操动机构、弹簧和液压操动机构是否存在接触不良或短路发生；检测电磁机构工作电源是否正常；检查二次回路部分是否存在接触不良或错接线情况；检查合闸线圈温度是否正常。

2. 断路器拒动

（1）断路器拒动时应进行的维护和操作。断路器拒动会导致越级跳闸从而使事故范围扩大甚至使系统瓦解。因此，当发生此类故障时，首先应立即汇报调度，并采取下述措施，以防止越级跳闸。

1）将拒跳断路器经倒闸操作倒至单独在一段母线上，与母联开关串联运行，用母联开关的保护代替拒跳开关的保护，退出拒跳开关的保护后，再处理其二次回路问题。

2）双电源和有旁路母线的用户，倒负荷后，停电检查处理。

3）拒跳开关停电操作时，如果电动操作断不开，可用手打跳闸铁芯或脱扣机构的方法将开关断开。

（2）操作中拒跳的故障判断。通常拒动故障可以分为三类原因，一是跳闸铁芯不动作，二是跳闸铁芯动作但不脱扣，三是跳闸铁芯脱扣但不分闸。

1）判断跳闸铁芯故障时要检查铁芯电压、熔断保险和铁芯的控制触点，有无接触不良、反接和断线情况，特别要注意铁芯是否出现卡滞。

2）判断不脱扣故障时要检查脱扣机构是否入扣太深，连杆机构是否存在死点，跳闸铁芯形成和剩磁是否达标，弹簧机构和跳扣角度是否合适。

3）判断脱扣但不分闸故障要检查操动机构是否摩擦力太大缺少润滑，弹簧是否变质。

（3）运行中拒动事故的处理。检查指示灯是否完好；操作保险、跳闸回路是否存在接触不良；若发出"电压回路断线"信号要先退出可能引起误动的保护装置，再检查控制回路。

3. 断路器误动

（1）断路器误动的定义和原因。断路器的误动会导致正常供电出现停电，造成供电可靠性下降，在一些特殊行业还容易引起生产事故甚至人身事故。所谓的误动就是指未发生故障的一次回路由于某种原因引起的开关跳闸。通常引起断路器误动的原因有操动机构自行脱扣、操作人员误操作和二次回路故障。

（2）操动机构自行脱扣的处理。首先要拉开误跳开关两侧的隔离开关，检查电磁机构和脱扣机构是否满足要求，同时根据调度要求使用备用电源向负荷供电；在没有备用电源或无法使用备用电源的情况下，检查完毕后，根据调度命令再送电。

（3）操作人员误操作使断路器误动处理。造成非全相运行或由于走错间隔等原因误动，根据调度命令送电；如果断路器三相误跳是联络线路，必须投入同期并列装置，同期合闸。

（4）二次回路故障造成误跳闸。

1）无保护动作信号掉牌。无保护动作信号掉牌的原因如下：

a. 直流回路多点接地。

b. 二次回路中某些元件性能不良，如防跳继电器弹簧不良，受震后接点闭合，并自保持，使开关误跳闸；指示灯具短路使跳闸线圈两端电压增大，使开关误跳闸。

c. 二次回路电缆、端子短路，使开关误跳闸。

无保护动作信号掉牌的处理方法如下。

a. 拉开误跳开关。

b. 将负荷倒至备用电源或旁母线。

c. 无备用电源，又不能倒换运行方式的，待检查处理完毕后，根据调度命令再送电。

2）有保护动作信号掉牌。有保护动作信号掉牌的原因如下。

a. 系统发生短路、接地、电压下降。

b. 保护整定值不符合要求，如整定值过小，负荷增大而误跳闸。

c. 双回路供电的线路，过流保护有两个整定值，其中一回线路停电时，没有按规定改投大的整定值位置，造成误跳。

d. 保护回路安全措施不完善。如未断开应拆开的端子，未断开有并联的跳压板，当回路中有人工作时误碰造成跳闸。

e. 电压互感器二次断线，断线闭锁。其处理方法基本与无保护动作信号掉牌的方法相同。

4. 断路器发热和着火处理

（1）断路器发热的处理方法。开关在运行中，如发现油箱外部变色，油面异常升高，有焦糊气味，油色和声音异常等现象，可以判断为温度过高。对于多油式开关，可以从其油箱表面温度直接检查出发热的现象。

发现开关温度过高，应汇报调度，设法降低负荷，使温度下降。若温度不下降，发热现象继续恶化，或发现内部有响声、油面异常升高以致冒油、油色变暗，应立即转移负荷，将故障开关停电，做内部检查。

（2）开关着火的处理方法。首先要切断断路器电源，切断断路器二次侧电源，防止事故继续扩大；如果事故发生在室内，要及时打开排烟风扇。灭火时要用干粉灭火器或二氧化碳灭火器。

二、隔离开关运行和维护

1. 隔离开关的常见故障

隔离开关通常也被称为刀闸，在隔离开关运行时通常发生的故障可以分为拒合故障、合闸不到位或三相不同期故障、拒分故障、分合操作中途停止故障、导流部分发热。

2. 拒合故障处理

在隔离开关发生拒合故障后首先要检查设备编号和操作程序是否有误，如果是因为操作失误造成隔离开关拒合要及时纠正错误操作，同时要检查隔离开关操动机构。对于电动操动机构要检查电动机供电电压是否正常，电动机控制回路的接线是否存在虚接，电动机是否正常。对于手动操动机构，要检查是否在机械传动部位发生卡滞。如果是因为隔离开关内部传动杆，传动齿轮等部件发生故障，要首先通过倒运行方式恢复供电，在隔离开关能停电时由检修人员处理。

3. 合闸不到位或三相不同期故障处理

隔离开关如果在操作时，不能完全合到位，接触不良，运行中会发热，出现隔离开关合不到位、三相不同期时，应拉开重合，反复合几次，操作动作应符合要领，用力要适当。如果无法完全合到位，不能达到三相完全同期，应戴绝缘手套，使用绝缘棒，将隔离开关的三相触头顶到位。汇报上级，安排计划停电检修。

4. 隔离开关拒分故障

隔离开关拒分故障的处理办法与拒合故障相同，但是在处理隔离开关拒分故障时要注意，手动操作隔离开关分闸时，不能够强行拉开。因为拒分故障是由于隔离开关导流部分发热熔化，导致动静触头粘连，如果强行拉开隔离开关会造成隔离开关内部传动机构变形或损坏。

5. 分合操作中途停止故障

隔离开关在电动操作中，出现中途自动停止故障，如果触头之间距离较小，会产生长时间拉弧放电。原因多是操作回路过早打开、回路中有接触不良之处。拉隔离开关时，出现中途停止，应迅速手动将隔离开关拉开，汇报上级，由专业人员处理。合隔离开关时，出现中途停止，若时间紧迫、必须操作，应迅速手力操作，合上隔离开关，汇报上级，安排计划停电检修；若时间允许，应迅速将隔离开关拉开，待故障排除后再操作。

6. 导流部分发热故障的处理

在正常运行中，运行人员应按时、按规定巡视检查设备，检查隔离开关主导流部位的温度不应超过70℃。可以用以下方法检查主导流部位有无发热：①定期用测温仪器测量主导流部位、接触部位的温度。怀疑某一部位有发热情况，无专用仪器时，可在绝缘棒上绑蜡烛测试；根据主导流部位所涂的变色漆颜色变化判定；根据主导流部位所贴示温蜡片有无熔化现象判定。②利用雨雪天气检查。如果主导流部位、接触部位有发热情况，则发热的部位会有水蒸气、积雪熔化、干燥现象。③利用夜间熄灯巡视检查。夜间熄灯时，可发现接触部位有白天不易看清的发红、冒火现象。④观察主导流接触部位，有无热气流上升，可发现发热现象。⑤观察主导流接触部位，有无氧化加剧情况，可发现发热现象。但应注意是否是过去发热时遗留下的情况，应加以区分。⑥检查各接触部位的金属颜色、气味。接头过热后，金属会因过热而变色，铝会变白，铜会变紫红。如果接头外部表面上涂有相序漆，过热后漆色变深，漆皮开裂或脱落，能闻到烤糊的漆味。

发现隔离开关的主导流接触部位有发热现象，应汇报调度，立即设法减小或转移负荷，加强监视。处理时，应根据不同的接线方式，分别采取相应的措施。①双母线接线，如果某一母线侧隔离开关发热，可将该线路经倒闸操作，倒至另一段母线上运行，汇报调度和上级。母线能停电时，将负荷转移后，发热的隔离开关停电检修。若有旁路母线时，可把负荷倒旁路母线带。②单母线接线，如果某一母线侧隔离开关发热，母线短时间内无法停电，必须降低负荷，并加强监视。母线可以停电时，再停电检修发热的隔离开关。如果是负荷侧（线路侧）隔离开关运行中发热，其处理方法与单母线接线时基本相同。应尽快安排停电检修，维持运行期间，应减小负荷并加强监视。对于高压室内的发热隔离开关，在维持运行期间，除减小负荷并加强监视外，还要采取通风降温措施。

7. 隔离开关的运行检查

（1）检查绝缘子是否清洁，有无破损和放电痕迹，有无悬挂杂物。

（2）检查触头接触是否良好，在负荷高峰时期，雨天、雪天和夜晚观察触头和可动电接触面有无发热发红现象。

（3）检查均压环是否牢固平正，有无裂纹，刀臂有无变形、偏移。

（4）检查引线有无松动、严重摆动或烧伤断股等现象。

（5）每半年检查一次操作机构端子箱，辅助触点外罩等应密封良好，内部无结露、进尘、受潮等现象，辅助触点位置是否正确，检查加热器的正确投停位置。

（6）每半年一次检查操作电源电压，检查电动机保险器时，应使用表计测试电压是否正常，而不能用试电笔。

（7）每半年一次检查机械上锁装置和电磁锁是否完好，所有接地开关是否全部上锁，所有室外机械锁，应每半年检查加油一次，以防锈蚀打不开、锁不上。

（8）在高峰负荷期间，应对触头和可动电接触处进行远红外线测温检查。

（9）检查运行中的隔离开关应保持"十不"：不偏斜、不振动、不过热、不锈蚀、不打火、不污脏、不疲劳、不断裂、不烧伤、不变形。

任务三　电抗器、电容器运行与维护

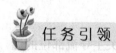

任务引领

电容器和电抗器一方面能够调整电力系统的功率因数，提高电力系统运行稳定性和运行经济性；另一方面在传统的差动保护中，电容器和电抗器都会配合电力线载波设备起到滤波的作用。

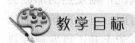

教学目标

1. 掌握电抗器运行维护的相关知识。
2. 掌握电容器运行维护的相关知识。
3. 了解电容器和电抗器的故障判别和处理办法。
4. 掌握无功补偿设备运行维护的相关知识。

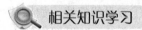

相关知识学习

一、电抗器

1. 电抗器维护和故障的处理

（1）电抗器的局部发热。在电抗器运行时发现有局部发热现象，一方面要降低电抗器的负荷，另一方面如果电抗器在室内要加强通风，等电抗器允许停电时对电抗器消缺。在日常维护和运行巡视时要注意电抗器的线圈绝缘是否损坏，特别要注意线圈应该没有变形，油漆没有脱落，电抗器周围没有杂物。

（2）电抗器支持绝缘子损伤。当发现运行的电抗器水泥支柱损伤，支持绝缘子有裂纹时应该及时应用备用绝缘子，并及时消缺。

（3）电抗器表面放电。由于目前空心电抗器大范围的使用，在出现防雨帽出线破损或变形时容易在汇流铝排附近形成导电性水膜，造成电抗器发生湿污放电，这时要及时应用备用电抗器，防止放电高温破坏电抗器绝缘层，并在电抗器干燥后及时检查电抗器的绝缘，维修防雨帽，喷涂憎水性涂料。

2. 电抗器特殊功能的维护和故障处理

（1）滤波电抗器。滤波电抗器起着对变电站内设施滤波的作用，一方面能够在传统的差动保护电力线载波基础上对电力线滤波，消除电力线载波对变压器运行的影响，另一方面能够在一定程度上消除由于天气原因导致的输电线路电容值变化，减轻其对变压器运行的影响。当发生非线性负荷设备的 3 次谐波污染事故，首先就要检查滤波电抗器是否发生故障。

滤波电抗器能够发生 3 次谐波故障的原因有以下几点。

1）在滤波电抗器内部存在局部放电。此类故障首先要检查滤波电抗器的防雨帽是否破损，其次检查滤波电抗器的绝缘是否完好。局部放电通常会表现为异常声响和异常振动，波形污染中不仅有 3 次谐波，也同时存在高次谐波。

2）滤波电抗器局部高温。由于滤波电抗器频繁遭受合闸涌流的冲击，使得滤波电抗器的绝缘物质加速老化，形成了匝间短路，从而使滤波电抗器局部温度升高。由此原因造成的滤波电抗器谐波故障，应在平时运行检查时格外注意滤波电抗器的温升和气味。

（2）并联电抗器。并联电抗器安装在输电线路和地线之间，主要起无功补偿作用。由于输电线路在远距离输电过程中，在输电导体之间、输电导体与大地之间会形成一个实际意义上的电容，这个电容会造成输电线路上明显的电压降落，为了抵消这部分容抗，就需要在输电线路末端安装并联电抗器提高系统的电压。当系统输送容量没有发生变化，同时线路保护没有动作时，输电线路发生末端电压骤升或骤降，就要第一时间检查并联电抗器是否故障。

目前并联电容器通常与晶闸管相串联，在检查并联电容器的同时，要注意相关电力电子器件（主要是晶闸管）的温度和运行状态。要注意晶闸管是否发生了击穿，同时注意晶闸管控制回路是否正常。

（3）消弧线圈。消弧线圈是安装在变压器中性点的一个消弧接地设备。这是为了当线路的一相发生接地故障时，通过消弧线圈的电感电流，将抵消由线路对地电容产生的电容电流，从而减小或消除因电容电流而引起故障点的电弧，避免故障扩大，提高电力系统供电的可靠性。

电感电流与电容电流相抵消，即所谓的电流补偿。为了得到适时合理补偿，电网在运行中随着线路增减的变化，而切换消弧线圈的分接头，以改变电感电流的大小，从而达到适时合理的补偿。

1）消弧线圈运行总体原则。中性点经消弧线圈接地的电网，在正常运行时，不对称度应不超过 15％，即长时间中性点位移电压应不超过额定电压的 15％。在操作过程中允许不超过额定相电压的 30％。

当消弧线圈的端电压超过相电压的 15％时，不管消弧线圈信号是否动作，都应按接地故障处理，寻找接地点。中性点经消弧线圈接地的电网，在正常运行中，消弧线圈必须投入运行。在电网有操作或有接地故障时，不得停用消弧线圈。

由于寻找故障及其他原因，使消弧线圈带负荷时，应加强监视消弧线圈的温度（上层油温）不得超过 95℃，并监视消弧线圈带负荷运行时间不超过铭牌规定的允许时间；否则，应停用消弧线圈。

2）消弧线圈机构操作规定。改换消弧线圈分接头前，必须拉开消弧线圈的隔离开关，将消弧线圈停电。此外，在改换分接头的瞬间，电网有可能发生接地故障，这时分接开关将会遭受到电弧烧伤，造成消弧线圈烧坏。为了保证人身及设备的安全，必须在消弧线圈停电后，才允许改换分接头的位置。

改换消弧线圈分接开关完毕，应用万能表测量消弧线圈导通良好，而后合上隔离开关，使其投入运行。

若运行中的变压器与它所带的消弧线圈一起停电时，最好先拉开消弧线圈的隔离开关，再停用变压器；送电时则相反。

二、电容器

1. 电容器的维护和故障处理

（1）电容器的运行标准。

1）允许过电压。电容器是允许在 1.1 倍额定电压下长期运行的，同时，电容器也能够在更高的短期过电压下正常运行。过电压运行的时间是有严格的要求，具体要求见表 6-1。

表 6-1　　　　　　　　　　　　　过电压运行的时间

工频过电压倍数	最大持续时间	说明
1.1	长时间	电容器运行时任何一段时间的最高平均值
1.15	每 24h 允许 30min	系统电压波动
1.2	5min	系统操作或轻负荷的电压升高
1.3	1min	

2）允许过电流。电容器在运行时是允许在 1.3 倍额定电流下长期运行的，这是考虑到电网高次谐波电压引起的过电流和工频过电压引起的过电流。

3）允许温升。由于电容器内部和外部的绝缘装置限制，电容器的运行温度不能过高，以免造成介质击穿，而损坏电容器。通常情况下电容器的运行温度为 -40～40℃ 之间。

（2）电容器组的异常操作。电容器组在操作中将会产生操作过电压和合闸涌流，该涌流可高达电容器组额定电流的几倍甚至几十倍，以致引起断路器、避雷器、绝缘子对地闪络，电容器击穿等。

1）发生下列情况之一时，应立即拉开电容器组开关，使其退出运行。

a. 电容器组母线电压超过表 6-1 中规定额定电压要求或超过额定电流要求时。

b. 电容器油箱外壳最热点温度及电容器周围环境温度超过规定的允许值时。

c. 电容器连接线接点严重过热或熔化。

d. 电容器内部或放电装置有严重异常响声。

e. 电容器外壳有较明显异形膨胀时。

f. 电容器瓷套管发生严重放电闪络。

g. 电容器喷油起火或油箱爆炸时。

2）发生下列情况之一时，不查明原因不得将电容器组合闸送电。

a. 当变电站事故跳闸，全站无电后，必须将电容器组的开关拉开。

b. 当电容器组开关跳闸后不准强行送电。

c. 熔断器熔丝熔断后，不查明原因，不准更换熔丝送电。

3）禁止带电荷合闸操作。电容器组每次拉闸之后，必须通过放电装置随即进行放电，待电荷消失后再合闸。电容器组再次合闸时，必须在断开 3min 之后进行。

（3）对运行中的并联电容器组的检查。

1）电容器的外观检查。要求电容器外壳没有异形膨胀，电容器内部没有异响，电容器瓷套管完好，无破损和脏污。在断路器动作后要注意电容器有无烧伤、变形和位移。

2) 电容器的温度。在日常运行检查中要格外注意电容器的温度和环境温度。特别要注意电容器的接点有没有过热或融化，在室内布置的电容器要通风良好。

（4）电容器的放电。

1) 电容器放电原因。当电容器投入电力系统后，其两极便处于储能状态。当其从网络中断开后，两极上储有一定的电荷，该电荷使电容器的极板上保持一定的残压。残压的初始值为电容器组的额定电压，如果电容器在带电情况下再次投入运行，有可能产生很大的合闸涌流和很高的过电压，甚至会导致电容器的击穿。

2) 电容器操作的特殊要求。一方面要求电容器组在断电后必须经过 3min 放电后才使电容器再次合闸；另一方面为了保证操作人员安全，同时保证隔离开关不会极间闪络，电容器的隔离开关只允许在电容器断开 5min 后拉开。

2. 并联电容器

（1）并联电容器的接线。

1) 三角形接线。在三相供电系统中，单相电容器的额定电压与电力网的电压相同时，在正常情况下，将其接成三角形（见图 6-2），可以获得较大的补偿效果。这是因为如果改用星形接法，其相电压为线电压的 $1/\sqrt{3}$ 倍，又因为 $Q=U^2/X_c$，所以，其无功出力将为三角形接法的 1/3。

但是运行经验证明，三角形接线的电容器，当一相击穿时，系统供给的短路电流较大，尽管此时熔断器可以迅速熔断，但过大的短路电流即使是短时的流过电容器，也会使其中浸渍剂受热膨胀，迅速气化，极易引起爆炸。特别当不同相的电容器同时发生对地击穿时，熔断器即使熔断，故障也不能切除，必将引起事故的扩大。因此，从上述方面来考虑，目前多采用星形接线。

2) 星形接线。如把电容器改接为星形，当任一台电容器发生极板击穿（见图 6-2）电容器的三角形接线短路时，短路电流都不会超过电容器组额定电流的 3 倍。如图 6-3 所示，A相电容器击穿短路时，B、C 两相电容器所承受的电压从原来的相电压升高为线电压，即升高 $\sqrt{3}$ 倍。这两相电容器所流过的电流也比额定电流增加 $\sqrt{3}$ 倍。由于故障相（A 相）电容器流过的电流为 B、C 两相电容电流的向量和，因此故障相电流为额定电流的 3 倍。

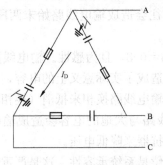
图 6-2　三角形接法

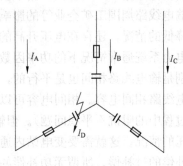
图 6-3　星形接法

（2）并联电容器的故障判断及处理。

1) 并联电容器运行中的异常现象。

a. 电容器外壳膨胀。高电场作用下使得电容器内部的绝缘（介质）物游离而分解出气体或部分元件击穿电极对外壳放电，使得电容器的密封外壳内部压力增大，导致电容器的外壳膨胀变形，这是运行中电容器故障的征兆，应及时处理，避免故障的扩大。

b. 电容器温升高。电容器温升高的主要原因是电容器过电流和通风条件差。例如，电容器室设计、安装不合理造成的通风不良，电容器长时期过电压运行造成电容器的过电流或整流装置产生的高次谐波使电容器过电流，等等。此外，电容器内部元件故障、介质老化、介质损耗、tanδ（无功电流和有功电流的比值）增大等都可能导致电容器温升过高。电容器温升高影响电容器的寿命，也有导致绝缘击穿使电容器短路的可能。因此，运行中应严格监视和控制电容器室的环境温度，如果采取措施后仍然超过允许温度时，应立即停止运行。

c. 电容器绝缘子表面闪络放电。运行中电容器绝缘子闪络放电，其原因是绝缘子有缺陷，表面脏污。因此运行中应定期进行清扫检查，对污秽地区不宜安装室外电容器。

d. 异常声响。电容器在正常运行情况下无任何声响，因为电容器是一种无励磁部分的静止电器，不应该有声音。如果运行中，发现有放电声或其他不正常声音，说明电容器内部有故障，应立即停止运行。

e. 电容器爆炸。运行中电容器爆炸是一种恶性事故，一般在内部元件发生极间或对外壳绝缘击穿时与之并联的其他电容器将对该电容器释放很大的能量，这样就会使电容器爆炸以致引起火灾。

2）并联电容器的故障处理。根据检查中发现的问题，采取适当的方法进行处理。例如，电容器外壳渗、漏油不严重可将外壳渗、漏处除锈、焊接、涂漆；外壳膨胀应更换电容器；如室温过高，应改善通风条件；如因其他原因，应查明原因进行处理，如是电容器问题应更换电容器。

3. 串联电容器

串联电容器一般是通过改善电抗角度来提高线路输送电压的，它是通过抵消线路长距离输送时产生自生电感造成的电压降。串联电容器的维护与并联电容器相同。

三、无功补偿设备

1. 无功补偿的几种特殊补偿

（1）长距离输电线路的无功补偿。由于长距离输电线路会受到地球磁场、输电线路经过的地下矿藏、输电线路周围工矿企业等的影响，往往会造成输电线路始末两段的电压不同，不仅存在电压降低的情况，还存在电压升高的情况。

我们知道电力系统通常情况下的功率因数 $\cos\phi=0.8$，且为感性。输电线路是平行于大地传输的，特别是输电线路相间也是平行的，这就造成了实际意义上的电容，即输电线路相对于大地和输电线路相间电容。相间电容可以通过输电线路换相来抵消（换相同时还是为了平衡三相传输过程中的阻抗不平稳问题）。但输电线路与大地的电容会造成输电线路末端电压高于首端电压的情况。这就需要变电站内通过电抗器来降低电压。

（2）无功补偿的过补偿。所谓无功补偿的过补偿是系统承容性。这是严重影响系统稳定性的一种补偿方式，原因如下。

首先电力系统中最多的还是感性负载，过补偿会使得系统与负载发生震荡，即形成RLC震荡回路。谐波电压一方面会使用电设备发热严重，另一方面会导致电力系统的系统绝缘发生击穿，造成事故。因此通常情况下无功补偿只在感性区域补偿。

（3）电容器直接补偿的危害。由于目前越来越多地采用电力电子器件，而以晶闸管为主要适用对象的电力电子器件是大量谐波的发源地，这就造成了电力系统的谐波污染。一方面由于电容器的特性，这些谐波电流会被直接补偿的电容器放大，从而造成变压器、电抗器、互感器等元件的异响，还会造成自动开关、接触器等设备的损坏；另一方面由于谐波电流的存在，会使电容器经常出现熔丝、鼓肚甚至烧毁。这就需要在并联电容器组中串联电抗器（滤波电抗器）来抑制谐波。

（4）无功补偿装置投切造成的系统电压陡变。在无功补偿装置投切时要尽量避免系统电压的陡变。这是因为电压陡变会对用户的生产生活造成极大的影响。一方面电动机供电电压陡变时，电动机的扭矩会发生突然变化，这就极有可能造成电动机的损坏；另一方面电压陡变会影响电力系统运行稳定，特别是陡升的电压，可能会造成系统中绝缘子的闪络、保护装置的动作、用电设备绝缘的瞬间放电等。

2．无功补偿设备的维护和故障处理

（1）电力电子器件的维护和故障处理。在使用电力电子器件作为无功补偿控制器的场所，要注意电力电子器件的温度，这是由于晶闸管对于温度较为敏感。在维护时要注意通风风扇的运转是否正常。

（2）选相开关（同步开关）的维护。选相开关的维护请参照本项目二次回路及继电保护内容。

任务四　高压互感器运行与维护

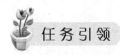
任务引领

高压互感器在电力系统中用来将大电压转换成小电压、大电流转换成小电流，以便电力系统中的测量和保护。从结构上讲，高压互感器属于变压器，是静态电机。高压互感器相当于电力系统眼睛和耳朵，特别是对于保护系统来说有着特别重要的意义。

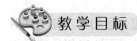
教学目标

1．掌握高压互感器的工作原理。

2．了解高压互感器的分类。

3．掌握高压互感器的接线方式。

4．掌握高压互感器的基本运行维护知识。

5．了解高压互感器故障的处理办法。

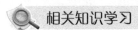
相关知识学习

一、高压互感器

1．电压互感器和电流互感器

电力系统在传输电能时为了能降低传输过程中的电能损耗，往往采用高电压或大电流回路把电能输送到用户。这就造成了在传输过程中，相关电压、电流参数无法直接测量。高压互感器的作用就是将交流的大电压和大电流按比例降低到仪器可以直接使用的数值，一方面便于仪器的使用，另一方面也降低操作人员的安全风险。电力系统中的高压互感器是一次设备和二次设备的连接元件。高压互感器与计量装置配合使用可以测量一次系统的电压、电流和电能等数值；与继电保护配合使用能够组成电力系统的保护系统。所以高压互感器性能的好坏会直接影响电力系统计量和测量的准确，也会直接影响电力系统的安全稳定运行。

高压互感器分为电压互感器和电流互感器两大类。电压互感器能够在高压和超高压的电力系统中测量电压和功率等参数，电流互感器可用于交换电流的测量和电力拖动线路中的保护。

2. 高压互感器的接线与运行中检查

(1) 对运行中的电流互感器进行检查。电流互感器的接线形式如图 6-4 所示。

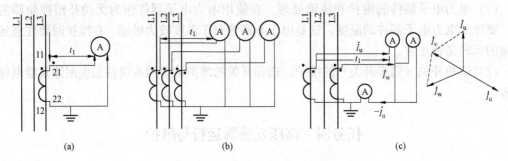

图 6-4　电流互感器的接线

(a) 单相接线；(b) 星形接线；(c) 不完全星形接线

1) 图 6-4 (a) 为电流互感器的单相接线，可测得一相电流的大小。常用于三相对称负载情况下，监视对称三相电路中电流的大小。

2) 图 6-4 (b) 为电流互感器的星形接线，可分别测量三相电流。用于三相负载对称及不对称电路均可，在不对称电路中可监视电流不对称的情况。

3) 图 6-4 (c) 为电流互感器的不完全星形接线，可测量三相电流，适用于三相负载对称和不对称的电路（三相四线制系统除外）。因为在三相三线制电路中，不论三相负载是否对称，其三相电流之和始终等于零，即有

$$\dot{I}_U + \dot{I}_V + \dot{I}_W = 0 \text{ 或 } \dot{I}_U + \dot{I}_V = -\dot{I}_W \qquad (6-9)$$

电流互感器的接线时，应注意其极性不能接反。通常在一次绕组的接线端上标有 L_1、L_2，二次绕组的接线端上标有 K_1、K_2，一次绕组的接线端和二次绕组的接线端是同极性端。若极性接反，将造成功率型仪表测量错误及继电保护装置不正确动作。

1) 电流互感器巡视检查项目。

a. 套管应清洁，无裂纹、无破损、无放电痕迹。

b. 检查电流互感器有无放电声和其他异常声响。

c. 检查室内浇注式电流互感器有无流膏现象。

d. 检查一次接线是否牢固，接头有无松动和过热。

e. 检查二次回路是否完好，有无开路放电、打火现象。

　　f. 检查二次侧接地是否牢固、良好。

　　2) 注意事项。对于运行中的电流互感器，其二次绕组不能开路，且接地一定要好。

　　(2) 对运行中的电压互感器进行检查。在不同的场合需要测量的电压有相电压、线电压和零序电压，为了测量这些电压，电压互感器常采用以下各种不同的接线。

　　图 6-5 所示为一台单相电压互感器的接线，图 6-5 (a) 接线可用来测量 35kV 及以下以中性点非直接接地系统的线电压；图 6-5 (b) 接线用在 110kV 及以上中性点直接接地系统中测量相电压。

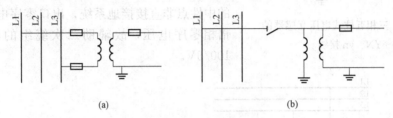

图 6-5　单相电压互感器的接线
(a) 测量线电压；(b) 测量相电压

　　图 6-6 为两台单相电压互感器接成的 VVO 形接线。它能测线电压，但不能测相电压，这种接线广泛应用于中性点非直接接地系统。

　　图 6-7 为一台三相三柱式电压互感器的接线。它只能测线电压，不能测相电压。用于中性点不直接接地系统时，这种接线的一次绕组星形中性点也是不能接地的。因为中性点非直接接地系统中发生单相接地时，接地相对地电压为零，未接地相对地电压升高，三相对地电压失去平衡，出现零序电压。在零序电压作用下，电压互感器的三个铁芯柱中将出现零序磁通，三相零序磁通同相位，在三个铁芯柱中不能形成闭合回路，只能通过气隙和外壳构成通路，使磁路磁阻增大，零序励磁电流也很大，比正常励磁电流大好几倍，这样使电压互感器铁芯发热，甚至烧坏。为此，三相三柱式电压互感器不引出一次侧绕组的中性点，故不能测相电压，不能作为交流绝缘监察用。

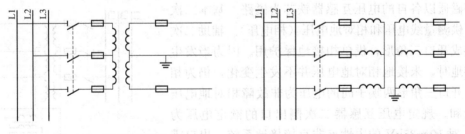

图 6-6　VVO 形接线　　　　　图 6-7　三相三柱式电压互感器的接线

　　图 6-8 是一台三相五柱式电压互感器的 YN、yn 接线，其一次侧绕组和基本二次绕组都接成星形且中性点接地，辅助二次绕组接成开口三角形。因此，三相五柱式电压互感器可测量线电压和相对地电压，还可作为中性点非直接接地系统中对地的绝缘监察及实现单相接地故障的继电保护，这种接线广泛应用于 6~10kV 屋内配电装置中。

　　三相五柱式电压互感器的原理图如图 6-9 所示。铁芯有五个柱，三相绕组在中间三个柱上，如图 6-9 (a) 所示。当系统发生单相接地时，零序磁通在铁芯中的回路，如图 6-9

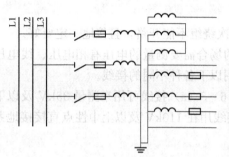

图 6-8 三相五柱式电压互感器的
YN、yn 接线

（b）所示，磁阻小，从而零序励磁电流也小。

在中性点非直接接地三相系统中，正常运行时因各相对地电压为相电压且对称，三相电压的相量和为零，所以开口三角形两端子间电压为零。当发生一相接地时，开口三角形两端子间有电压，为各相辅助二次绕组中零序电压之相量和。规定电压互感器二次侧出口的额定电压为 100V。对 10～35kV 的中性点非直接接地系统，出口零序电压大小为三倍相零序电压，故辅助二次绕组的额定电压为 100/3V。

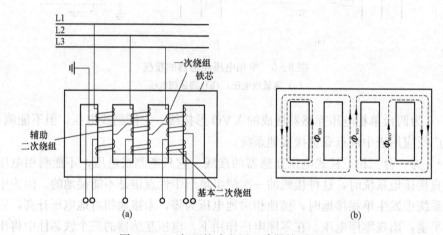

图 6-9 三相五柱式电压互感器的原理图
（a）结构原理；（b）零序磁通回路

图 6-10 所示为三台单相三绕组电压互感器的 YN、yn 接线，在中性点非直接接地系统中，采用三只单相电压互感器，情况与三相五柱式电压互感器相同，只是在单相接地时，各相零序磁通以各自的电压互感器铁芯为磁路。基本二次绕组可供测量线电压和相对地电压（相电压）。辅助二次绕组接成开口三角形，供单相接地保护用。因为当发生单相接地时，未接地相对地电压并不发生变化，仍为相电压，开口三角形两端子间的电压为非故障相对地电压的相量和。规定电压互感器二次侧出口的额定电压为 100V，对 10～35kV 的中性点非直接接地系统，出口零序电压大小为三倍相零序电压，故辅助二次绕组的额定电压为 100/3V。用在 110kV 及以上的直接接地系统时，零序电压大小为相电压，故辅助二次绕组的额定电压为 100V。

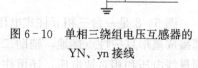

图 6-10 单相三绕组电压互感器的
YN、yn 接线

在 380V 装置中，电压互感器通过熔断器与电网连接。

1）电压互感器巡视检查项目。

a. 套管应清洁，无裂纹、破损、放电痕迹。

b. 检查运行中的电压互感器发出的"嗡嗡"声是否正常，有无放电声和其他异常声响。

c. 检查油位和油色是否正常，有无渗油、漏油现象。

d. 检查一、二次回路接线是否牢固，各接头有无松动和过热。

e. 检查一、二次熔断器是否完好，一次侧隔离开关及辅助触点接触是否良好，二次回路有无短路现象。

f. 检查二次侧接地是否牢固良好，端子箱内是否清洁、受潮。

2）注意事项。

a. 电压互感器的二次侧一定要接地，且二次侧不能短路。

b. 对于三相五柱式电压互感器的一次侧接地也应良好。

二、高压互感器运行维护与事故处理

1. 高压互感器使用的注意事项

（1）电压互感器使用的注意事项。电压互感器的二次绕组所接的全是电压表、电能表和功率表以及各种继电器的电压线圈，这些线圈的阻值都很大，因此，电压互感器基本上工作在空载状态，二次侧输出电压为100V。电压互感器在运行中二次侧不允许短路，否则将会产生很大的短路电流，将电压互感器烧毁。为了防止短路在二次侧装设熔断器，当发生短路时，该熔断器熔断。

当新装或大修后，电压互感器投入运行时，应对电压互感器的外表进行检查，并进行投入前的准备工作，需要测量相及相间电压是否正常；测量相序应为正相序；确定相位的正确性。在停用电压互感器时，为防止保护装置的误动，应首先将其停用；如果电压互感器有自动和手动切换装置，所带保护装置可不停用；停用时，根据需要可将二次熔断器下，以防反充电。

（2）电流互感器使用的注意事项。电流互感器在运行中，二次绕组必须可靠地进行保护接地，以确保人身和设备安全。此外，应该特别注意的是电流互感器在运行中二次绕组不允许开路，否则二次绕组中将会产生高压，击穿绝缘、击毁设备，甚至危及人身安全。其原因一方面是电流互感器的二次绕组所接的皆是电流表、电能表和功率表及继电器的电流线圈，这些线圈的电阻是相当小的，故电流互感器基本处于短路状态下工作。另一方面，电流互感器一次绕组中的电流是其所接设备的负载电流，该电流不受电流互感器二次负荷的影响。在正常工作状态下，在电流互感器二次绕组中所建立的感应电势不高。但当二次绕组开路时，二次绕组中会建立高电势，导致绝缘损坏。

2. 高压互感器的常见故障

（1）高压互感器本体容易发生的故障如下。

1）高压熔断器连续熔断两次（内部的故障可能很大）。

2）内部发热，温度过高。电压互感器内部匝间、层间短路或接地时，高压熔断器可能不熔断，引起过热甚至可能会冒烟起火。

3）内部有放电"噼叭"响声或其他噪声。可能是由于内部短路、接地、夹紧螺丝松动引起，主要是内部绝缘破坏。

4）高压互感器内或引线出口处有严重喷油、漏油或流胶现象。此现象可能属内部故障，过热引起。

5）内部发出焦臭味、冒烟、着火。此情况说明内部发热严重，绝缘已烧坏。

6）套管严重破裂放电，套管、引线与外壳之间有火花放电。

7）严重漏油至看不到油面。严重缺油使内部铁芯露于空气中，当雷击线路或有内部过电压出现时，会引起内部绝缘闪络烧坏高压互感器。

（2）电压互感器和电流互感器故障处理区别。

1）电压互感器内部故障，电路导线受潮、腐蚀及损伤使二次绕组及接线短路，发生一相接地短路及相间短路等，由于短路点在二次熔断器前面，故障点在高压熔断器熔断之前不会自动隔离。当发现电压互感器有上述故障现象之一时应立即停用。

2）电流互感器在运行中，发现有故障现象，应进行检查判断，若鉴定不属于二次回路开路故障，而是本体故障，应转移负荷停电处理。电流互感器二次阻抗很小，正常工作在近于短路状态，一般应无声音。若声音异常较轻微，可不立即停电，汇报调度和有关上级，安排计划停电检修。在停电前，应加强监视。

3. 高压互感器的特殊故障及其处理

（1）电压互感器的短路故障。电压互感器二次绕组及接线发生短路，二次阻抗小，短路电流很大。而高压熔断器不是用来保护电压互感器过载的，所以发生匝间、层间短路等故障时高压熔断器不一定熔断，时间稍长，高压互感器就会过热、冒烟，甚至起火，应尽快将其停用。

当高压互感器着火时，切断电源后，用干粉灭火器灭火。

电压互感器的二次熔断器、隔离开关的辅助触点接触不良，或者是因为负荷回路故障使二次熔断器熔断，引起回路电压消失，此时，将引起电压、功率、功率因数、电能、频率各表计指示异常，并且使保护装置的电压回路失去电压。

当发现上述表计指示不正常，且系统无冲击时，应迅速观察电流表指示是否正常，若正常，则说明是电压互感器二次回路故障，并根据电流表指示对设备进行监视。

按继电保护运行规程要求，退出相应的保护装置。

采取上述措施后，应尽快消除故障。若因触点接触不良，可立即修复；若因熔体熔断，应更换规格相同的熔体，并对电压互感器一次侧进行检查。

如个别仪表指示不正常，则为仪表本身故障，应送修。

（2）电流互感器的开路故障。开路故障的后果是电流互感器二次开路，由于磁饱和，使铁损增大而严重发热，绕组的绝缘会因过热而被烧坏，还会在铁芯上产生剩磁，使电流互感器误差增大。另外，电流互感器二次开路，二次电流等于零，仪表指示不正常，保护可能误动或拒动。保护可能因无电流而不能反映故障，对于差动保护和零序电流保护等，则可能因开路时产生不平衡电流而误动作。

检查处理电流互感器二次开路故障，应注意安全，尽量减小一次负荷电流，以降低二次回路的电压。应戴绝缘手套，使用绝缘良好的工具，尽量站在绝缘垫上。同时应注意使用符合实际的图纸，认准接线位置。

发现电流互感器二次开路，应先分清故障属哪一组电流回路、开路的相别、对保护有无影响。及时汇报调度，解除可能误动的保护。

尽量减小一次负荷电流。若电流互感器严重损伤，应转移负荷，停电检查处理（尽量使用其他线路代替供电，使用户不停电）。

　　尽快设法在就近的试验端子上，将电流互感器二次短路，再检查处理开路点。短接时，应使用良好的短接线，并按图纸进行。

　　若短接时发现有火花，说明短接有效。故障点就在短接点以下的回路中，可进一步查找；若短接时没有火花，可能是短接无效。故障点可能在短接点以前的回路中，可以逐点向前变换短接点，缩小范围。

　　在故障范围内，应检查容易发生故障的端子及元件，检查回路有工作时触动过的部位。

　　对检查出的故障，能自行处理的，如接线端子等外部元件松动、接触不良等，可立即处理，然后投入所退出的保护。若开路故障点在高压互感器本体的接线端子上，对于 10kV 及以下设备应停电处理。

　　若是不能自行处理的故障（如继电器内部），或不能自行查明故障，应汇报上级派人检查处理（先将电流互感器二次短路），或经倒运行方式转移负荷，停电检查处理（防止长时间失去保护）。

　　在短接故障电流互感器的试验端子时，操作人员应穿绝缘靴，戴好绝缘手套，注意安全。

任务五　变电站避雷与接地装置运行与维护

任务引领

　　变电站和电力系统的避雷与接地装置主要是为了避免系统过电压对系统的正常运行造成影响。本项目将从过电压的分类入手，依次介绍变电站中用到的避雷设备，同时还会通过大、小接地系统分析变电站内常用的接地手段。

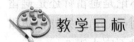

教学目标

1. 掌握过电压的分类和危害。
2. 掌握常用避雷装置原理和巡视检查项目。
3. 了解大接地系统和小接地系统的区别。
4. 掌握消弧线圈的运行规定。

一、避雷装置

避雷装置在变电站和电力系统中起着非常重要的作用，一方面避雷设备能够保护电力系统避免遭受雷电直击而发生电气设备烧毁，另一方面避雷设备也能够保护电力系统不会因为内部暂态高压发生系统保护动作而解列。

1. 系统过电压

系统过电压分为内部过电压和外部过电压两种。

内部过电压是由于网络内部原因引起的过电压，如工频稳态过电压、工频暂态过电压、操作过电压、谐振过电压等。

外部过电压分为直击雷过电压和感应雷过电压。直击雷过电压是由雷电直接对建筑物或其他物体放电引起的过电压。在雷云对其他目标放电后，导线上感应出的束缚电荷将失去支持，而成为自由电荷，并以光速向导线两端传播，从而引起线路过电压，这种过电压称为感应过电压。

一方面系统过电压能够击穿设备绝缘，引起火灾从而造成人身伤亡；另一方面系统过电压造成的热效应还能够烧毁导线和电气设备。

2. 避雷器

在变电站中常用的避雷器有避雷针、避雷线、保护间隙、氧化锌避雷器等，对于目前不常用的管型避雷器和阀型避雷器，本任务不做介绍。

(1) 避雷针。避雷针包括三部分：接闪器（避雷针的针头）、引下线和接地体。

所谓避雷针的保护范围是指被保护物在此空间范围内不致遭受雷击。它是在实验中用冲击电压下小模型的放电结果求出的，由于它与近似直流电压的雷云对空间极长间隙下的放电有很大差异，因此这一保护范围并未得到科学界的公认，但我们可以把它看成一种用以决定避雷针的高度与数目的工程办法。

同时由于避雷针结构简单，同时不带电运行，本设备运行维护时只要关注避雷针本体是否完好，避雷针接地体和避雷针连接是否松动即可。

(2) 避雷线。避雷线也叫架空地线，它是悬挂在高空的接地导线，一般为镀锌钢绞线，顺着每根支柱引下接地线，并与接地装置相连接。引下线应有足够的截面，接地装置的接地电阻一般应保持在 10Ω 以下。

避雷线和避雷针一样，将雷电引向自身，并安全地将雷电流导入大地。采用避雷线主要用来防止送电线路遭受直击雷。如果避雷线挂得较低，离导线很近，雷电有可能绕过避雷线直击导线，因此为了提高避雷线的保护作用，需要将它悬挂得高一些。

避雷线有着结构简单和不带电运行的特点，所以在日常的维护中只要关注避雷线本体是否断裂，避雷线与接地体连接是否松动即可。

必须指出，为了降低雷电通过避雷针放电时感应过电压的影响，不论是避雷针还是避雷线，与被保护物之间必须有一定的安全空气距离，一般情况下不允许小于5m。另外，防雷保护用的接地装置与被保护物的接地体之间也应保持一定的距离，一般不应小于3m。

(3) 保护间隙。

1) 构造和原理。保护间隙是较简单的防雷设备，它由两个金属电极构成，其中一个电极固定在绝缘子上，而另一个电极则经绝缘子与第一个电极隔开，并使这一对空气间隙之间保持适当的距离，如图6-11所示。

固定在绝缘子上的电极一端和带电部分相连，而另一个电极则通过辅助间隙与接地装置相连接，辅助间隙的作用主要是防止主间隙因鸟类、树枝等造成短路时，不致引起线路接地。放电间隙按其结构形式的不同分为棒形、球形和角形三种形式。常见的角形间隙和辅助间隙的接线如图6-11所示。图中1为主间隙，2为辅助间隙。保护间隙的工作原理为在正常运行情况下，间隙对地是绝缘的，而当架空电力线路遭受雷击时，间隙的空气被击穿，将雷电流泄入大地，使线路绝缘子或其他电气设备的绝缘上不致发生闪

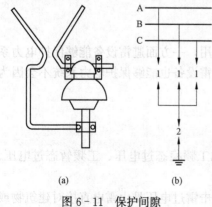

图 6-11　保护间隙
(a) 剖面图；(b) 电路图

络，起到了保护作用。

保护间隙的结构十分简单，成本低，维护方便，但保护性能差（灭弧能力弱）。

2）保护间隙运行与维护。在日常运行中，保护间隙的维护工作如下。

a. 雷雨后，应对保护间隙进行特殊巡视。由于保护间隙灭弧性能较差，动作时电极往往容易被烧坏。因此，当发现有损坏时，应及时维修或更换。

b. 检查间隙距离有无变动，其值应符合要求。

c. 检查间隙有无被鸟巢或冰雪堆积而存在发生短路的可能。

d. 检查支持电极的绝缘子有无闪络放电痕迹。

e. 检查导线和接地引下线是否有断股和接触不良等情况。

（4）氧化锌避雷器。氧化锌避雷器由具有较好的非线性"伏-安"特性的氧化锌电阻片组装而成。在正常工作电压下，具有极高的电阻而呈绝缘状态，在雷电过电压作用下，则呈低电阻状态，泄放雷电流，使与避雷器并联的电器设备的残压被抑制在设备绝缘安全值以下；待有害的过电压消失后，迅速恢复高电阻而呈绝缘状态，从而有效地保护了被保护电器设备的绝缘免受过电压的损害。氧化锌避雷器与阀式避雷器相比具有动作迅速、通流容量大、残压低、无续流、对大气过电压和操作过电压都起保护作用，且结构简单、可靠性高、寿命长、维护简便等优点。在 10kV 系统中，氧化锌避雷器较多地并联在真空开关上，以便限制截流过电压。由于氧化锌避雷器长期并联在带电的母线上，必然会长期通过泄漏电流，使其发热，甚至导致爆炸。因此，有的工厂已经开始生产带间隙的氧化锌避雷器，这样可以有效地消除泄漏电流。

在日常运行中，氧化锌避雷器巡视检查时要注意瓷套管有无裂纹、破损或放电，表面有无严重污秽；避雷器内部有无异常响声；同时要特别注意避雷器连接导线和接地引下线有无烧伤、断股痕迹；避雷器动作记录是否有改变。

3. 巡视与过电压

雷雨天气一般不进行室外巡视，确实需要巡视室外高压设备时，应穿绝缘靴，并不得靠近避雷器和避雷针，防止雷击泄放电流产生危险的跨步电压对人的伤害，防止避雷针上产生较高电压对人的反击，以及有缺陷的避雷器在雷雨天气可能发生爆炸对人的伤害。

二、接地装置

1. 常见的接地分类

（1）按接地方式分类。

1）直接接地，即将变压器和发电机的中性点直接或通过小电阻与接地装置相连。这种接地系统中，当发生单相接地短路时，接地电流很大，所以又称为大（电流）接地系统。

2）不直接接地（不接地系统），即将变压器或发电机的中性点不与接地装置相连或通过保护、测量、信号仪表、消弧线圈及具有大电阻等接地设备与接地装置相连。这种接地系统当发生单相接地短路时，接地电流很小，所以又被称为小（电流）接地系统。

（2）按接地设备分类。

1）不经过接地设备的接地方式：变压器或发电机的中性点不经过任何接地设备直接接地或不接地。

2）经电抗或消弧线圈的接地方式：变压器或发电机的中性点通过消弧线圈与接地装置

相连。

3）经电阻的接地方式：变压器或发电机的中性点通过电阻与接地装置相连。

4）经电抗补偿、电阻并联的接地方式：变压器或发电机的中性点通过电抗器与电阻并连接地。

2. 常见的接地系统

电力系统正常运行时示意如图6-12所示。此时的电压情况为

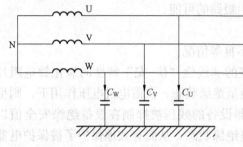

$$\dot{U}_n = -\frac{\dot{U}_A Y_A + \dot{U}_B Y_B + \dot{U}_C Y_C}{Y_A + Y_B + Y_C} \quad (6-10)$$

如果三相导线换位完善，各相对地电容相等，即 $C_A = C_B = C_C = C$，则 $Y_A = Y_B = Y_C = Y$。所以 $\dot{U}_n = -(\dot{U}_A + \dot{U}_B + \dot{U}_C)/3 = 0$。由此可见正常运行时，电源中性点对地电压为零，中性点与地电位相等，各相对地电压为相电压。

图6-12　电力系统正常运行示意

此时的电流情况为：由于各相对地电压为电源各相的相电压，所以电容电流大小相等，相位相差120°，其三相电流和仍为零，没有电容电流流过大地。

（1）中性点不接地系统。当中性点不接地系统发生单相完全接地故障时，其故障示意如图6-13所示。

当如图6-13所示W相发生完全接地故障时，各相对地电压情况为

A相：$\dot{U}_{Ad} = \dot{U}_A + \dot{U}_n = \dot{U}_{AC}$（线电压）

B相：$\dot{U}_{Bd} = \dot{U}_B + \dot{U}_n = \dot{U}_{BC}$（线电压）

C相：$\dot{U}_{Cd} = 0$

此时故障相电压降为零，非故障相对地电压升高为线电压，中性点对地电压升高为相电压。

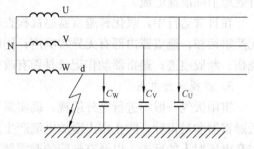

图6-13　中性点不接地系统故障示意

当发生不完全接地时，即通过一定的电阻接地，接地相对地电压大于零而小于相电压，未接地相对地电压大于相电压而小于线电压。中性点对地电压大于零而小于相电压，线电压仍保持不变，但此时接地电流要小一些。

单相接地故障时，由于线电压保持不变，用户虽然能继续工作，但是接地处可能会出现电弧。当线路不长、电压不高时，接地电流较小，电弧一般能自动熄灭，特别是35kV及以下的系统中，绝缘方面的投资增加不多，而供电可靠性较高的优点突出，所以中性点宜采用不接地的运行方式。当电压高、线路长时，接地电流较大。可能产生稳定电弧或间歇性电弧，而且电压等级较高时，整个系统绝缘方面的投资将大为增加。

（2）中性点经消弧线圈接地系统。中性点不接地系统具有单相接地故障时可继续供电的优点，但当接地电流较大时容易产生电弧接地而造成危害。为了克服这一缺点，可设法减小接地处的接地电流。采用的方法是在出现单相接地故障时使接地处流过一个感性电流，减小容性接地电流，采用中性点经消弧线圈接地的运行方式。

当中性点经消弧线圈接地系统发生单相完全接地故障时，其故障示意如图 6-14 所示。

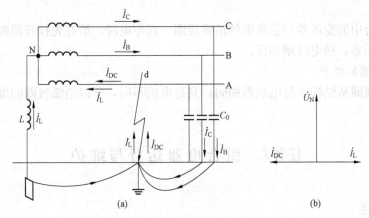

图 6-14　中性点经消弧线圈接地系统故障示意
(a) 电路图；(b) 相量图

在正常工作情况下，变压器中性点的电位为零（假设三相系统对称），因此没有电流通过线圈。当某相（如 A 相）发生金属性接地时，则作用在消弧线圈两端的电压正是中性点对地电压 U_N，于是消弧线圈中产生电感电流 I_L。

根据消弧线圈的电感电流对接地电容电流补偿程度的不同，有下列三种补偿方式。

a. 全补偿。调整消弧线圈的分接头使得电感电流等于接地电流，则流过接地点的电流为零，称为全补偿。以消弧的观点来看，全补偿应为最佳，但实际上并不采用这种补偿方式。这是因为在正常运行时，由于电网三相的对地电容并不完全相等，或断路器在操作时三相触头不能同时闭合等原因，致使在未发生接地故障情况下，中性点对地之间存在一定数值的电压（称为不对称电压）。在此电压作用下将会引起串联谐振过电压，危及电网电气设备的绝缘。

b. 欠补偿。当电感电流小于接地电流时，接地点尚有未补偿的电容性电流，称为欠补偿。欠补偿方式一般也较少采用。

c. 过补偿。当电感电流大于接地电流时，接地处具有多余的电感性电流，称为过补偿。过补偿方式可避免谐振过电压的产生，因此得到广泛采用。

3. 消弧线圈的运行规定

值班人员在改换消弧线圈的分接头或消弧线圈停送电时，应遵循下列原则。

(1) 改换消弧线圈分接头前，必须拉开消弧线圈的隔离开关，将消弧线圈停电。此外，在改换分接头的瞬间，电网有可能发生接地故障，这时分接开关将会遭到电弧烧伤，造成消弧线圈烧坏。为了保证人身及设备的安全，必须在消弧线圈停电后，才允许改换分接头的位置。

(2) 改换消弧线圈分接开关完毕。应用万能表测量消弧线圈导通良好，而后合上隔离开关，使其投入运行。

(3) 当电网采用过补偿方式运行时，在线路送电前，应改换分接头位置，以增加消弧线圈电感电流，使其适合线路增加后的过补偿度，然后再送电；线路停电时的操作顺序相反。

（4）当电网采用欠补偿方式运行时，应先将线路送电，再提高分接头的位置；停电时相反。

（5）若运行中的变压器与它所带的消弧线圈一起停电时，最好先拉开消弧线圈的隔离开关，再停用变压器；送电时则相反。

4. 消弧线圈的维护

由于消弧线圈从结构上与电抗器相同，只是电抗不同，所以消弧线圈的维护请参见电抗器的维护。

任务六　组合电器运行与维护

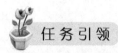

任务引领

全封闭组合电器配电装置（gas insulated substation，GIS）设备加工精密、选材优良、工艺严格、技术先进，绝缘介质使用 SF_6 气体，其绝缘性能、灭弧性能都优于空气。断路器的开断能力高，触头烧伤轻微，因此 GIS 设备的检修周期长、故障率低，运行安全可靠、维护工作量少。

教学目标

1. 掌握 GIS 设备的基本原理和组成方式。
2. 掌握 GIS 设备常见故障与处理方法。

相关知识学习

一、SF_6 全封闭式组合电器的基本结构

与常规配电装置一样，GIS 设备由断路器、隔离开关、快速或慢速接地开关、电流互感器、避雷器、母线及这些元件的封闭外壳、伸缩节和出线套管等组成，也就是将上述间隔的配电装置设备通过封闭式组合，加装在一个充满一定压力的 SF_6 气体的仓内，其间电气绝缘可依靠间隔内 SF_6 气体保证。SF_6 气体同时也起灭弧介质的作用。

1. 基本原理和结构

GIS 一般可分为单相单筒式和三相共筒式两种形式。220kV 及以上电压等级通常采用单相单筒式结构，每一个间隔（GIS 配电装置也是将一个具有完整的供电、送电或具有其他功能的一组元器件称为一个间隔）根据其功能由若干元件组成，同时 GIS 的金属外壳往往分隔成若干个密封隔室，称为气隔（Ⅰ、Ⅱ、Ⅲ、Ⅳ）。气隔内充满 SF_6 气体，如图 6 - 15 所示。

这样组合的结构具备三大优点：①如需扩大配电装置或拆换其一气隔时，整个配电装置无需排气，其他间隔可继续保持 SF_6 气压。②若发生 SF_6 气体泄漏，只有故障气隔受影响，而且泄漏很容易查出，因为每个气隔都有压力表或温度补偿压力开关。③如果某一气隔内部出现故障，不会涉及相邻气隔设备。GIS 外壳内以盘式绝缘子作为绝缘隔板与相邻气隔隔

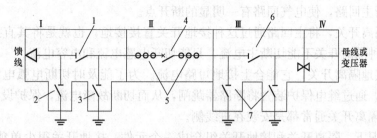

图 6-15　间隔的气隔划分图

1—隔离开关；2—慢速接地开关；3—快速接地开关；4—断路器；

5—电流互感器；6—隔离开关；7—快速接地开关；Ⅰ、Ⅱ、Ⅲ、Ⅳ—气隔

绝，在某些气隔内，盘式绝缘子装有通阀，即可沟通相邻隔室，又可隔离两个气隔。隔室的划分视其配电装置的布置和建筑物而定。

220kV 的 GIS 间隔的总体组成如图 6-16 所示。

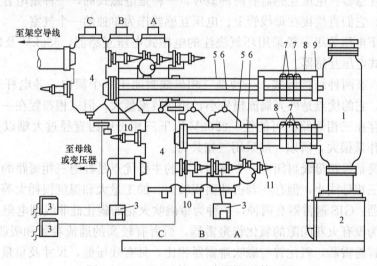

图 6-16　220kV 的 GIS 间隔的总体组成

1—断路器；2—断路器操作箱；3—隔离开关与接地开关操作机构；4—隔离开关与接地开关；5—金属外壳；

6—导电杆；7—电流互感器；8—外壳短路线；9—外壳连接法兰；10—气隔分割处、盘式绝缘子；11—绝缘垫

2. 内部组成

（1）断路器：有单压式和双压式两种。目前广泛采用的是单压式断路器。单压式断路器结构简单，使用内部压力一般为 0.5~0.7MPa，其行程，特别是预压缩行程较大，因而分闸时间和金属短接时间均较长。

单压式断路器的断口可以垂直布置，也可以水平布置。水平布置的特点是两侧出线孔需支持在其他元件上。检修时，灭弧室由端盖方向抽出，因此没有起吊灭弧室的高度要求，但侧向则要求有一定的宽度。

断口垂直布置的断路器，出线孔布置在两侧，操动机构一般作为断路器的支座，检修时灭弧室垂直向上吊出，配电室高度要求较高，但侧面距离一般比断面水平布置的断路器小。

（2）隔离开关与（快速）接地开关。GIS 隔离开关根据用途可分为三种形式。

1）只切断主回路，使电气回路有一明显的断开点。

2）接地隔离开关，将主回路通过这种接地开关直接接地，也就是将其直接接在母线的外壳。上面两种隔离开关不能切断主电流，只能切断电感电流和电容电流。

3）快速接地隔离开关，它能合上接地短路电流。为了能及时切断电弧电源，人为地使电路直接接地，通过继电保护装置将断路器跳闸，从而切断故障电流，保护设备不致损坏过大。快速接地隔离开关通常都是安装在进线侧。

在一般情况下，隔离开关和接地开关组合成一个元件，接地开关很少单独成一个元件。隔离开关在结构上可分为直动式和转动式两种。转动式可布置在 90°转角处和直线回路中，由于动触头通过蜗轮传动，结构复杂，但检修方便。直动式只能布置在 90°转角处，结构简单，检修方便，且分合速度容易达到较大值。接地开关一般为直动式结构。

（3）电流互感器：GIS 中的电流互感器可以单独组成一个元件或与套管、电缆头联合组成一个元件，单独的电流互感器放在一个直径较大的筒内（或放在母线筒外面）。

（4）电压互感器：电压互感器有两种型号，一种是电磁式的，一种是电容式的。两种都可竖放或横放，它们直接接在母线管上。电压互感器作为单独的一个气室。

220kV 以下电压等级一般采用环氧浇注的电磁式电压互感器，550kV 及以下电压等级普遍采用电容式电压互感器。

（5）母线：有两种结构形式，一种是三相母线封闭于一个筒内，导电杆采用条形（盆形）支撑固定，它的优点是外壳涡流损失小，相应载流量大。但三相布置在一个筒内，不仅电动力大而且存在三相短路的可能性。220kV 以下三相母线因直径过大难以分割气隔，回收 SF_6 气体工作量很大，所以一般采用三相共筒。

单相母线筒是每相母线封闭于一个筒内，它的主要优点是杜绝三相短路的可能，筒直径较同级电压的三相母线小，但存在着占地面积较大、加工量大和温度损耗大等特点。

（6）避雷器：GIS 避雷器有两种，一种为带磁吹火花的碳化硅非线型电阻串联而成的避雷器，另一种为没有火花间隙的氧化锌避雷器，后者有较高的通流容量和吸收能力。目前，广泛采用氧化锌避雷器，氧化锌与磁吹避雷器相比，具有残压低，尺寸及重量小，具有稳定的保护性和良好的伏秒特性等优点。

（7）连接管：各种用途的连接管，如 90°、三通、四通、转角管、直线管、伸缩节等一般选择定型规格。

（8）过渡元件：SF_6 电缆头是 SF_6 全封闭组合电器和高压电缆出线的连接部分，为避免 SF_6 气体进入油中，目前采用加强过渡处的密封或采用中油压电缆。

（9）SF_6 充气套管：是 SF_6 全封闭组合电器和高压电缆出线的连接部分，套管内充入 SF_6 气体。SF_6 充气套管是 SF_6 全封闭组合电器直接与油浸变压器连接部分，为了防止组合电器上的环流扩大到变压器上及防止变压器的振动传至全封闭组合电器上，在 SF_6 充气套管上有绝缘垫和伸缩节。

3. GIS 气室

GIS 设备是全封闭的，所以应根据各个元件不同的作用，将内部分成若干个不同的气室，其原则如下。

（1）由于 SF_6 气体的压力不同，因此要分成若干个气室。断路器在开断电流时，要求电弧迅速熄灭，因此要求 SF_6 气体的压力要高，而隔离开关切断的只是电容电流，所以母线管里的压力要低。例如，断路器室的 SF_6 气体压力为 700kPa，而母线管里的 SF_6 气体压力为 540kPa。因此，不同设备所需的 SF_6 气体压力不同，要分成不同的若干气室。

（2）因绝缘介质不同要分成若干气室。如 GIS 设备必须与架空线路、电缆、主变压器相连接，而不同元件所用的绝缘介质不同，例如，电缆终端的电缆头要用电缆油，与 GIS 连接的要 SF_6 气体，因此，要把电缆油与 SF_6 气体分隔开来，所以要分成多个气室。变压器套管也是如此。

二、GIS 中气体监控及运行维护

SF_6 气体约在 20 世纪 40 年代开始用于电力设备的绝缘介质，是一种无色、无味、无毒、不可燃的惰性气体，有优良的冷却性能，尤其在开关设备有高温电弧的作用下，可产生较高的冷却效应，而且可避免局部高温的可燃性，其绝缘性能大大高于传统的油、空气等绝缘介质。本任务将从 SF_6 气体的特性入手，介绍 GIS 设备的运行。

1. SF_6 气体的相关特性

SF_6 气体与空气、水分作用会产生较强的绝缘效果。在一定体积的空气中，渗入少量的 SF_6 气体，可显著提高空气的绝缘强度，但在 SF_6 气体中加入少量的空气，则 SF_6 气体的绝缘强度会明显下降，这称为空气对 SF_6 气体绝缘强度的负作用。因而控制空气的渗入是一个重要问题。为此，在电力设备充入 SF_6 气体前，必须对设备内部先进行真空处理。

SF_6 气体比空气的绝缘强度高 213～215 倍，灭弧能力高近百倍，因而用简单的灭弧结构就可达到很高的开断能力。此外，电弧在 SF_6 气体中燃烧时，电弧电压特别低，燃弧时间也短。因此，触头断开后触头烧损很轻微，不仅适用于频繁操作，也延长了检修周期。SF_6 气体也有如下缺点：含有水分的 SF_6 气体在电弧的高温下，会分解出一些硫的低氟化合物，这些低氟化合物有较强的毒性和刺激性，对人体有危害，对许多绝缘材料、导电材料也有腐蚀作用。如果 SF_6 气体中水分含量大得足以引起绝缘表面结露，击穿电压会显著下降，因此，控制其水分含量也是一个重要问题。控制水分含量的方法是严格控制使用的 SF_6 气体的含水量，对超标的 SF_6 气体不用或少用；防止水分进入开关设备本体。另外，由于 SF_6 气体受自身的压力、温度和液体特性的限制，使之在寒冷地区的使用受到一定的限制，所以，对 SF_6 气体的运行管理要求是很严格的。

2. GIS 故障判定

GIS 常见故障可以分为两大类：内部故障和外部故障。

（1）内部故障。

1）水分。SF_6 气体中水分含量若偏高，不仅会导致 GIS 绝缘耐受电压的下降，而且会导致气体电弧分解物的增加，绝缘子需大清洗或更换。

2）杂质。杂质会引起闪络的重复发生，其主要原因是安装过程中工艺质量控制不严。

3）电接触不良。在 GIS 内部用来改变电场的某些金属部件，在运行中可能松动而导致接触不良，在运行时从外部可听到"嗡嗡"声。

4）气体的泄漏。气体的泄漏不但影响 GIS 的可靠运行，同时也会污染周围环境，危害工作人员的身体健康。气体的泄漏会造成断路器闭锁，当发生故障时断路器不能可靠的动作，造成事故的扩大，严重时会影响系统的稳定运行。

5）操作系统故障。操作系统的泄气或泄油也会造成断路器拒分、拒合。故障出现后，故障判定成功的方法是施加交流电压后听放电声以确定故障部位。交流电源以串联谐振装置较合适。在较小的气室中发生严重故障时，采用气体分析可检查出故障气室。

（2）外部故障。外部故障中较多的是运行人员的误操作。主要是将接地开关合到带电相上，或是带负荷拉隔离开关。另外，检修人员在检修中造成的错误，如工具遗留在内部或未充气，以及过电压引起的故障都属于外部故障。

3. 检修与维护

对于 GIS 来说，其维护主要应注意两个方面：监视气体密度和压力及补充气体。常用的监测方法有压力表监测法和密度继电器监测法两种。一般全封闭组合电器都装有压力表，用压力表可直观地监测设备运行中内部气体压力的变化。根据 SF_6 气体的温度特性曲线，即可判断设备有无漏气现象。有 SF_6 气体泄漏时，应先发出补气信号，如果未能及时采取措施以至进一步泄漏，则必须采用密度继电器（温度补偿压力开关），对开关进行分合闸闭锁，发出闭锁信号。

在 GIS 的检修过程中，对水分、灰尘及杂质的控制是关键。

（1）对水分的控制。

1）在装配过程前对零部件进行烘干处理。

2）在检修中将拆下的零部件用干净的塑料布封闭好，并且内部包放吸附剂，防止潮气进入元件内。

3）抽真空，利用充放气装置对设备进行抽真空干燥处理。若设备检修完毕充气时，在充气之前再进行一次抽真空干燥处理。

4）总装时在 SF_6 组合电器设备内指定点放置吸附剂，重量按 SF_6 气体量的 1/10 配置。

根据检修的经验可知，SF_6 组合电器设备内部的水分在检修后 3～6 个月内一般达到最高值，以后无特殊情况则逐步趋向稳定。SF_6 组合电器中的水分含量在绝缘表面上呈露滴状凝结时，击穿电压有明显下降；而以霜的形式凝结时，击穿电压没有明显下降，因此，为了防止绝缘件沿面耐压的明显降低，必须控制水分及空气的含量。

（2）对灰尘及杂质的控制。SF_6 气体绝缘电器检修时，现场环境的空气湿度应不大于 70%，空气含尘量不大于 $0.1mg/m^3$，除此以外，还应满足和注意以下事项：①将拆卸下的零部件分别包扎处理，并在内部放吸附剂，在装配前进行净化处理，用无水乙醇和精制棉纸擦拭，待挥发后再装配；②禁止使用棉纱和带油的布擦拭零部件；③所用的工具要清洁无油，衣物手套用专用的尼制品；④清除拆卸和装配过程中留下的金属粉末。最后用吸尘器或无水乙醇及精制的卫生棉纸清理。

（3）关键部件的检查。

1）密封及密封槽、面的检查。密封要进行弹性、永久变形及表面质量检查，装配时要清洁，严防划伤。

密封槽和密封有良好的配合，包括槽深、宽及粗糙度。密封面如有轻微的损伤和锈斑可用天然油石或铸铁研磨块修理，修理过的零件必须清洗干净并烘干处理。

2）绝缘件的检查。检修时除测量电特性外，还应注意保管工作，绝缘件用塑料包好，内置吸附剂，放在离地面一定高度的工作台上。

3）电气连接件检查。凡是装入 SF_6 组合电器内的电气连接件都需要清除毛刺、油污及尘土，并做烘干处理。

4）瓷套件的检查。装配前擦净内壁灰尘，检修时用吸尘器吸去附在内壁上的氟化物。

任务七　二次回路及继电保护

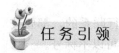
任务引领

近年来随着计算机特别是微电子技术的发展，变电站二次回路已能够承担越来越多的变电站管理工作，特别是变电站综合自动化和调控一体化概念提出至今，二次回路已可以集保护、测量、控制、远传等功能为一体，并能够通过数字通道和网络技术来实现信息共享。

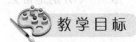
教学目标

1. 掌握二次接线图的辨识方法。
2. 理解继电保护装置在变电站二次回路中的作用。
3. 掌握变压器、母线保护的原理。
4. 掌握二次设备巡视检查项目。
5. 了解继电保护校验方法。

一、二次回路标号

1. 一、二次设备的划分

一次设备是指直接参与生产、输送和分配电能的电气设备，如发电机、变压器、输电线路、断路器、隔离开关等。由这些设备构成的电路称为一次接线或主接线。

二次设备是指对一次设备的工作状况进行监视、测量、控制、保护和调节所需要的电气设备，例如继电保护装置、自动装置，通常还包括互感器出线，这些设备按照一定要求连接在一起，构成的电路被称为二次接线或二次回路。

一次设备和二次设备的分界点通常认为是互感器线圈，即互感器线圈低压侧出线开始被称为二次回路，互感器线圈及其进线侧开始被称为一次回路。

2. 标识符号

在二次回路接线图中，都是以图形符号、文字符号和回路标号进行说明的，其中，图形符号和文字符号用于标识和区别二次回路中的各个电气设备，回路标号用以区别电气设备之间相互连接的所有回路。二次回路接线图中的图形符号、文字符号和回路标号都要符合相关标准。

二次回路接线图中的每个电气设备，都按一定的要求进行连接。为了区别这些连接回路的功能和方便正确连接，通常情况都是按等电位原则进行回路标号。由电气设备的线圈、触点等元件间隔导线。但是随着变电站综合自动化水平不断提高，二次回路更趋于复杂，随之便有不少学者开始提出对二次回路的标号适当简化。

3. 二次回路标号

（1）导线文字标号的原则。导线允许设有文字代号，并且可以随意编制文字代号，也可以按照特定的原则编制，还可以按特定要求制订回路标号。

导线的文字编号，以安装单位内部不同导线的文字代号不重复为原则。

导线文字标号的后半部分应是序位数字。

小母线的符号和标号可以一样，也可以不一样。小母线的符号也可以取消。

(2) 二次回路标号原则。

1) 回路编号的一般规则。凡是各设备间需要用控制电缆经端子排进行联系的，都要按回路进行标号。对于在接线图中不经过端子排而在屏内直接连接的回路，可以不标号。

按等电位原则标注。即在电气回路中，连于一点上的所有导线均标以相同的回路编号。

在同一回路中，经过回路中电气设备的线圈、触点、电容等元件后都视为不同线段。

对于控制回路和信号回路，特别是辅助以小母线或交流电压小母线的回路，除文字标号外，还要辅以固定的回路编号。

2) 常见的二次回路编号是由"约定标号＋序号"组成的，表6-2～表6-4分别是常见的回路标识、常见的序数号和常见的数字标号组。

表6-2　　　　　　　　　　　　常见的回路标识

序号	回路名称	约定标识
1	直流控制回路	1、2、3、4
2	信号回路	7 或 J
3	交流电压回路	A、B、C、N
4	交流电压回路	A6、A7…
5	交流电流回路（保护）	A4…
6	交流母差电流回路	A3…

表6-3　　　　　　　　　　　　常见的序数号

序号	回路名称	序数号
1	正极导线	01
2	负极导线	02
3	合闸导线	03 或 07
4	跳闸导线	33 或 37

表6-4　　　　　　　　　　　　常见的数字标号组

序号	回路名称	数字编号组
1	正电源回路	101、201、301、401
2	负电源回路	102、202、302、402
3	合闸回路	103、203、303、403 或 107、207、307、407
4	跳闸回路	133、233、333、433 或 137、237、337、437
5	电流回路 A 相	A411～A419CA491～A499…
6	电流回路 N 相	N411～N419…N491、N499
7	在 TV 隔离开关位置继电器触点前的电压回路 A 相	A601、A602
8	在 TV 隔离开关位置继电器触点后的二次电压母线回路 A 相	A610…A690
9	进入保护装置经过切换后的电压回路 A 相	A710…A790
10	电压回路 N 相	N600、N700

3）常见端子的编号是由端子段文字符号或端子段编号＋端子序号组成。表 6-5 和表 6-6
是常见端子排编号。

表 6-5　　　　　　　　　　　　　　　　　线路保护及辅助装置编号

序号	装置类型	装置编号	屏端子段编号
1	线路保护	1n	1D
2	线路独立后备保护	2n	2D
3	断路器辅助保护带重合闸	3n	3D
4	操作箱	4n	4D
5	交流电压切换箱	7n	7D
6	断路器辅助保护不带重合闸	8n	8D
7	过电压及远方跳闸保护	9n	9D
8	短引线保护	10n	10D
9	远方信号传输装置	11n	11D

表 6-6　　　　　　　　　　　　　　　　　常见保护屏背板端子文字符号

序号	名称	文字符号
1	直流电源屏	ZD
2	强电开入段	QD
3	对时段	OD
4	弱电开入段	RD
5	出口段	CD
6	与保护配合段	PD
7	集中备用段	1BD
8	交流电压段	UD
9	交流电流段	ID
10	信号段	XD
11	遥信段	YD
12	录波段	LD
13	网络通信段	TD
14	交流电源	JD
15	集中备用段	2HD

二、变电站的信号回路

变电站的二次回路包括监控子系统、微机保护子系统、电压无功综合控制子系统、电力
系统的低频减负荷控制、备用电源自动投切装置的控制、电力系统的安全稳定控制等，同时
不同区域电网的二次回路结构也不尽相同。

1. 二次回路的结构

（1）集中式结构。集中式结构也并非是指由一台计算机完成保护、监控等全部功能。多
数集中式结构的微机保护及监控系统等功能也是由多台计算机共同完成的，只是每台计算机

承担的任务不单一。集中式的缺点是显而易见的。当一台计算机出现故障，变电站可能就要停止供电；集中式的控制系统软件复杂，修改的工作量巨大；组态不灵活，对于不同接线甚至不同间隔的变电站，软件都要重新设计。

（2）分布式系统集中屏结构。这样的结构采用分层的方式分布多 CPU 体系，每层完成不同的功能。一般情况下设备可以分为三层，即变电站层、单元层、设备层。每个功能都由一个 CPU 完成，以提高系统的整体可靠性；另一方面还能够简化系统软件的结构。这样的系统方便组成不同控制结构的控制系统，同时由于软件相对简单，设备的维护和修改相对简单。

在分布式系统中，继电保护设备相对独立，其功能不依赖于通信网络或其他设备。这样的继电保护设备可靠性较高。

2. 二次回路的功能划分

（1）监控子系统。监控子系统主要提供变电站二次回路与管理人员交互功能，其具体的功能划分如下。

1）数据采集：采集变电站中所有的模拟量和数字量。

2）事件顺序记录：事件顺序记录包括断路器合闸记录、保护及自动装置动作记录、各种异常告警记录等。以发生的时间为序进行自动记录。

3）故障记录、故障录波和测距：采用微机故障录波装置，监控系统通信、设备信号、电压及电流信号等。

4）操作控制功能：具有综合自动化系统的变电站，操作人员可以在变电站、集控中心或调度中心通过显示器、键盘或鼠标，对断路器和隔离开关进行分、合操作，对变压器分解开关位置进行调节控制，对电容器进行投、切控制。断路器操作应有闭锁功能，一般闭锁包括断路器操作时要求闭锁自动重合闸；就地进行操作和远方控制操作要相互进行闭锁；根据实际接线，自动实现断路器和隔离开关间的操作闭锁。

无论就地操作或远方操作，都应有防误操作的闭锁，即要收到返校信号后才能够执行下一步操作。

5）安全监视功能：监控系统对采集的电流、电压、频率、主变压器温度等模拟量设定警告限位，在运行中不断进行越限监视。

6）人机交互功能：通过监视器、音响等设备与变电站监控人员进行信息交互。同时会辅以打印、数据回溯、历史趋势等功能。

（2）微机保护系统。微机保护是以微型计算机为核心，利用微型计算机的信息处理功能，对检测到的电力系统运行状态数据进行分析和计算，并根据计算结果来实现多输电线路或电器元件的保护。

1）数据采集：在变电站二次回路分界点后通常还会有相应的变送器或变送装置把互感器信号转换成数字信号。目前大部分保护设备已经集成了这部分功能，以提高数据的准确性和精确性。

2）微型计算机系统：微型计算机继电保护装置等设备的核心。

（3）电压无功综合控制系统。变电站二次回路必须要具备保证安全、可靠供电和提高电能质量的自动控制功能。电压和频率是电能质量的重要指标之一，因此电压无功综合控制也是变电站二次回路的一个重要组成部分。

（4）电力系统的低频减负荷控制。电力系统的频率是电能质量最重要的指标之一。在非事故情况下负荷变化引起的频率偏移将由电力系统的频率调整系统来限制。

（5）备用电源自动投切装置。备用电源自动投切装置也叫备自投（BZT），是一种在电力系统故障或其他原因使工作电源被断开后，能够迅速将备用电源自动投入的控制装置。这套装置主要是为变电站的控制设备供电。

（6）电力系统的安全稳定控制。变电站的微机型安全稳定控制装置是通过采集和计算变电站主变压器及联络线的电压、电流，实时监视变压器的电流，从而判断变电站的运行过转状态。

（7）变电站的综合自动化通信系统。变电站二次回路系统是由各个子系统组成的，各子系统与上位机通信，以及变电站与上级调度的通信，所有的这些通信组成了通信系统。

三、继电保护装置

继电保护装置是采用快速可靠的继电保护、有效的预防性控制措施，确保电网特别是变电站在发生常见的单一故障时能够保持电网的稳定运行和正常供电。继电保护装置是电力系统确保系统在遇到各种事故时的第一道防线。

1. 电力系统的运行状态

电力生产包括发电、输电、变电、配电、用电和调度六个环节。电气设备作为电网组成的基本元件，除正常运行状态外，还有可能出现各种故障状态和不正常运行状态。其中故障状态是指电气设备发生短路、断线时的状态。不正常运行状态是指电力系统中电气设备超出正常允许的工作范围，但未发展成故障。

电力系统事故是指在电力系统中，故障和不正常工作状态可能引起电力系统事故，即系统全部或其中一部分的正常工作遭到破坏，并造成对用户少送电或电能质量变坏到不能容忍的地步，甚至造成人身伤亡和设备损坏等严重后果的事件。

2. 继电保护的作用和基本要求

（1）继电保护的作用。继电保护装置的主要作用是检测电力系统中各电气设备故障和不正常工作状态，并将对应故障设备进行隔离。

（2）继电保护装置的基本要求。

1）选择性：选择性是指继电保护装置动作时，要求在尽可能小的范围内将故障设备从电力系统中切除，尽量缩小停电范围，最大限度地保证系统中非故障部分能继续稳定运行。

2）速动性：速动性是指继电保护装置允许的可能最快速度动作，以断开故障设备或终止不正常状态发展。

3）灵敏性：灵敏性是指继电保护装置对其保护范围内发生的故障及不正常状态的反应、能力。

4）可靠性：可靠性是指在规定的保护范围内，发生继电保护装置应该动作的故障时，装置不拒动；而在正常运行和保护范围外发生故障时，装置不误动。

对电力系统继电保护装置来说，以上四点相辅相成，但又相互制约。

3. 继电保护的基本原理、构成和分类

（1）继电保护的基本原理。电气系统发生变化时，电器相对于正常运行状态一般会发生较大变化，主要表现在以下一个或多个方面。

1）电流明显增大。

2）故障相或相间电压明显降低。

3）电压及电流的相位角发生变化。

4）测量阻抗发生变化。

5）电气设备流入量与流出量的关系发生变化，流入量不等于流出量。

6）正常运行时，系统中只存在正序分量，但发生不对称故障时会产生负序和零序分量。

继电保护装置通常是通过检测基本电气量来判断系统的故障。主要是通过比对系统正常运行与故障时各个电气量之间的差别。当突变、数值、相位偏差达到一定值时，继电保护装置就会启动逻辑控制环节，发出相应的保护及控制信号。

（2）继电保护装置的构成。

继电保护装置的种类虽然很多，但是在一般情况下这些保护装置都是由三个部分组成，即测量、逻辑处理和执行。

1）测量部分是检测被保护对象的有关信号，并和已给定整定值进行比较，从而判断保护逻辑是否应该启动。

2）逻辑部分是根据测量部分各输出量的大小、性质、出现的顺序或它们的组合来使保护装置按照规定的逻辑程序工作。逻辑部分会把处理结果传输到执行部分。

3）执行部分是根据逻辑部分传送的信号，完成保护装置应该完成的动作。例如，正常运行时不动作、不正常运行时报警、故障时跳闸信号的发出等。

4. 数字式继电保护装置

目前变电站使用的大都是数字式继电保护装置，除具有传统微机保护功能外，还有如下功能：

（1）保护装置采样值采用点对点或组网方式接入，支持 IEC 6044-8 或 IEC 61850-9-2 协议，在工程应用时能灵活配置。

（2）线路纵联差动保护应适应常规互感器和电子式互感器混合使用的情况。

（3）保护装置应能够处理合并单元上送的数据品质位信息，并能够及时准确地提供报警信息。

（4）保护装置应采取措施，防止输入的双 A/D 数据之一异常时误动作。

（5）除检修连接片可采用硬压板外，保护装置应采用软压板，满足远方操作的要求。

（6）保护装置应具备通信中断、异常等状态的检测和报警功能。

四、线路保护

输电线路保护经过长时间的发展已经到了相当成熟的地步。输电线路上发生的故障与不正常工作状态有相间短路、单相接地和过负荷。所有线路保护都是针对上述故障与不正常工作状态而采取的措施。由于不同电压等级的线路对保护的动作时限、灵敏度、可靠性等要求不同，不同电压等级的保护略有不同。

目前，电力系统中使用的线路保护按照电压等级分为低压线路保护和高压线路保护。

1. 低压线路保护

（1）过电流保护。保护装置设有三段定时限过电流保护，各段电流及时间定值可以独立整定，分别设置整定控制字控制这三段保护的投退。其中过电流三段可通过控制字选择采用定时限还是反时限。

（2）接地保护。保护装置应用于不接地或小电流接地系统中，在系统中发生接地故障时，接地故障点零序电流基本为电容电流，且幅值很小，用零序过电流继电器来判断接地故障很难保证选择的正确性。在目前的电力控制系统中，各个控制装置都通过网络互连，信息基本能够共享，所以保护系统采用网络小电流接地方法来获得接地间隔信息，并通过网络下达接地试跳控制命令来进一步确定接地间隔。

（3）加速段保护。保护装置配置了独立的加速段保护，能够通过控制字选择采用合闸前加速还是合闸后加速，合闸后加速保护包括手合故障加速跳与自动重合故障加速跳。可选择使用过电流加速段和零序加速段，该保护开放一定时间。过电流加速段和零序加速段的电流及时间定值可以独立整定。

（4）装置闭锁和运行异常告警。当保护装置检测到本身硬件故障时，发出装置故障闭锁信号，同时闭锁整套保护。硬件故障包括缓存错误、存取错误、定制错误和电源故障等。

（5）遥控、遥测、遥信（三遥）。遥控功能主要有正常遥控跳闸操作、正常遥控合闸操作、接地选线遥控跳闸操作三种。

遥测功能主要包括相电压、线电压、相电流、有功、无功、功率因数等。

遥信功能主要有遥信开入、装置变位遥信和事故遥信等。

（6）三相一次重合闸。当开关位于合位时充电，当开关由合位变为断开位（跳位）时启动重合闸。

2. 高压线路保护

（1）零序保护。零序电流保护反应中性点接地系统中发生接地短路时的零序电流分量，原理简单可靠、灵敏度高、保护器较为稳定，在输电线路中获得了极为广泛的应用，零序电流保护和反应相间短路的电流保护一样采用阶段式，多为四段式，并可根据运行需要而增减段数。零序电流可由电流互感器构成的零序过滤器获得，零序电压可由电压互感器开口三角形获得，也有微机保护根据输入的三相电流、三相电压分别计算出零序电流、零序电压。阶段式零序电流保护由零序电流速断保护（零序Ⅰ段）、限时零序电流速断保护（零序Ⅱ段）、零序过电流保护（零序Ⅲ段）组成。零序Ⅰ段和零序Ⅱ段共同构成接地故障的主保护，零序Ⅲ段为后备保护。

1）零序电流速断保护（零序Ⅰ段），反应接地故障的零序电流速断保护与反应详见故障的瞬时电流速断保护，其选择性是靠动作电流的整定获得的。为此也可以求出单项或两相接地短路时零序电流 $3I_0$ 随线路长度 β 变化的关系曲线，然后用类似于相间短路保护Ⅰ段的整定计算方法求得零序Ⅰ段的动作电流。

2）限时零序电流速断保护（零序Ⅱ段）。

① 零序Ⅰ段能瞬时动作，但不能保护本线路全长。为较快地切除被保护线路全长上的接地故障，还应装设限时零序电流速断保护（零序Ⅱ段）。

② 零序Ⅱ段的整定计算类似于相间短路保护的显示电流速断保护，它的动作电流应与下一线路的零序Ⅰ段相配合，即保护范围不超过下一线路零序Ⅰ段的保护范围。

3）零序过电流保护（零序Ⅲ段）。零序过电流保护与相间短路过电流保护类似，一般用作接地短路的后备保护。为了使零序过电流保护在正常运行时及相间短路时不动作，其动作电流应按照躲过下一线路出口处相间故障时流过本保护的最大不平衡电流整定。

（2）距离保护。目前电力系统中，通常会安装距离保护，在距离保护安装处测量线路的测量阻抗。在线路故障时，输电线路的测量阻抗会明显变小，且故障时的测量阻抗大小与故障点到保护安装处之间的距离成正比。只要测量出这段距离阻抗的大小，也就等于测出了线路长度。这种反应故障点到保护安装处之间的距离，并根据这一距离的远近决定动作时限的保护，称为距离保护。距离保护实质上是反应阻抗的降低而动作的阻抗保护。

（3）差动保护。输电线路保护的全线速动保护是指利用输电线路两端的电气量信号进行比较，来判断故障点是否在线路内部，以决定是否动作的一种保护。线路两端的电气量信号的传输通道从纵联差动保护的角度上讲有四种方式，即导引线、输电线路、微波和光纤。利用这四种通道可以构成纵差保护（导引线保护）、高频保护（载波保护）、微波保护和光纤保护。这四种传递信号的方式虽然不同，但结果却是相同的，即能快速切除全线范围内的故障，没有后备保护作用。

输电线路的纵差保护是用辅助导线将被保护线路两侧的电气量连接起来，通过比较被保护线路的始端与末端电流的大小及相位构成的保护，因此又称为导引线纵联保护。

（4）纵联载波保护。纵联载波保护是将线路两端的保护状态量通过载波信号，送至对端进行比较，决定保护是否动作的一种保护。从严格意义上讲，利用微波通道构成的微波保护和利用光纤通道构成的光纤保护都属于纵联保护。目前广泛采用的纵联载波保护有高频方向闭锁式、高频距离零序闭锁式和高频方向、距离零序允许式保护等。

1）高频方向闭锁保护。高频方向闭锁保护是由线路两侧的方向元件分别对故障的防线做出判断，然后通过高频信号做出综合的判断，即对两侧的故障防线进行比较以决定是否跳闸。在继电保护中规定，从母线流向线路的短路功率为正方向，从线路指向母线的短路功率为负功率方向。高频方向闭锁保护的工作方式是当任一侧方向元件判断为反方向时，本侧保护不跳闸，同时由发信机发出闭锁高频信号，对侧收信机收到信号后输出脉冲闭锁该侧保护，故称为高频方向闭锁保护。

2）高频距离零序闭锁保护。高频距离零序闭锁方向保护可以快速切除保护范围内的各种故障，但不能作为下一线路的后备保护。对距离保护，当内部故障时，利用高频闭锁保护的特点，能瞬时切除线路任一点的故障；而当外部故障时，利用距离保护的特点，起到后备保护的作用。高频距离零序闭锁保护兼有高频方向和距离两种保护的优点，并能简化保护的接线。

五、变压器保护

1. 变压器的保护配置

根据变压器可能发生的各类故障和不正常运行方式，变压器应装设的保护如下。

（1）差动保护。差动保护能反映变压器内部各种相间、接地及匝间短路故障，同时还能反应引出线及套管的短路故障。它能瞬时切除故障，是变压器最重要的保护。

10MVA 及以上单独运行变压器和 6.3MVA 及以上并列运行变压器，应装设纵联差动保护；6.3MVA 及以下单独运行的重要变压器也应装设纵联差动保护。

10MVA 以下的变压器可装设电流速断保护和过电流保护；2MVA 及以上的变压器当电流速断保护灵敏系数不符合要求时，宜装设纵联差动保护。

（2）气体保护（瓦斯保护）。气体保护能反映铁芯内部烧损、绕组内部短路及断线、绝缘逐渐劣化、油面下降等故障，但不能反映变压器本体以外的故障。它的优点是灵敏度高，几乎能反映变压器本体内部的所有故障；但也有其缺点，气体保护不能反映外部引出线故障等。

0.8MVA 及以上的油浸式变压器和 0.4MVA 及以上的车间内油浸式变压器，均应装设气体保护。当壳内故障产生轻微瓦斯或油面下降时应瞬时动作于信号；当产生大量瓦斯时，断开变压器各侧断路器，当变压器安装处电源侧无断路器或短路开关时，可作用于信号。

（3）零序电流保护。零序电流能反映变压器内部或外部发生的接地性短路故障。一般是由零序电流、间隙零序电流、零序电压共同构成完善的零序电流保护。

分级绝缘的变压器中性点装设放电间隙和零序电流保护，并增设反应间隙回路的零序电压和间隙放电电流的零序电流保护。当电力网单相接地且失去接地中性点时，零序电压保护宜经 0.3～0.5s 时限动作于断开变压器各侧断路器。

（4）过负荷保护。过负荷保护反映变压器过负荷状态。当 0.4MVA 及以上变压器数台并列运行或单独运行，并作为其他负荷的备用电源时，应当根据可能过负荷的情况装设过负荷保护，对三绕组变压器保护装置应能反映各侧过负荷的情况。过负荷保护采用单项式带时限动作于信号，在无人值守变电站，过负荷保护可动作于跳闸或断开部分负荷。

（5）后备保护。阻抗保护、负荷电压过电流保护、低压过电流保护、过电流保护都能反映变压器的过电流状态。但它们的灵敏度不一样，阻抗保护的灵敏度最高，多电流保护的灵敏度最低。

1）过电流保护宜用于降压变压器。

2）符合电压启动的过电流保护或低压闭锁的过电流保护宜用于升压变压器、系统联络变压器和过电流不符合灵敏性要求的降压变压器。

对于后备保护：

1）双绕组变压器应装于主电源侧，动作与断开变压器各侧断路器。

2）三绕组变压器宜装于主电源侧及主负荷侧。主电源侧的保护应带两段时限，以较短的时限断开没有安装保护的断路器；当不符合灵敏性要求时，可在各侧装设保护装置，各侧保护装置应根据选择性的要求装设方向元件。

（6）其他保护。其他保护包括反映变压器油温和绕组上层温度升高的温度保护；反映油位变化的油位保护；反映通风及冷却器故障的保护及反映油箱内部压力升高的压力释放保护等。

2. 变压器电气量保护原理

差动保护是变压器内部故障的主保护，能够反映变压器油箱内部、套管和引出线的相间和接地短路故障，以及绕组的匝间短路故障。变压器的差动保护分为差动速断保护、比率差动保护和工频变化量比率差动保护。变压器电气量保护原理示意如图 6-17 所示。

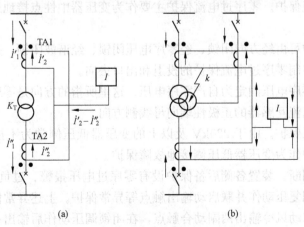

图 6-17　变压器电气量保护原理示意图

图 6-17（a）中，$\dot{I}_1$、$\dot{I}_2$ 分别为变压器一次侧和二次侧的一次电流，参考方向由母线指向变压器；$\dot{I}_1'$、$\dot{I}_2'$ 为响应的电流互感器的二次侧电流。流入差动继电器的电流为

$$\dot{I}_d = \dot{I}_1' + \dot{I}_2'$$

差动保护的动作判据为

$$I_d \geqslant I_{set}$$

式中　I_{set}——差动保护的整定动作电流；

　　　I_d——差动保护的动作电流。

图 6-17（b）中是三绕组变压器，流入差动元件的电流为变压器三侧的二次电流之和，即

$$\dot{I}_d = \sum_{i=1}^{3} \dot{I}_i'$$

变压器三侧的二次电流分别为 $\dot{I}_1'$、$\dot{I}_2'$、$\dot{I}_3'$，动作判据不变。

忽略变压器损耗正常运行和外部故障时，由于变压器两侧电流相位相差180°，所以差动电流为零，保护不会误动作；当变压器发生内部故障时，差动继电器中将流入两侧短路电流之和，只要故障电流大于保护的动作电流，保护即可迅速动作。

3. 变压器的后备保护

（1）过电流保护。变压器的过电流保护根据变压器容量和系统短路电流水平的不同，可采用过电流保护、低电压闭锁的过电流保护、负荷电压闭锁的过电流保护、负序电流保护等。

变压器过载时，电压会降低，电流自然会升高，有可能达到过电流定值，而过载的情况只会发生很短的时间，如果没有低电压闭锁条件，会引起变压器解列，因此为了保证供电的可靠性，低电压闭锁条件是必须的。负序电压闭锁条件主要是为了提高三相短路的灵敏度，单相和两相短路时都会产生很大的负序电压，但单相和两相都有各自对应的保护装置，所以不用考虑；而三相短路时，短路电流也是对称的，但在短路的瞬间，三相电压降低，会出现一定的负序电压，负序电压闭锁就是采用这个原理，在负序电压高于整定值时，保证动作的可靠。

（2）零序过电流保护。零序过电流保护主要作为变压器中性点接地运行时接地故障的后备保护。

零序过电流保护可由经方向闭锁、经零序电压闭锁、经谐波闭锁，并通过整定控制字选择，控制字还可以控制零序过电流保护的投退和出口去向。

方向元件所用零序电压固定为自产零序电压。这里所指的方向是零序电流外接套管电流互感器或自产零序电流互感器的正极性端向母线侧方向。

（3）零序过电压保护。由于 220kV 及以上的变压器低压侧常为不接地系统，装置设有 I 段零序过电压保护作为变压器低压侧接地故障保护。

（4）其他异常判断。装置各侧后备保护设有零序过电压报警、过负荷报警、启动风冷、过载闭锁调压、各侧复压动作并联启动输出触点等异常保护。上述异常保护可分别通过控制字来控制器投退。启动风冷输出两副动合触点，在闭锁调压动作后输出一副动合触点、一副动断触点。

六、母线、断路器保护

母线故障是在电力系统中极其严重的故障。它可能导致电力系统失去稳定，造成大面积停电，致使电力系统受到严重破坏。而作为电力系统中保护设备的主要动作机构，断路器是电力系统预防故障、控制不正常运行范围的重要支撑元件；特别是断路器回路更是变电站巡视检查的重点。

1. 母线保护

母线保护的主要方式有两种。

(1) 利用共电源键的保护装置切除母线故障。

1) 在不太重要的较低电压的厂、站中可以利用供电设备（发电机、线路、变压器）的Ⅱ段保护及Ⅲ段保护来反映并切除母线故障。

2) 当母线本身就属于被保护设备的单元部分时，可不设专用的母线保护，在这种情况下，母线为被保护设备的一部分，母线上故障由该元件的保护来切除。

(2) 专用的母线保护。

1) 在110kV及以上的双母线和分段母线上，为保证有选择性地切除任一组母线上发生的故障，以保证另一组正常运行母线继续运行，就会装设专用的母线保护。

2) 110kV及以上的单母线、发电厂母线及重要降压变电站的35kV母线，要按照权限速动保护的要求切除母线故障的情况，会装设专用的母线保护。

2. 母线保护原理

(1) 母线差动保护。母线差动保护包括母线大差回路和各段母线小差回路。母线大差回路是指除母联断路器和分段断路器外所有支路电流构成的差动回路。某段母线的小差回路是指该段母线上所连接的所有支路电流构成的差动回路。母线大差比率差动用于判别母线区内和区外故障，小差比率差动用于故障母线的选择。

(2) 母联充电保护。母线差动保护应保证在一组母线或某一段母线合闸充电时，快速而有选择地断开有故障的母线。为了更可靠地切除被充电母线上的故障，在母联断路器或母线分段断路器上设置相电流或零序电流保护，作为母线充电保护。母线充电保护接线简单，在定值上可保证高的灵敏度。该保护可作为专用母线单独带新建线路充电的临时保护。

(3) 母联过电流保护。当利用母联断路器作为线路的临时保护时可投入母联过电流保护。

母联过电流保护有专门的启动元件。在母联过电流保护投入时，当母联电流任意相大于母联过电流整定值，或母联零序电流大于零序过电流整定值时，母联过电流启动元件动作去控制母联过电流保护部分，经整定延时跳母联断路器，母联过电流保护不经复合电压元件闭锁。

(4) 母联失灵和母联死区保护。当任意母线发生故障时，母差保护动作，因母联断路器操动机构失灵拒绝跳闸时，通过母线保护，作用于双母线所有元件的断路器跳闸的保护方式，称为母联断路器失灵保护。

当发生母联断路器与母联电流互感器动作时，母联断路器与母联互感器之间会出现动作死区，反映这一区域故障的保护称为母联死区保护。

3. 断路器控制回路

断路器控制回路主要分为低压配电断路器控制回路、高压断路器控制回路和强电与弱电控制回路。

(1) 低压配电断路器控制回路。低压配电断路器控制回路通常是指在交流 1000V 以下与直流 1500V 及以下电路中起开关、控制、保护和调节作用的电气设备。

(2) 高压断路器控制回路。高压断路器控制回路是指控制（操作）高压断路器跳、合闸的回路。高压断路器控制回路的直接控制对象为断路器的操动机构。操动机构主要有电磁操动机构、弹簧操动机构、液压操动机构。

(3) 强电与弱电控制回路。由于操作电源的不同，断路器控制又可分为强电控制和弱电控制。所谓强电控制就是从发出操作命令的控制设备到断路器的操动机构，整个控制回路的工作电压均为直流 110V 或 220V。断路器控制回路的工作电压分成弱电和强电两部分，发出操作命令的控制设备工作电压是弱电（48V 及以下）的情况就是弱电控制回路。

4. 对断路器控制回路的基本要求

(1) 应有对控制电源的监视回路。

(2) 应经常监视断路器跳、合闸回路的完好性。

(3) 应有防止断路器"跳跃"的电气闭锁装置，发生"跳跃"对断路器是非常危险的，容易引起机构损伤，甚至引起断路器的爆炸。

(4) 跳闸、合闸命令应保持足够长的时间，并且当跳闸或合闸完成后，命令脉冲应能自动解除。

(5) 对于断路器的合闸、跳闸状态，应有明显的位置信号，故障自动跳闸、自动合闸时，应有明显的动作信号。

(6) 断路器的操作动力消失或不足时，如弹簧机构的弹簧未拉紧，液压或气压机构的压力降低，硬件关闭所有断路器的动作，并发出信号。

(7) 在满足上述条件下，要求控制回路接线简单，采用的设备和使用的电缆最少。

七、直流及二次设备巡视检查项目

1. 站用直流系统基本概念

站用直流系统是应用于发电厂及各类变电站，给保护、通信、自动化、检测等设备，以及事故照明、应急电源及断路器分、合闸操作等提供直流电源的电源设备。

直流系统是一个独立的电源，它不受发电机、站用电及系统运行方式的影响，在外部交流电中断的情况下，它可由后备电源继续提供直流电源。直流系统设备的可靠性和安全性直接影响到电力系统供电的可靠性和安全性。

2. 直流系统的例行巡视

(1) 蓄电池巡视。

1) 蓄电池逐个编号，由正极按顺序排列整齐；极性标识清晰、正确。

2) 蓄电池外壳清洁、完好；无渗液；极性无氧化、生盐现象；呼吸装置完好，通气正常。

3) 测温装置工作正常，环境温度不应超过 30℃。

4) 蓄电池温升正常，不发烫。

5) 蓄电池支架接地完好，接地连接线截面积不小于 $16mm^2$。

6) 蓄电池室窗户应有防止阳光直射措施。

7) 蓄电池室照明灯具完整。

（2）蓄电池充电屏巡视。

1）充电装置屏外段、面板元件检查。

a. "运行"灯亮，面板工作正常，无报警信号。

b. 交流输入电压值、直流输出电压值、直流输出电流值显示正确，与屏上表记指示一致。

c. 具有两组蓄电池的系统，正常运行时两段母线分列运行，每段母线分别采用独立的蓄电池组供电，直流母线之间的联络开关或隔离开关应处于断开位置。

d. 蓄电池组输出熔断器配置合理且运行正常、辅助报警触点工作正常。

e. 装置监控器菜单操作响应正常。

f. 风冷装置运行正常，滤网无明显积灰。

g. 装置面板能正常唤醒，无花屏、死机现象。

h. 根据投入运行时间推算，确认蓄电池组的充电状态为"浮充或匀充"，如果有异常应立即汇报运维部门，进行及时处理。

i. 调压功能检查，调整面板上调压转换开关，母线电压应逐挡升高，并能听到继电器吸合声响；否则应立即汇报运维部门。

j. 检查高频充电模块，输出电压或输出电流显示正常；进风口清洁无堵塞，风扇正常运转，无报警，模块无明显噪声或异响。

2）监控装置参数检查。

a. "运行"灯亮，面板工作正常，无报警信号。

b. 交流输入电压值、直流输出电压值、直流输出电流值显示正确，与屏上表记指示一致。

c. 菜单操作响应正常。

d. 风冷装置运行正常，滤网无明显积灰。

e. 控制母线调压硅链工作正常，有"手动/自动"切换时，正常运行时转换开关置于"自动"位置，装置处于自动调压状态。

（3）馈线屏巡视。

1）屏柜（前、后）门接地可靠。

2）绝缘检查装置巡检正常，无接地报警；检查正对地和负对地绝缘状态良好。

3）直流电源设备标识清晰，无脱落。

4）在绝缘检测仪菜单中检查直流正、负母线对地的绝缘状况，正、负母线对地电阻负荷要求。

（4）UPS 屏系统巡视。

1）检查开关位置正确（输入、输出开关位置与实际运行要求一致）。

2）现场观察 UPS 设备的操作控制显示屏，确认表示 UPS 运行状态的指示信号灯的指示都处于正常状态，所有电源运行参数值都处于正常范围内，在显示屏上没有任何故障和报警信息。

3）检查 UPS 声音正常。

4）测量交流电压正常，测量变压器、电抗器、功率元件等主要发热元件的工作温度无明显过热现象。

（5）低压配电柜巡视。

1）检查开关位置正确。

2）没有不正常声音。

3）测量交流电压正常，测量变压器、电抗器、功率元件等主要发热元件的工作温度无明显过热现象。

（6）事故照明屏巡视。

1）测量屏上交流电压正常，表计数据正确。

2）没有不正常声音。

3. 直流系统的全面巡视

（1）蓄电池及其蓄电池巡视与例行巡视内容相同。

（2）蓄电池充电屏巡视。

1）充电装置屏外观、面板元件检查。

与例行巡视内容相比，增加如下内容：

2）屏柜（前、后）门接地可靠。

3）柜体上各元件标识正确可靠。

4）监控装置参数检查。与例行巡视内容相同，增加检查监控装置各项整定值设置符合规程要求。

5）馈电屏、UPS、低压配电柜巡视与例行巡视内容相同。

6）事故照明屏巡视。与例行巡视内容相比，增加如下内容。

a. 屏柜（前、后）门接地可靠。

b. 柜体上各元件标识正确可靠。

c. 进行切换检查，确认切换回路及元件的完备、完好，遇到有异常情况及时汇报运维处理部门。

4. 二次设备例行巡视检查项目

（1）检查各设备运行环境是否正常，温湿度是否满足要求。

（2）检查各设备指示灯是否正常，设备液晶面板是否正常显示。

（3）检查监视系统各设备元件有无过热、异味、冒烟、异响现象。

（4）检查监控后台显示的一次设备状态是否与现场一致。

（5）检查监控后台显示的二次设备状态是否与现场一致。

（6）检查后台遥测数据是否正常刷新，有无过负荷现象，母线、主变压器功率是否平衡，系统频率是否在规定的范围内。

（7）检查五防系统一次设备显示界面是否正常，是否与设备实际位置相符，与监控后台通信是否正常，能否正常操作；检查监控后台与各测控装置通信是否正常。

（8）通过查询电能量远方中断面板信息检查与电能表、调控中心主站通信是否正常，是否存在失压、缺相等事件。

（9）自动化专用不间断电源交、直流输入、输出指示灯正常，逆变器指示灯正常。

5. 二次设备全面巡视

全面巡视除完成例行巡视检查项目外，还应对以下项目进行巡视检查。

（1）检查各设备元件是否正常，网（光）口指示灯是否正常，网线（尾纤）连接是否牢固。

（2）检查各设备接地、屏柜接地是否正常，线缆有无松动。

（3）检查各屏柜封堵是否满足要求，设备标签、吊牌有无脱落。

（4）检查监控后台功能是否正常。

（5）检查测控装置、远动装置、监控后台与 GPS 对时是否正常。

（6）核对各级调度远动通道是否正常，数据是否与现场一致。

八、继电保护校验

1. 二次回路的绝缘检测和耐压试验

在《继电保护及电网安全自动装置检验条例》中规定了有关二次回路的绝缘检查方法。对新安装的二次回路，在保护屏的端子排，应将所有外部引入的回路及电缆全部断开，分别将电流、电压、直流控制信号回路的所有端子各自连接在一起，用 1000V 绝缘电阻表测量各回路对地和各回路相互间的绝缘电阻，其阻值应大于 10MΩ。对定期检验的二次回路，在保护屏的端子排将所有电流、电压、直流控制信号回路的端子连接在一起，并将电流回路的接地点拆开，用 1000V 绝缘电阻表测量回路对地的绝缘电阻，其阻值应大于 1MΩ。对新安装的二次回路绝缘检验合格后，应对全部连接回路做交流 1000V、1min 耐压试验。对运行的设备及其回路，每 5 年进行一次耐压试验，当绝缘电阻高于 1MΩ 时，允许暂用 2500V 绝缘电阻表测试绝缘电阻的方法代替。

2. 检查交流电流、电压等模拟量采集回路的正确性

交流电流和交流电压回路均可采用外加试验电流、电压的方法来检查其回路的正确性。在互感器的各二次绕组通入额定的电流、电压，逐个检查各二次回路所连接的保护装置、自动装置、测控装置中的电流、电压相别、相序、数值是否与外加的试验电压一致。试验可以在各装置的显示窗口检测，也可以用万用表来测量。交流电压试验时要特别注意做好防止电压互感器二次侧向一次侧反供电的安全措施。

3. 对断路器、隔离开关、变压器有载调压开关的控制回路检查

首先，应在断路器、隔离开关、变压器有载调压机构箱等处进行就地操作传动试验；然后在保护或测控屏处用控制把手就地操作传动试验；最后在变电站后台机和集控中心用键盘鼠标进行操作传动试验。

操作传动试验主要内容包括：

（1）手动进行分、合闸的操作。

（2）断路器、隔离开关的位置及变压器有载调压开关的挡位显示检查。

（3）进行防跳闭锁回路的检查。

（4）进行气（液）压见底闭锁回路的检查。

（5）进行其他各种闭锁回路的检查。

4. 保护及自动装置带断路器的整组传动试验

在进行这项试验时，要通过继电保护测试仪器给保护装置加入模拟量，模拟发生故障的状态，使继电保护或自动装置动作，发出跳闸或合闸脉冲，驱动断路器进行跳闸或合闸操作。在这一工作过程中检查其动作行为是否正确，所发出的信号信息是否准确，从而验证二次回路接线的正确性。

不同的保护装置和自动装置，要进行的整组传动试验项目不同。要根据具体情况制订出

整组传动试验方案,按整组传动试验方案所列的实验项目逐一进行实验。

5. 开入信号回路正确性的检查

在综合自动化变电站中反映了大量的信号信息,在进行数字信号回路检查之前,应先核对信号信息的定义是否准确、是否符合运行人员的规范用语。

检查方法是在每个信号的采集处将信号数字量短接,从后台机的显示器上观察所打出的信息是否一一对应,然后再与集控中心逐个核对。只有这些数字信号完全正确,才能准确反应设备运行的状态。

小 结

1. 变压器并联运行及其必要条件。
2. 变压器运行维护、异常运行和事故处理。
3. 站用电系统的运行和维护。
4. 断路器和隔离开关运行的巡视。
5. 断路器和隔离开关故障判别和故障处理。
6. 电抗器和电容器运行维护。
7. 无功补偿设备运行维护。
8. 电容器和电抗器的故障判别。
9. 高压互感器的运行维护及事故处理。
10. 过电压的危害和分类。
11. 大接地和小接地系统的划分。
12. 避雷设施运行和维护。
13. SF$_6$ 气体特性。
14. GIS 设备的基本结构。
15. GIS 设备的运行维护。
16. 二次回路辨识。
17. 继电保护装置任务、分类。
18. 变电站二次回路结构。
19. 线路保护、变压器保护、母线和断路器保护的原理。
20. 二次设备运行的巡视。
21. 继电保护的校验。

复习思考题

1. 变压器运行检查都有哪些项目?
2. 变压器异常运行及其事故处理都有哪些方面?
3. 断路器不同故障及其对应的维护手段都有哪些?
4. 隔离开关不同故障及其对应的维护手段都有哪些?
5. 电抗器、电容器不同故障及其对应的维护手段都有哪些?

6. 互感器不同故障及其对应的维护手段都有哪些?

7. 消弧线圈停送电时应当遵循什么原则?

8. GIS 设备的故障判定方法都有哪些?

9. 直流和二次系统中巡视检查项目都有哪些?

10. 继电保护校验都有哪些,如何进行操作?

项目七　风电场监控保护系统的运行与维护

项目描述

　　继电保护是整个电网系统中极为重要的部分之一，是保证电网安全的第一道防线。随着风力发电机组单机容量的增大和机身高度的增加，以及大量先进的微电子电路配备于机组内，大容量机组雷电灾害的严重性正日趋显著。计算机监控系统实现了各风电场设备的集中监视和管理，对提高公司综合管理水平、优化人员结构、提高风电场发电效益等十分重要。

　　本项目完成以下三个工作任务：

　　任务一　风电场继电保护

　　任务二　风电场防雷保护

　　任务三　风电场计算机监控系统巡检与维护

学习重点

　　1. 风电场继电保护措施。

　　2. 防雷接地系统安装与维护操作。

　　3. 风电场计算机监控系统主要监控内容。

学习难点

　　1. 低电压穿越保护。

　　2. 大型风力发电机组防雷措施。

　　3. 计算机监控系统软硬件配置。

任务一　风电场继电保护

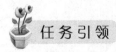

任务引领

　　继电保护工作的基础之一就是对电网系统中出现的故障进行合理的分析，同时故障分析也是继电保护原理设计及整定工作的第一步。

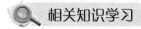 **教学目标**

1. 了解继电保护的工作任务。
2. 熟悉风电场配置的几项继电保护措施。
3. 了解低电压穿越的基本概念及保护措施。

相关知识学习

一、风电场故障特征

继电保护的理论是在同步发电机的电源和三相对称基础上建立的。故障发生后，同步发电机可以作为理想的供电电源，而其参数及运行状态不会出现任何变化。在这个基础上，就可以计算出短路电流及短路电流衰减的特性，以此作为继电保护系统的原理设计与整定的依据。目前，风力发电机组所使用的发电机大部分都是异步发电机。即便是永磁同步发电机所采用的也是电力电子设备的并网，这就很明显地改变了故障的特性与短路电流的特性。

对于规模较大的风电接入，不同的专业有不同的关注点。就继电保护来说，所关注的不只是故障中产生的电流大小，更要注重其电流波形的特征。此外还有影响这些保护原理的系统特征，如正负序阻抗。短路电流所产生的波形与暂态含波量都将在一定程度上影响相应电流的计算，进而也会对电网的保护产生影响，最终影响整个电网系统运行的安全。目前，在对故障电流进行计算并对故障进行分析的过程中，已经充分地对 Crowbar 保护程序进行了考虑。因为其中涉及一些较为具体的策略，因此，对个别短路电流的特征研究还不到位，例如，永磁直驱风力发电机组所产生的短路电流，其特征就没有得到充分有效的研究。

在电力系统中很重要的一个组成部分就是控制系统，目前很大一部分生产制造企业把控制系统看作是技术机密，可以推测，如果永磁直驱机组成为风电机场中的主力机型，则会因为故障特性的难以掌握及掌握不充分而使整个继电保护系统陷入难以处理的局面。而用电磁手段来对故障电流及其特性进行处理，是一个极为有效的方法，但是这个手段的实施也面临不少技术方面的问题。

二、风电场电网电线与电网继电保护

继电保护是指研究电力系统故障和危及安全运行的异常工况，以探讨其对策的反事故自动化措施。因在其发展过程中曾主要用有触点的继电器来保护电力系统及其元件（发电机、变压器、输电线路等），使之免遭损害，所以沿称继电保护。

继电保护的基本任务是当电力系统发生故障或异常工况时，在可能实现的最短时间和最小区域内，自动将故障设备从系统中切除，或发出信号由值班人员消除异常工况根源，以减轻或避免设备的损坏和对相邻地区供电的影响。

我国多数大型风电场采用的供电网络都是由 35kV 的电压等级组成的，这些风电场之间的连接跟配电网络的网络结构相同，并且都是通过并网点来完成与高压电网之间的连接。可是针对辐射型的配电网所设计的继电保护，在应用的时候便会产生一定的问题，使得电路网络配备难以适应这种连接方式，这与分布式电源接入配电网时所产生的继电保护问题相同。

目前我国具有一定规模的风电场运用的极限电路与电网的保护多数都是 35kV 的继电保护装置，容易看出，风力发电作为分布式的供应电源，与一般的配电网络之间存在着一定的差别。此外，风电场的故障电流还具有持续时间较短的特点，风力发电机的运行在很大程度上受自然状况的影响。将现有的先进的通信技术与智能化的电网技术合理地运用到整个风电继电保护装置中去，进而构建出一套新的线路与新的继电保护体系，是值得相关人员思考的。

1. 故障电流对继电保护装置的影响

利用风力发电机发电会产生一定的逆向潮流，这会在一定程度上影响电力保护系统的运行。在电力系统出现故障的时候，就会使风力发电机产生的电流变得较为有限，如果产生的电流达不到继电保护装置的启动电流要求，继电保护装置就不能启动，也不能正常发挥其保护作用；而当电网系统的风电接入达到一定规模时，就会改变并重新分配整个电网电路中的电流分布，这里的电流主要指的是短路电流，这种电流的改变会在很大程度上影响继电保护设备的灵敏度，也会影响保护设备的保护范围，使得保护设备出现失灵的情况。另外，风电并网的系统中，还存在有速度保护的死区，当风电并网所处的点位于这个区域内时，整个线路的故障便难以排除，在不改变已有系统的原则下，就只能使用后备过流保护措施来进行故障的排除，这就使得继电保护设备的自动性得不到有效的发挥，继而加大了线路故障对整个电力系统的影响。

2. 故障电流的范围

风力发电机只能在发生故障时提供较短时间的故障电流，进而使得电网中离风电场在一定距离之内的电路受到保护，但是发电机不会对电网中的带时限保护产生影响。风力发电机所产生的故障电流的持续时间与故障点到风电场之间的距离有着很大的关系。随着故障点到风电场之间的距离增加，发电机产生的故障电流持续的时间也逐渐加长。风力发电机自身附带有保护的配置，在发电机进行工作时，这些保护配置相互协调，配合整定，使得低电压与其电压跌落保护的时间值为 120ms。在这种情况下，如果故障点与风电场之间的距离很近，其反时过流保护将会比低电压或电压跌落更早地采取保护动作，这就使得发电机所产生的电路电流时间比 120ms 小；而当故障点与风电场之间的距离较远时，低电压与电路跌落则会比反时过流先开始进行保护工作，这时发电机产生的电流短路时间就为 120ms；另外，当故障点到风电场的距离更远时，其所产生的故障冲击力就显得较小，不足以对发电机造成威胁，这时，风力发电机不受影响而继续保持运行。

3. 风电场接入电网系统的规划

在风电场中，整个电网系统的组成结构是影响系统继电保护配置的关键因素。目前已经有了许多适应性较强，并且性能也比较完善的继电保护装置，但继电保护仍然存在一定的问题。因此，在对电网进行规划或对电网结构进行规划时，一定要对继电保护的可行性与合理性进行充分的考虑，尽量避免在电网送电线路的主干线上连接分线。

风电场接入电网系统后，整个系统的继电保护配置的设置应该根据整个风电系统所接入的电网结构而定，同时还应对整个风电场的规模等情况进行仔细的分析，在此基础上做出合理的计划。继电保护系统的配置应将《继电保护和安全自动装置技术的规程》等相关文件作为指导，严格按相关规程执行，最大限度保证风电场及整个电网系统的安全高效运行。

三、风电场继电保护系统

1. 风力发电机自身保护配置

风力发电机自身配置了多种保护，以防止由于内部或外部故障引起风力发电机烧损。

(1) 撬杠保护。撬杠保护是防止双馈感应风机四象限变流器过电流而设置的快速电子保护，其动作时限在毫秒级，是变流器的主保护。当风力发电机转子回路电流超过撬杠保护设定的电流定值时，撬杠保护动作，作用于晶闸管，将双馈感应发电机的三相转子绕组短接，四象限变流器退出运行，防止因大电流而烧毁电力电子元器件。

(2) 电压越限保护。由于风电场一般远离负荷中心，处于电网边缘，电压波动大，系统电压过高容易导致风力发电机元件损坏，而电压过低则容易导致其控制系统紊乱，因此装设有电压越限保护。电压越限时，风力发电机将与系统解列退出运行。

(3) 频率越限保护。电网频率对风力发电机的正常工作有影响，因此设置了频率保护，当电网频率超过风力发电机设定的高、低定值时，风力发电机跳闸停机。

(4) 超速保护。风力发电机转子转速与风速相关，一般而言，风速越大，转子转速越大。然而，风力发电机正常工作转速是有范围限制的，转子旋转过快会对风力发电机造成损伤，因此设置有超速保护。当风速过大，转子转速达到极限，无法继续进行调整时，超速保护动作，风力发电机跳闸停机。

(5) 反时限过流保护。反时限过流保护用于反映风力发电机内部及电网发生的故障，防止大电流对风力发电机造成损坏。故障发生时，反时限保护动作，风力发电机与系统解列。

2. 故障状态下风力发电机的保护

近年来，风力发电发展迅速，但是风能作为一种具有间隙特性、刚性特征的能源，其大量接入对于电力系统的安全稳定运行带来了极大挑战。风电装机比例较高时，由于输电网故障引起的大量风机切除会导致系统潮流大幅变化甚至可引起大面积停电。为此各国电网公司均对风电机组的并网运行提出了低电压穿越要求，即当电网电压出现一定程度跌落时，风机能够保持并网运行，甚至提供一定的无功补偿。

风力发电机都属于感应式电机，当风力发电机在系统故障电压降低时要产生反馈，机端电流增大，致使系统故障电流增加；且风力发电机从系统解列也需要一定的时间，在此期间内会对系统有关设备产生一定的影响。

按照《国家电网公司风电场接入电网技术规定（修订版）》规定的风电场低电压穿越要求：

(1) 风电机组具有在并网点电压跌至 20% 额定电压时能够保持并网运行 625ms 的低电压穿越能力。

(2) 风电场并网点电压在发生跌落后 2s 内能够恢复到额定电压的 90% 时，风电机组保持并网运行。

为了实现电网故障时风电场的低电压穿越，目前采用 Crowbar 电路来保护变流器是一种切实有效的措施，通过电阻短接转子绕组来旁路转子侧变流器（RSC），为转子侧过电流提供释放通路。

Crowbar 是一种转子短路保护技术。一旦检测到电网电压骤降，即投入 Crowbar，短接转子绕组以旁路转子侧变流器，为转子侧浪涌电流提供释放路径，从而限制转子绕组过流和直流母线过压，以维持风力发电机的不脱网运行。

3．风电场保护配置方案

当电网发生故障时风力发电机还会持续运行一段时间，此时风力发电机会对电网提供故障电流。随着风电场容量的增加、风力发电机实际发电负荷的增加，风电场提供的故障电流将更大，出于对风电场设备安全的考虑，应配置相关保护装置。合理配置保护装置不仅能快速切除各种电气故障，提高风电场设备运行可靠性，同时还能提供测距等方面的数据，以快速确认故障类型、故障点精确定位及进行事故分析。

（1）风电场升压变电站保护配置。变压器应配置完整的主保护及后备保护，且后备保护主要作为变压器内部故障及低压侧线路故障的后备保护。升压变电站高压侧母线配置母差保护可以快速切除母线故障。在变压器低压侧断路器配置保护，用于切除低压母线及低压汇流线故障。

（2）风电场送出线路保护配置。对于接入 220kV 及以上系统的风电场，在送出线路的两侧装设分相电流差动微机保护。由于差动保护装置中具有差电流选相元件，故障时能够正确选相，因此，风电场送出线路两侧重合闸使用单相重合闸方式，可有效减少单相故障时线路停运时间。

四、风电场继电保护系统运行与维护

继电保护装置是实现继电保护的基本条件，要实现继电保护的作用，就必须要具备科学先进、行之有效的继电保护装置，所谓"工欲善其事，必先利其器"，有了设备的支持，才真正具备了维护电力系统的能力。因此，要做好继电保护的工作，就必须要重视保护的设备。而设备的质量问题，直接决定了继电保护的效果，因而必须对继电保护装置提出较高的要求。第一是继电保护装置的灵敏性，即要求继电器保护装置可以及时的把继电保护设备中由于种种问题而出现的故障和运行异常的情况，灵敏地反映到保护装置上，及时有效地反映其保护范围内发生的故障，以便相关部分和职员采取及时有效的防治措施。第二是可靠性，即要求继电保护装置正常，不能发生误动或拒动等不正常的现象，在继电器接线和回路接点上要保证其简练有效。第三是快速性，即要求继电设备能在最短时间内消除故障和异常问题，以此保证系统运行的稳定，同时可以把故障设备的损坏降到最低限度，以最快的速度启动正常设备的正常运转。第四是选择性，即要求继电器在系统发生故障后，可选择性地断开离故障点最近的开关或断路器，有目标、有选择性地切除故障部分，在实现最小区间故障切除的同时，保证系统其他正常部分最大限度地继续运行。

继电保护装置的重要性，不仅要在选用上考虑其是否达到基本运行条件的要求，还要在日常的检测和维护上做好工作。

（1）要全面了解设备的初始状态。继电保护设备的初始状态，影响其日后的正常和有效运行。因此必须留意收集整理设备图纸、技术资料及相关设备的运行和检测数据的资料。对设备日常状态的检验，必须对设备生命周期中各个环节予以关注，进行全过程的治理；一方面是保证设备正常的、安全有效的使用，避免投进具有缺陷的设备。同时在恰当的时机进行状态检验，以便能真正的检测出问题的所在，并及时地找到应对方案。另一方面，在设备使用投进前，要记录好设备的型式试验和特殊试验数据、各部件的出厂试验数据及交接试验数据和运行记录等信息。

（2）要对设备运行状态数据进行及时全面的统计分析。首先要了解设备出现故障的特点和规律，进而通过对继电保护装置运行状态的日常数据分析，预先判定分析故障出现的部分

和时间，在故障未发生时，及时地排查。因此状态检验数据就显得非常重要，要把设备运行的记录、设备状态监测与诊断的数据等结合起来，通过正确、完整的技术数据进行状态检验。通过对数据和设备运行规律的把握，可以科学地制订设备的检验方案，提高保护装置的安全系数和使用周期，保证电力系统的正常运行。

（3）要了解继电设备技术发展趋势，采用新的技术对设备进行监管和维护。在电力事业高度发展、继电保护设备不够完善的情况下，必须加强对新技术的应用，唯此才能保证保护装置的科学有效，在电力系统的保护中发挥应有的贡献。

任务二　风电场防雷保护

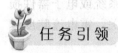

近年来，风力发电机组的单机容量越来越大，为了吸收更多能量，轮毂高度和叶轮直径不断增加；同时，高原、沿海、海上等新型风电机组的开发，使风电机组开始大量应用于高原、沿海、海上等地形更为复杂、环境条件更为恶劣的地区，从而加大了风力发电机组遭受雷击的风险。据统计，风力发电机组故障中，由遭遇雷击导致的故障占 4%。雷电释放的巨大能量会造成风力发电机组叶片损坏、发电机绝缘击穿、控制元器件烧毁等。风力发电机组的防雷是一个综合性的防雷工程。防雷设计到位与否，直接关系到机组在雷雨天气时能否正常工作，以及机组内的各种设备是否受到损坏。

1. 了解雷电的产生机理及破坏形式。
2. 熟悉雷电的防护区域。
3. 熟悉雷电的防护措施。
4. 掌握防雷装置的维护内容与检修方法。

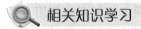

一、雷电的防护

1. 雷电的产生机理

雷电现象是带异性电荷的雷云间或是带电荷雷云与大地间的放电现象。风力发电机组遭受雷击的过程实际上就是带电雷云与风力发电机组间的放电。在所有雷击放电形式中，雷云对大地的正极性放电或大地对雷云的负极性放电具有较大的电流和较高的能量。雷击保护最关注的是每一次雷击放电的电流波形和雷电参数。雷电参数包括峰值电流、转移电荷及电流陡度等。风力发电机组遭受雷击损坏的机理与这些参数密切相关。

（1）峰值电流。当雷电流流过被击物时，会导致被击物的温度升高，风力发电机组叶片的损坏在很多情况下与此热效应有关。热效应从根本上说与雷击放电所包含的能量有关，其中峰值电流起到很大的作用。当雷电流流过被击物时（如叶片中的导体），还可能产生很大的电磁力，电磁力的作用也有可能使其弯曲甚至断裂。另外，雷电流通道中可能出现电弧，电弧产生的膨胀过压与雷电流波形的积分有关，其燃弧过程中骤增的高温会对被击物造成极大的破坏。这也是导致许多风电叶片损坏的主要原因。

（2）转移电荷。物体遭受雷击时，大多数的电荷转移都发生在持续时间较长而幅值相对较低的雷电流过程中。这些持续时间较长的电流将在被击物表面产生局部金属熔化和灼蚀斑点。在雷电流路径上一旦形成电弧就会在发生电弧的地方出现灼蚀斑点，如果雷电流足够大，还可能导致金属熔化。这是威胁风力发电机组轴承安全的一个潜在因素，因为在轴承的接触面上非常容易产生电弧，它有可能将轴承熔焊在一起。即使不出现轴承熔焊现象，轴承中的灼蚀斑点也会加速其磨损，缩短其使用寿命。

（3）电流陡度。风力发电机组在遭受雷击的过程中经常会造成控制系统或电子器件损坏，其主要原因是存在感应过电压。感应过电压与雷电流的陡度密切相关，雷电流陡度越大，感应电压就越高。

2. 雷电的破坏形式

设备遭雷击受损通常有四种情况。

（1）设备直接遭受雷击而损坏。

（2）雷电脉冲沿着与设备相连的信号线、电源线或其他金属管线侵入设备使其受损。

（3）设备接地体在雷击时产生瞬间高电位形成地电位反击而损坏。

（4）设备因安装的方法或安装位置不当，受雷电在空间分布的电场、磁场影响而损坏。

特别提示

地电位反击——如果雷电直接击中具有避雷装置的建筑物或设施，接地网的地电位会在数微秒之内被抬高数万或数十万伏。高度破坏性的雷电流将从各种装置的接地部分，流向供电系统或各种网络信号系统，或者击穿大地绝缘而流向另一设施的供电系统或各种网络信号系统，从而反击破坏或损害电子设备。同时，在未实行等电位连接的导线回路中，可能诱发高电位而产生火花放电的危险。

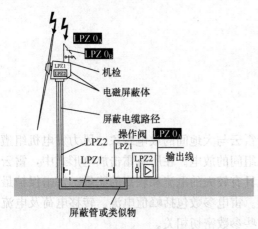

图 7-1　防雷保护区划分示意图

3. 雷电防护区域的划分

雷电防护区域的提出是为了更好地保护风力发电机组系统里的元件。机组系统利用半径30m的滚球法可以分为几个不同的区域。雷电防护系统依据标准制订划分区域，目的是减少电磁干扰与可预见的耦合干扰。国际电工委员会（IEC）对防雷过电压保护的防护区域划分为LPZ0 区（LPZ0$_A$、LPZ0$_B$）、LPZ1 区、LPZ2区，如图 7-1 所示。

LPZ0$_A$ 区有直击雷（绕雷）侵袭的危险，完全处在电磁场环境中，具有雷击电涌破坏的可能。这个区域包括叶片、机舱罩避雷针系统、塔架、架空电力线、风电场通信电缆。该区内的各物体都可能遭受直接雷击，同时在该区内雷电产生的电磁场能自由传播，没有衰减。

LPZ0$_B$ 区没有直击的危险，但电磁场环境与雷电电涌没有任何降低。这类区域包括叶片加热部分、环境测量传感器、航标灯未屏蔽的机舱内部、发电机、齿轮箱、冷却系统、传动系统、电气控制柜、传感器、电缆。该区内的各种物体在接闪器保护范围内，不会遭受直接雷击，但该区内的雷电电磁场因没有屏蔽装置，雷电产生的电磁场能自由传播，没有衰减。

LPZ1 区可选择电源防雷器（SPD）保护设备，存在电涌破坏的危险，电磁场由于屏蔽作用已经减弱。这类区域包括机舱内、塔架内的设备，如电缆、发电机、齿轮箱等。

LPZ2 区电涌破坏进一步减弱，电磁破坏影响更小。这类区域包括塔架内电气柜中的设备，特别是屏蔽较好的弱电部分。

4. 防雷保护的设计原则

在进行防雷设计时，可遵循如下设计原则：用有效的方法及当今主流的技术和设备，保证系统的正常工作；防雷设计应考虑投资合理性，突出重点并能兼顾全面；防雷系统应具有合理的使用寿命；为便于系统的维护，防雷设计必须遵守国际标准和规范。

直击雷的防护设计在没有技术突破的前提下仍然沿用传统的富兰克林避雷方法：利用自身的高度使雷云下的电场发生畸变，从而将雷电吸引，以自身代替被保护物受雷击，以达到保护、避雷的目的。对于直接雷击，通过在叶片内部和机舱顶部安装接受体和导体装置，通过叶片、主轴、齿轮箱和偏航轴承的放电装置及机架、塔筒将雷电流传导到大地，达到释放电流的目的。在不同的防雷保护区域之间进行电气连接过渡，必须安装 SPD 保护设备。为减少电磁干扰的感应效应，在需要保护的空间内增加屏蔽措施。为了改进电磁环境，所有大尺寸金属件及电缆屏蔽层在防雷交界处做等电位连接。整个防雷保护方案应根据风力发电机安装的地理环境及其自身的电气、结构特点而制订，目的是减少雷击风机所发生的人身伤亡和财产损失，做到安全可靠、技术先进、经济合理。

5. 风电机组的防雷保护

（1）叶片的防雷保护。风力发电机组中最高部分就是叶片的最高高度，当叶片运行到最高高度时，即可视为避雷针行程引雷通道，这是目前全球范围风力发电机组遭雷击破坏影响最大的一种情况。叶片被雷击的典型后果是叶片开裂、复合材料表面的烧灼损坏或金属部件的烧毁及融化。而当雷电在叶片内部形成电弧时，对叶片的损坏最为严重，当雷电击中叶片后，叶片内部的空气会迅速膨胀，这种膨胀可能是由于叶片内部的残留潮湿空气或瞬间高温产生的空气迅速膨胀，瞬间的压力冲击使整个叶片爆裂，严重时压力波会通过轮毂传导到没有遭雷击的叶片上，而引起连锁的损坏。

叶片防雷的主要做法是将叶片上的雷电流引至轮毂，通过轮毂与塔筒的等电位连接系统将雷电流泄放，避免叶片的损坏。主流的方法有两种，一种是在叶片的表面或内部安装金属材料，将电流从叶尖引至叶根，通过叶片轮毂的连接排泄；另一种是在叶片表面添加导电材料，使雷电流在叶片表面传导，避免叶片的损坏。

（2）机舱的防雷保护。如果叶片采取了防雷保护措施，也就相当于对机舱实现了直击雷保护，虽然如此，也需要考虑在机舱首尾端加装避雷针保护，防止雷电发生绕击和侧击时，穿透机舱；机舱内部全部采用等电位连接，以保护人身不会受到接触电压的危害；风力发电机组的机舱罩一般采用非导电材料制成，应考虑在机舱表面布置金属带或金属网，由金属带或金属网构成一个法拉第笼，兼作屏蔽和接闪器之用，起到防雷保护作用；同时，将机舱与低速轴承和发电机机座相连接，就可以实现很好的安全保护和电屏蔽；提供电气连接的导体应尽量短。

（3）风向仪传感器的防雷保护。风向仪传感器暴露在机舱外面，工作环境恶劣，且高于机舱主体，因此直接受雷击的可能性较大。要重点做防雷设计，专设一避雷针，高度随风向仪传感器的高度不同而定。风向仪传感器的防雷装置分别用不小于 16mm² 的铜芯电缆连接到机舱内等电位母线上。

（4）轴承的防雷保护。一般情况下，雷击叶片时产生的大部分雷电流都将通过低速主轴承导入塔筒。这比雷电流沿着主轴流向风力发电机组的发电机要好得多。通过轴承传导的强大雷电流通常会在轴承接触面上造成灼蚀斑点，但由于轴承的尺寸较大使得雷电流密度较小，所以雷击损伤还不至于立刻对风力发电机组运行造成影响，但能引起噪声、振动和增大机械摩擦等，从而导致缩短轴承的使用寿命。有些轴承具有绝缘垫层，雷电流通过滑环导入塔筒。这种措施可降低轴承所受损伤的程度，但要消除轴承的潜在问题还是非常困难的，主要原因是与轴承平行的滑环往往只能承载小部分雷电流，而大部分雷电流的流通还需轴承来完成。对偏航轴承也应有类似措施。一般来说，偏航轴承的周边为雷电流提供了一个良好的导电通道。

（5）机舱内各部件的防雷保护。钢架机舱底盘为机舱内的各部件提供了基本保护。机舱内的各部件通过连接螺栓连接到机舱底盘的金属支撑架上，任何铰链连接应采用尽可能宽的柔性铜带跨接。在机舱内，不与底盘连接的所有部件都与接地电缆相连。齿轮箱和发电机间的连接采用柔性绝缘连接，接地导线连接到机舱底盘的等电位体上，防止雷电流通过齿轮箱流经发电机和发电机轴承。机舱底盘通过偏航环的螺栓可靠地接到塔筒壁上。如果采用柔性阻尼元件，则要用扁铜带跨接。

（6）电气控制系统的防雷保护。风力发电机组电控系统的控制元件分别在机舱电气柜和塔底电控柜中。由于电控系统易受到雷电感应过电压的损害，因此电控系统的防雷击保护一般采用如下措施。

1）电气柜的屏蔽。电气柜用薄钢板制作，可有效防止电磁脉冲干扰，在控制系统的电源输入端，出于暂态过电压防护的目的，采用压敏电阻或暂态抑制二极管等保护元件与系统的屏蔽体系相连接，可以把从电源或信号线侵入的暂态过电压波堵住，不让它进入电控系统。对于其他外露的部件，也尽量用金属封装或包裹。每一个电控柜用 2 条 16mm² 的铜芯电缆把电气柜外壳连接到等电位连接母线上。

2）供电电源系统的防雷保护。对于 690V/380V 的风力发电机供电线路，为防止沿低压电源侵入的浪涌过电压损坏用电设备，供电回路应采用 TN-S 供电方式，保护线 PE 与电源中性线 N 分离，并在电源入口处装配电源防雷器。电源防雷器（SPD）又名避雷器、浪涌保护器、电涌保护器，是连接在电源线和地之间的一种防止雷击的设备，通常与被保护设备并联，可以有效地保护电力设备，一旦出现不正常电压，避雷器起到保护作用。当被保护设备在正常工作电压下运行时，避雷器不会产生作用，对地面来说视为断路。一旦出现高电压，且危及被保护设备绝缘时，避雷器立即动作，将高电压冲击电流导向大地，从而限制电压幅值，保护电气设备绝缘。当过电压消失后，避雷器迅速恢复原状，使系统能够正常供电。避雷器的主要作用是通过并联放电间隙或非线性电阻的作用，对入侵流动波进行削幅，降低被保护设备所受过电压值，从而达到保护电力设备的作用。按照三级防雷保护原理，电源和设备所需要的保护措施被分为三个等级。在总配电柜安装第一级电源防雷器，选择相对通流容量大的电源防雷器，然后在下属的区域配电箱处安装第二级电源防雷器，最后在设备前端安装第三级电源防雷器。

第一级电源防雷器可以对直接雷击电流进行泄放，或者当电源传输线路遭受直接雷击时传导的巨大能量进行泄放，对于有可能发生直接雷击的地方，必须进行 CLASS-Ⅰ 的防雷。第二级电源防雷器是针对前级防雷器的残余电压及区内感应雷击的防护设备，对于前级发生较大雷击能量吸收时，仍有一部分对设备或第三级电源防雷器而言是相当巨大的能量传导过来，需要第二级电源防雷器进一步吸收。同时，经过第一级电源防雷器的传输线路也会感应雷击电磁脉冲辐射 LEMP，当线路足够长，感应雷的能量就变得足够大，需要第二级电源防雷器进一步对雷击能量实施泄放。第三级电源防雷器是对 LEMP 和通过第二级电源防雷器的残余雷击能量进行保护。

a. 第一级电源防雷器。目的是防止浪涌电压直接从 LPZ0 区传导进入 LPZ1 区，将数万至数十万伏的浪涌电压限制到 $2500\sim3000V$。入口电力变压器低压侧安装的电源防雷器作为第一级保护时应为三相电压开关型电源防雷器，其雷电通流量不应低于 60kA。该级电源防雷器应是连接在用户供电系统入口进线各相和大地之间的大容量电源防雷器。一般要求该级电源防雷器具备每相 100kA 以上的最大冲击容量，要求限制电压小于 1500V，称为 CLASS-Ⅰ级电源防雷器。这些电源防雷器是专为承受雷电和感应雷击的大电流，以及吸引高能量浪涌而设计的，可将大量的浪涌电流分流到大地。它们仅提供限制电压（冲击电流流过电源防雷器时，线路上出现的最大电压称为限制电压）为中等级别的保护，因为 CLASS-Ⅰ级保护器主要是对大浪涌电流进行吸收，仅靠它们是不能完全保护供电系统内部的敏感用电设备的。

第一级电源防雷器可防范 $10/350\mu S$、100kA 的雷电波，达到 IEC 规定的最高防护标准。其技术参考为雷电通流量大于或等于 100kA（$10/350\mu S$），残压值不大于 2.5kV，响应时间小于或等于 100ns。

b. 第二级电源防雷器。目的是进一步将通过第一级电源防雷器的残余浪涌电压的值限制到 $1500\sim2000V$，对 LPZ1-LPZ2 实施等电位连接。

分配电柜线路输出的电源防雷器作为第二级保护时应为限压型电源防雷器，其雷电流容量不应低于 20kA，应安装在向重要或敏感用电设备供电的分路配电处。这些电源防雷器对于通过了供电入口处浪涌放电器的剩余浪涌能量进行更完善的吸收，对于瞬态过电压具有极好的抑制作用。该处使用的电源防雷器要求的最大冲击容量为每相 45kA 以上，要求的限制电压应小于 1200V，称为 CLASS-Ⅱ级电源防雷器。一般供电系统做到第二级保护就可以达到用电设备运行的要求了。

第二级电源防雷器采用 C 类保护器进行相-中、相-地及中-地的全模式保护，主要技术参数为雷电通流容量大于或等于 40kA（$8/20\mu S$），残压峰值不大于 1000V，响应时间不大于 25ns。

c. 第三级电源防雷器。目的是最终保护设备，将残余浪涌电压的值降低到 1000V 以内，使浪涌的能量不致损坏设备。

在电子设备交流电源进线端安装的电源防雷器作为第三级保护时应为串联式限压型电源防雷器，其雷电通流容量不应低于 10kA。

　　最后的防线可在用电设备内部电源部分采用一个内置式的电源防雷器，以达到完全消除微小的瞬态过电压的目的。该处使用的电源防雷器要求的最大冲击容量为每相20kA或更低一些，要求的限制电压应小于1000V。对于一些特别重要或特别敏感的电子设备具备第三级保护是必要的，同时也可以保护用电设备免受系统内部产生的瞬态过电压影响。

　　3) 传感器采样信号的防雷保护。对暴露在雷区的传感器采样信号，采用防雷隔离保护线圈保护，通过 RS-232、RS-422、RS-485 远程通信到风电场监控室的数据传输线进行数据隔离后传输。

　　4) 接地系统。风力发电机组的接地系统是整个防雷保护系统的关键设置，为机组遭受雷击时的雷电流提供泄流通道。为保证在土壤中电阻率差异较大的不同地区，风力发电机组接地系统都能满足 IEC 规范的相关规定，整个接地系统应按以下方式设置：整个接地电阻应小于 2Ω，接地布置采用基础接地体和环形接地体，用截面积为 $50mm^2$ 的实心铜环导体，在基础外 1m 处，外深 1m 处，围成半径不小于 6m 的环形接地体，再用两个竖直的截面积为 $50mm^2$ 的实心铜导体与环形接地体的对角位置相连。

　　6. 输电线路的防雷保护

　　在自然条件恶劣的条件下，受雷电活动的强烈和地形等影响因素，雷击输电线路引起的事故率更高。同时，雷电过电压沿线路传播侵入风电场内部，也是危害风电场内设备安全运行的重要因素。

　　输电线路常用的防雷措施有四类，通常称为四道防线。第一道防线是保护导线不受或少受雷直击。通常采用的方法是采用避雷线，个别情况可用独立避雷针，或改用电缆。第二道防线是雷击杆塔或避雷线时不使或少使绝缘子发生闪络。为此，需降低杆塔的接地电阻，特殊情况下可加耦合地线，同杆架设的双回线采用不平衡绝缘，适当加强绝缘或在个别杆塔上安装线路避雷器。第三道防线是当绝缘子发生冲击闪络时，尽量减小由冲击闪络转变为稳定工频电弧的概率，从而减少雷害跳闸次数。第四道防线是防止线路中断供电。可采用环网供电，安装自动重合闸，同杆架设的双回线采用不平衡绝缘。

　　根据雷电通过电压的雷击点的不同进行分类，也可以把架空线上的雷电分成两种，一种称为直击雷过电压方式，此种方式的雷击是最早为人们所认知的一种方式，指电力系统的电气设备、线路等被雷电击中并成为强大雷电流的泄放通路。第二种称为感应雷过电压，是指在电气设备（如架空电力线路）的附近不远处发生闪电，虽然雷电没有直接击中线路，但在导线上会感应出大量和雷云极性相反的束缚电荷，形成雷电过电压。对这两种过电压的防护措施如下。

　　(1) 直击雷防护。在风电场内集电线路杆塔上按地形地貌安装少长针避雷装置。在线路杆塔上安装少长针装置后，因其具有消雷性，可使击于线路的雷电强度大为减弱，闪络概率降低；又因其具有驱雷性，使击杆率大为降低，从而降低雷击跳闸率，所以线路上安装少长针装置可以显著地降低雷击跳闸率。

　　(2) 感应雷防护。在线路沿线按一定间距安装无间隙金属氧化物避雷器。当有雷电侵入波通过时，金属氧化物避雷器的阀片可看成是非线性电阻与电容相并联，其中这个非线性电阻具有相当高的阻值。当阀片上的电压值在一定范围内时，斜率无限大，阀片相当于一个极高阻值的电阻。然而随着电压的不断升高，最终阀片的阻值趋于零，也就是说在过电压保护范围内，其斜率几乎为零。这种方法在感应雷的防护上具有良好的效果。

二、防雷装置的维护与检修

雷电具有强烈的破坏作用，为使系统避免遭受雷击，需要设置防雷装置。接地装置是系统安全运行必不可少的重要环节，防雷装置需要定期进行维护与检修，才能发挥安全及保护作用。

1. 防雷装置检测的基本内容

防雷装置应在每年雷雨季以前进行检查，主要检查如下事项。

（1）检查有无因挖土方、敷设其他管线或种植树木而挖断接地装置。

（2）检查各处明装导体有无开焊、锈蚀后截面积减小过大、机械损伤折断的情况。

（3）检查接闪器有无因接受雷击而熔化或折断情况。

（4）检查避雷器瓷套有无裂纹、碰伤、污染、烧伤痕迹。

（5）检查引下线距地 2m 一段的绝缘保护处理有无破坏情况。

（6）检查支持物是否牢固，有无歪斜、松动，引下线与支持物固定是否可靠。

（7）检查断接卡子有无接触不良情况。

（8）检查接地装置周围的土壤有无沉陷情况。

（9）测量全部接地装置的流散电阻。

（10）如发现接地装置的电阻有很大变化时，应将接地装置挖开检查。

2. 接地装置的检测对防雷接地装置应定期检查和测定

主要是检查各部分连接情况和锈蚀情况，以及测量电阻，一般规定每年春秋两季各检查一次。

（1）避雷器电气性能的检测管理。为了发现避雷器内部的缺陷，在每年雷雨季节之前和外观检查发现避雷器有问题时，应进行电气性能的预防性试验。

1）测量避雷器的绝缘电阻。避雷器具有密封已经破坏、受潮、火花间隙短路等故障时，其绝缘电阻都会显著下降。测量绝缘电阻时首先把避雷器擦拭干净，以免影响测量结果。

2）测量避雷器的泄漏电流。低压阀型避雷器的泄漏电流一般为 $0\sim10\mu A$。测量前必须把避雷器擦拭干净。在严寒天气（0℃以下）不能进行，因为此种环境条件与雷雨季节差别太大，试验结果误差太大。如在试验室内进行试验，避雷器应在室内停放 8h 以上，才能进行试验。

3）测量避雷器的工频放电电压。当避雷器内部元件位移、损坏时，会使避雷器的放电电压太低或太高。如果避雷器放电电压太高，则有可能当线路中有雷电流袭来时不易放电，因而起不了应有的保护作用；如果避雷器的放电电压太低，则可能在电力系统中产生操作过电压时就放电，而使避雷器爆炸。对阀型避雷器进行外观检查和电气检查，都要特别注意安全，因为避雷器一端是与带电线路连接在一起的，特别在进行电器性能检查时要使用数千伏以上的高压电，因此，阀型避雷器的检查一般应请供电系统的有关技术人员进行。

（2）接地电阻检查。避雷器的接地电阻检查与避雷针的接地电阻检查基本相同，应特别注意的是在进行避雷器的接地电阻检查时，引下线应与火线断开。

当防雷装置的接地电阻超过规定值时，应设法降低接地体附近的土壤电阻率，使接地电阻符合规定要求。

降低接地电阻的方法主要有以下几种。

1）换土法。换土法是用电阻率低的黏土、泥炭、黑土等替换接地体周围电阻率高的土壤。其方法是将接地体周围的土壤挖出，把预先准备好的低电阻率土壤填入，并分层夯实。必要时可在新填土中加入适量焦炭、木炭等易吸湿物质，以保持土中的含水，改善土壤的导电性。

2）深埋接地体。深埋接地体是在接地体所处地层电阻率大而在该处较深层的情况下采用。其方法是将接地体挖出后，再把接地体坑深挖至低电阻率土层，然后放入接地体，并与引下线焊接可靠后填实，并深埋接地体。

3）保水法。保水法是采取把接地体埋在建筑物的背阳面比较潮湿的地点，在埋接地体的地表面栽种植物，将废水（无腐蚀）引向埋设接地体的地点，或采用钢管钻孔接地体使水渗入钢管内（每隔20cm钻一个直径5mm的孔）等方法，使接地体周围保持充分的水分，以降接地电阻钢管钻孔接地体埋设。

4）化学处理法。化学处理法是在接地体周围加入一定量的化学物质，降低接地电阻，通常有以下几种方式。

a. 灌注电解液。在一根1.5～2m长的钢管上每隔10～15cm钻几个孔，然后将管子打入接地体附近的土壤中，并和引下线焊接牢固，将食盐或硫酸饱和溶液灌入管内，让电解液从管子的孔渗入土壤，从而降低土壤电阻率。

b. 分层加电解质。把接地体周围的土壤挖开，分层铺上土壤、焦炭（或木炭）、食盐共6～8层，每层土壤厚10cm左右，食盐2～3cm，然后浇水夯实。每放1kg食盐，可浇1～2L水。

c. 填入低电阻率混合物。挖开接地体周围的土壤，将炉渣、废碱液、木炭、氮肥渣、电石渣、石灰、食盐等混合物，填入坑内夯实。降低接地电阻的方法，应根据当地具体情况，因地制宜地选择应用。

任务三　风电场计算机监控系统巡检与维护

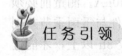

任务引领

风电场计算机监控系统采用分层分布的体系结构，整个系统分为三层：风电场控制层、区域控制层和集中控制层。风电场控制层设在风电场现场，为风电场运行与管理提供完整的自动化监控，为上级系统提供数据与信息服务；区域控制层设在区域风电场中央控制室，负责所辖风电场运行状态的监视与管理，为集中控制层提供数据与信息服务；集中控制层作为总部或集团的风力发电监控中心，全面掌控所有风电场运行状况，统筹资源调配。

教学目标

1. 了解风电场计算机监控系统的设计原则。
2. 熟悉风电场计算机监控系统主要任务。
3. 掌握风电场计算机监控系统巡检与维护的主要项目。

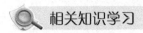 相关知识学习

一、风电场计算机监控系统概述

1. 提高风电场自动化水平

无人值班、少人值守是风电场运营模式的发展方向，对风电场的设备状态、自动化水平、人员素质和管理水平都提出了更高的要求，是风电场一流的设备、一流的人才、一流的管理的重要标志。建立风电场计算机监控系统，是实现风电场无人值班、少人值守的必要条件，对全面提高风电场自动化水平有极大的促进作用。

2. 提高风电场群的经济效益

设置风电场计算机监控系统，建立与当地气象部门的联系，根据气象部门对未来时段天气预报的预测信息，制订风电场在未来时段的生产计划，合理安排人员调配和设备检修计划，使资源得到充分利用，提高风电场群的经济效益。

3. 提高风电场群在电网中的竞争优势

随着风电场群规模的日益扩大，风电发电量在电网中占的比重将越来越大，通过建立风电场计算机监控系统，对各风电场的发电状况进行预测，并上报电网公司，以利于电网公司电力调度计划的制订，提高发电公司在电网中的竞争优势。

4. 提高公司管理水平

由于风电场群具有风电场设备多且分布分散，地处偏远的特点，如果对每个风电场单独进行管理，需要消耗大量的人力物力。设置风电场计算机监控系统，实现风电场群的集中运行管理、集中检修管理、集中经营管理和集中后勤管理，通过人力资源、工具和备件、资金和技术的合理调配与运用，达到人、财、物的高效运作和资源的优化利用，保障实现风电场群综合利用效益最大化。

5. 提高风电抵御风险的能力

根据风电的特点，风电的发电状况极大地受制于当地的气候条件，恶劣的天气状况会影响风电场的安全运行，并对风电场设备造成一定的破坏。建立风电场计算机监控系统，制订各种气候条件下的防灾预案，根据收集到的各风电场所属区域的气象预报信息，对于可能到来的灾害性天气，尽早启动防灾预案，对保证风电场的安全运行、减少灾害损失十分必要。

通过风电场计算机监控系统，将所属的遍布各地的风电场或其他新能源项目集成一个网络，建立一个功能完善、技术先进、性能良好的可靠、安全、稳定的综合自动化系统，实现对所属风电场或将要开发的其他新能源进行统一监视、控制及管理。

二、风电场计算机监控系统设计原则

风电场计算机监控系统的设计遵循以下原则。

（1）实现对风电场群的统一管理。风电场群的运行管理涉及面广，涵盖多个专业，为使风电场发挥最大的综合利用效益，保证风电场安全可靠运行，必须对风电场群实行统一管理，对风电场群综合利用的各个方面进行有效的协调，实行统一指挥、统一调度、统一管理。

（2）实现对风电场的集中监控。在风电场逐步推行"无人值班、少人值守"，设置风电场计算机监控系统，既可以适应风电分散及管理的需求，又可以简化风电场计算机监控系统硬件、软件设施配置及运行维护人员配置。

（3）具有高度的灵活性和可扩展性。

三、风电场计算机监控系统主要任务

1. 建立发电预测及运营系统

根据气象部门的气象信息，并结合风机在各种气候条件下的运行模型，对风电场在未来时段的发电状况进行预测，并上报电力调度系统。建立生产管理决策支持系统，建立以生产管理为主线，以决策服务为目的，面向生产全过程的、具有辅助决策和预测功能的生产管理信息系统，充分利用已有的信息资源，运用各种管理模型，对数据进行加工处理，为管理决策提供必须的准确及时的信息，支持管理决策工作。

2. 建立风电场发电调度及监控系统

根据电力调度部门提供的发电计划，对各风电场进行发电调度，并准确、及时、全面地收集各风电场运行管理所需的各种信息，包括风机运行信息、升压站设备信息、继电保护及故障信息等。对收集的信息进行分析、处理、存储，并按管理部门要求及各风电场的运行要求，对风电场的相关设备进行集中监视、控制及管理，确保各风电场所有机电设备安全、可靠运行。

3. 建立远程数据通信系统

实现风电场计算机监控系统与各风电场计算机监控系统、风电场监控图像系统的数据传输。

4. 设立程控汇接交换机

建立该交换机与各风电场程控交换机、总公司程控交换机之间的中继，将其纳入总公司程控交换系统。

5. 整合风电场现有子系统

风电场运行涉及的设备众多，存在多个子系统，并独立运行，增加了运行维护的难度。风电场计算机监控系统采用先进的控制与通信技术，将现有的主控、箱式变电站、升压站、无功控制、视频安防等系统进行整合，为用户提供功能完备、操作简便的"单一系统"，降低运行维护的难度，提高自动化及管理水平。

四、风电场计算机监控系统总体构架

1. 系统安全区与安全防护

风电场及远程监控自动化系统的业务内容包含远程监控、远程图像监控、生产管理信息系统，为了确保风电场及远程监控自动化系统及调度数据网络的安全，抵御黑客、病毒、恶意代码等各种形式的恶意破坏和攻击，特别是抵御集团式攻击，防止电力二次系统的崩溃或瘫痪，应对风电场及远程监控自动化系统的业务进行安全区划分及必要的安全防护，以保证风电场及远程监控自动化系统和通信数据网的安全。

2. 系统总体结构

远程监控系统结构如图 7-2 所示，其地理分布广阔，是一个跨地区、多业务的大型自动化系统，整个自动化系统采用纵向分层、横向分区的体系结构。系统在纵向层次上分为 3 层：上级管理层（对应集团公司）、远方监控层（对应区域运营管理公司）、场站监控层（对应各风电场中央控制室）。远方监控层在横向上又根据监控业务的性质、时效性、重要程度的不同划分为生产控制区和管理信息区。远方监控层将设置远程监控系统、生产管理信息系统、远程图像监视系统，其中远程监控系统可通过光纤及卫星双通道实现与各风电场的信息交换，采集各风电场现场设备的生产信息进行集中监视，并对主要的开关设备进行远方控制。此外远程集中监控系统留有与上级管理部门的通信接口，在需要时可通过该系统向上级

管理部门传送信息；远程图像监视系统通过光纤通道采集各风电场的图像信息，并对采集的图像进行监视。

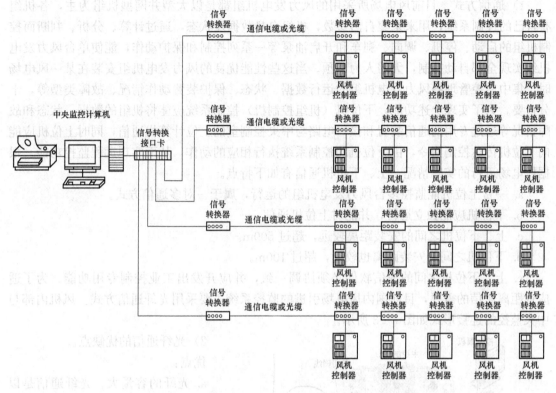

图 7-2　远程监控系统的结构

为提高风电场监控系统的可靠性，整个风电场监控系统采用分层分布式的体系结构，即就地控制层、中央集控层和远方监控层，每层系统又采用功能分布的体系结构，即系统功能分布在系统不同的功能节点计算机中，每个功能节点严格执行指定的任务，并通过网络实现互联。对于重要的功能节点，计算机采用冗余配置。

（1）系统网络结构。远程监控系统采用快速以太网传输技术。以 100M/1000M 以太网交换机构建的高速局域网络，网络传输速率不低于 100Mbit/s，为自适应式，采用 TCP/IP协议，遵循 IEEE 802.3U 标准，网络信道采用双网冗余结构，传输介质为双绞线和光纤。系统通过路由器与外部系统接口，实现与风电场计算机监控系统的通信，并预留与上级管理部门的通信接口。

（2）系统对外通信。远程监控系统对外通信包括与所属风电场的通信和与上级管理部门的通信，具体内容如下。

1）与 1 号风电场计算机监控系统的通信。

2）与 2 号风电场计算机监控系统的通信。

远程监控系统将与电站监控系统通信，通信链路采用冗余通道，一路为 2M 光纤通道，另一路为 64k 的卫星通道；接口采用纵向加密认证装置＋路由器方式。

3）与上级管理部门的通信。系统预留与上级管理部门及相关系统的通信接口，可根据应用需求灵活配置。

4）通信系统预留与新建电站计算机监控的通信接口，接口数量不受技术限制。

（3）通信方式及光纤通信的优缺点。

1）通信方式。目前风电场所采用的风力发电机组都是以大型并网型机组为主，各机组有自己的控制系统，用来采集自然参数，机组自身数据及状态，通过计算、分析、判断而控制机组的启动、停机、调向、刹车和开启油泵等一系列控制和保护动作，能使单台风力发电机组实现全部自动控制，无需人为干预。当这些性能优良的风力发电机组安装在某一风电场时，集中监控管理各风力发电机组的运行数据、状态、保护装置动作情况、故障类型等，十分重要。为了实现上述功能，下位机（机组控制机）控制系统应能将机组的数据、状态和故障情况等通过专用的通信装置和接口电路与中央控制室的上位计算机通信，同时上位机应能向下位机传达控制指令，由下位机的控制系统执行相应的动作，从而实现远程监控功能。根据风电场运行的实际情况，上、下位机通信有如下特点。

a. 一台上位机能监控多台风力发电机组的运行，属于一对多通信方式。

b. 下位机应能独立运行，并能对上位机通信。

c. 上、下位机之间的安装距离较远，超过 500m。

d. 下位机之间的安装距离也较远，超过 100m。

e. 上、下位机之间的通信软件必须协调一致，并应开发出工业控制专用功能。为了适应远距离通信的需要，目前国内风电场引进的监控系统主要采用光纤通信方式。风机内部与中央监控的连接形式如图 7-3 所示。

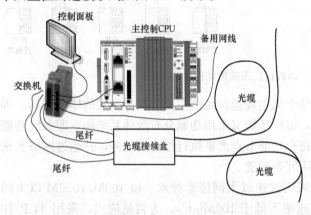

图 7-3　风机内部与中央监控的连接形式

2）光纤通信的优缺点。

优点：

a. 光纤的容量大。光纤通信是以光纤为传输媒介，光波为载波的通信载体，其载波-光波具有很高的频率（约 1014Hz），因此光纤具有很大的通信容量。

b. 损耗低、中继距离长。目前光纤通信系统中实用的光纤多为石英光纤，此光纤在 1.55μm 波长区的损耗可低到 0.18dB/km。

c. 抗电磁干扰能力强。这个优点是电力行业内通信系统使用光纤的一个重要因素，因为在强电环境下会产生电磁场，这对普通的电缆通信会造成很大的干扰。

d. 保密性能好。

e. 体积小、质量轻。同轴电缆的直径是 45mm，而四芯光缆的直径只有 9mm，1km 的四管同轴电缆质量为 4400kg，而 1km 的四芯光缆质量仅为 200kg。

f. 节省有色金属和原材料。光纤主要成分是二氧化硅。

缺点：

a. 抗拉强度低。

b. 光纤的连接困难。要使光纤的连接损耗小，两根光纤的纤芯必须严格对准。由于光纤的纤芯很细，再加上石英的熔点很高，因此连接很困难，需要配备昂贵的专门工具（光纤熔接机）。

　　c. 光纤怕水。

　　单台风机内 PLC 模块一般通过网线与光纤交换机连接，风机与风机之间的光纤交换机通过光纤连接。由于风机与中控室之间，风机与风机之间的环境条件复杂，采用抗干扰能力强的光通信方式是风机通信的最佳方案，实现了风机与中控室、风机与风机间的光通信。由于风机通信采用的是单模光纤（只允许一个方向的光线在其中传送到光纤），这种模式要比多模传输的距离远，而且数据的可靠性高。

　　（4）风电监控界面设计。监控应用软件是根据具体对象来实施工业监控而开发出的软件，用在监控系统中执行监视、控制生产过程和及时调整的应用程序，其监控主页面如图 7-4 所示。对于风电场监控系统，首先要显示风电场整体及机组安装的具体位置，而后要了解各台机组之间的连接关系及每台风力发电机组的运行情况，因此风电场的监控软件应具有如下功能。

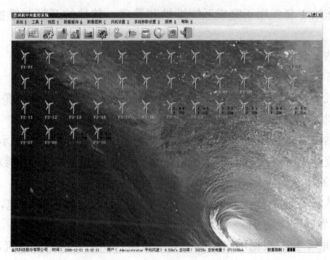

图 7-4　风电监控主页面

　　1）友好的控制界面。在编制监控软件时，应充分考虑风电场运行管理的要求，应当使用汉语菜单，使操作简单，尽可能为风电场的管理提供方便。

　　2）能够显示各台机组的运行数据，如每台机组的瞬时发电功率、累计发电量、发电小时数、风轮及电机的转速和风速、风向等。将下位机的这些数据调入上位机，在显示器上显示出来，必要时还应当用曲线或图表的形式直观地显示出来。

　　3）显示各机组的运行状态，如开机、停车、调向、手/自动控制及大/小发电机工作等情况。通过各风力发电机组的状态了解整个风电场的运行情况，这对整个风电场的管理是十分重要的。

　　4）能够及时显示各机组运行过程中发生的故障。在显示故障时，应能显示出故障的类型及发生时间，以便运行人员及时处理及消除故障，保证风力发电机组的安全和持续运行。

　　5）能够对风力发电机组实现集中控制。值班员在集中控制室内，只需标明对某种功能的相应键进行操作，就能对下位机的设置、状态进行改变，对其实施控制，如开机、停机和左右调向等。但这类操作必须有一定的权限，以保证整个风电场的运行安全。

6）系统管理。监控软件应当具有运行数据的定时打印和人工即时打印，以及故障自动记录的功能，以便随时查看风电场运行状况的历史记录情况。

大型风电场的计算机监控系统是风力发电机组的中心控制器。为了适应远距离大范围监控的需要，目前国内各风电场采取的监控系统是集中监控方式。大型风力发电机组组成的大型风电场，统一集中监控，便于操控、管理，可为电网提供稳定的可再生的绿色能源，也可解决边远地区和经济较发达地区的能源供应紧张形势，在大型风电场的运行管理方面，提高了风力发电企业对电网的稳定性和可操控性。

（5）系统硬件配置。根据远程监控系统功能及应用设计要求，系统主要硬件配置如下。

1）实时数据服务器 2 套：实时数据采集，数据处理，实时数据库更新管理，系统时钟管理。

2）操作员工作站 2 套：用于运行各种人机接口软件。运行值班人员通过操作员站实现对风电场监控对象的监视、控制及管理等各项事务。

3）工程师工作站 1 套：用于完成系统维护和管理，软件的开发与维护及各种编辑设置功能。

4）培训工作站 1 套：用于操作人员培训、维护培训、事故处理等。

5）通信网关 2 台：负责处理与外部系统的信息与数据交换。

6）语音报警机 1 台：用于被监控对象发生事故或故障时的语音报警和电话语音报警，以及监控对象运行状况及故障信息的电话查询及事故自动短信功能。

7）报表工作站 1 台：负责报表数据的采集及计算、报表的编辑、显示管理及打印等。

8）生产信息查询服务器 1 套：用于风电场生产管理、设备检修用途数据的收集、处理、归档和历史数据库的生成、存储等，为生产信息管理系统提供数据。

9）纵向加密认证装置 1 套：采用认证、加密、访问控制等技术措施，实现数据的远方安全传输及纵向边界的安全防护。

10）硬件防火墙 1 套：根据网络结构、安全策略控制出入网络的信流，有较强的抗攻击能力。

11）主干网交换机 2 套：构成远程监控系统的主干网络。

12）外部接入交换机 2 套：用于外部数据及系统的接入路由器若干台，用于与各风电场及上级管理部门的通信通道。

13）大屏幕显示屏 1 套：显示监控及图像监控画面。

14）GPS 时钟同步装置 1 套：用于系统设备的时钟同步。

15）UPS 电源 2 套：用于系统及网络设备的供电保障。

（6）软件配置。风电场远程监控系统配置丰富、完整的系统软件、支持软件及满足功能要求的应用软件。

1）系统软件。系统软件包括操作系统、语言编译器、文件管理、系统自诊断和自恢复软件、网络软件及其他系统软件。

2）支持软件。系统具有系统生成、软件二次开发、系统运行和维护的各种工具软件，包括数据库管理软件、交互式数据库编辑工具、交互式画面编辑工具、交互式报表编辑工具和其他工具。

3）应用软件。系统提供完成所述功能的成套应用软件。应用软件采用模块化设计，每个应用程序作为独立的单元运行，易于维护，主要有数据采集和数据处理，控制及安全监控，人机接口，报警记录显示、查询及打印，电话语音报警及查询，风电场通信，系统时钟管理，培训系统，冗余组织与管理。

五、风电场监控系统

1. 监控对象及外接系统

监控对象包括风机、箱式变电站、其他辅助设备、升压站设备。

主要外接系统包括上级管理部门（如省级调度系统）、远程监控系统。

2. 风电场监控系统构成

（1）风机主控系统。风电主控系统是为变速恒频兆瓦级风力发电系统配套的主控系统，可以在一定的范围内通过协调控制风轮机、机械传动系统、发电机、变流单元等风力发电整机部件，实现自然风能-机械能-电能的转换，达到电能的可靠、稳定输出及最大风能的捕获和提供。由于在这个转换过程中，自然风能的外部输入是不可控的，因而通过主控系统可以在一定范围内通过对风力机桨叶系统的调节（输入）和变流系统输出功率的调节达到最大风能转换和可靠、稳定输出功率的效果。所有信号将通过光缆传入风电场监控系统。

（2）升压站监控系统。变电站要求以计算机站控系统为核心，对整个变电站系统实现遥测、遥信、遥控、遥调功能。系统可以根据电网运行方式的要求，实现各种闭环控制功能，实现对全部一次设备进行监视、测量、控制、记录和报警功能，并与保护设备和远方控制中心通信，实现变电站综合自动化。风电场通信层采用工业光纤以太环网结构。综合自动化根据需要也可采用双网冗余结构。升压站通信服务器负责与相关调度系统的信息交换。

（3）箱式变电站控制系统。风力发电作为可再生能源的主要利用形式，所建成的风电站具有其自身的特殊性。最显著的就是发电单元布置较为分散且数量众多，距离集中升压变电站位置较远，需就地经升压变电站升压后传送至集中升压变电站。因此箱式变电站作为升压输电的重要设备，其安全可靠、节能环保、运行维护等综合性能对提升风电成套装备的整体技术指标尤其重要。因此，在普通箱式变电站的基础上还增加了智能化功能，对高低压设备配备相应的传感装置，利用稳定可靠的测控装置将电气一次、二次信息、风机控制信息纳入集中监控系统中，减少了日常维护成本，提高了风电站的自动化管理水平及运行可靠性。信号可通过光纤或 PLC 的方式传入。

（4）系统接入（SVG）。SVG 是一种用于动态补偿无功的新型电力电子装置，它能对大小变化的无功进行快速和连续的补偿，其应用可克服 LC 补偿器等传统的无功补偿器响应速度慢、补偿效果不能精确控制、容易与电网发生并联谐振和投切震荡等缺点，显著提升风电场接入点的电网稳定性及安全性。其基本原理是将自换相桥式电路通过电抗器直接并联在电网上，适当地调节桥式电路交流侧输出电压的相位和幅值，或者直接控制其交流侧电流，就可以使该电路吸收或发出满足要求的无功电流，实现动态无功补偿的目的。

（5）气象预报系统。根据气象预报系统收集到的风电场所属区域的气象预报信息，对于可能到来的灾害性天气，制订各种气候条件下的防灾预案，以保证风电场的安全运行、减少灾害损失。同时，气象预报系统还可为制订风电场在未来时段的生产计划、合理安排人员调配和设备检修计划提供支持。

（6）安防视频监控系统。图像监控系统是一种全天候、全方位的实时监视设施，使运行调度人员扩大观察视野，随时掌握风电场设备运行、安全防范等实时情况，并可同时对每个现场场景进行实时录像，以便进行事故预防与分析。为提高企业运行管理水平，适应电站"无人值班、少人值守"的运行管理方式，图像监控系统将作为一种现代化的监视手段，为风电场内各项生产设施的安全运行提供保障手段。

3. 监控系统的功能

(1) 系统功能。远程监控系统主要实现对所属风电场生产设备的数据采集、监视和控制等，并满足上级调度部门通过本系统所属各风电场实现四遥（遥信、遥测、遥调和遥控）的功能。

1) 数据采集及处理。

a. 数据采集功能。接收各风电场计算机监控系统上送的风机及其辅助设备的运行状态、运行数据、报警代码等信息；接收各风电场升压站计算机监控系统上送的升压站设备的实时运行数据；采集各风电场关口电能计量表计上送的实时电能量数据；接收操作员手动登录的数据信息。

b. 数据处理功能。对接收的各类数据进行可用性检查；生成数据库；对接收的数据进行报警处理，生成各类报警记录，并能进行声光报警及电话或短信提示；生成历史数据记录；生成各类运行报表；生成各类曲线图表；具有数据统计能力，对风机运行时间、有功、无功、可用功率、电量累计和设备故障报警进行统计与分析等；具有事件顺序记录的处理能力。

2) 安全监视功能。安全监视是远程监控系统的重要功能之一。正常运行时，值班人员可通过系统的人机联系手段，对所属风电场各类设备的运行状态和参数进行监视管理。安全监视对象包括以下三方面。

a. 风机及其辅助设备、升压站设备等的运行状态和参数、运行操作的实时监视，包括系统电压监视、发电监视、负荷监视、输电线潮流监视、设备运行状态监视等。

b. 各风电场计算机监控系统运行状态、运行方式及系统软、硬件运行状况监视。

c. 风电场其他运行信息的监视。

3) 画面显示。通过远程监控系统主机显示风电场各种信息画面，显示内容主要包括全部风机的运行状态、发电量、设备的温度等参数，各测量值的实时数据，各种报警信息，计算机监控系统，网络系统的状态信息。

4) 报警及记录。当设备运行状态发生变更或参数超越设定值等情况发生时，对发生的异常情况进行记录，并发出声光及语音报警，及时报告运行人员，并可通过电话向场外人员报警。

a. 事件顺序记录。事件顺序记录量包括断路器状态、重要继电保护信号等。当远程监控系统收到各风电场的 SOE 记录时（主要是升压站断路器及重要的保护动作信号），系统立即按事件发生的时间（年/月/日/时/分/秒/毫秒）顺序予以记录；自动显示报警语句，指明事件名称及性质，启动语音报警；远程监控系统能将各风电场主要设备的动作情况按其发生的先后顺序分别记录下来，以便查询与分析。

b. 故障及状态记录。远程监控系统采集各风电场各种重要的故障及状态信号，一旦发生状态改变将记录并显示故障名称及其发生时间。

c. 参数越限报警与记录。远程监控系统对运行设备的某些重要参数及计算数据进行范围监视，当这些参数量值超过预先设定的限制范围时，产生越限报警，并进行自动显示和记录。

d. 语音报警、电话自动报警及查询。风电场及远程监控自动化系统值班人员可对系统数据库进行设置，定义发生哪些事故时，监控系统需要进行语音报警和电话自动报警，若需要电话自动报警时可顺序设置若干个电话号码或手机号码，当发生事故时，系统能根据设置情况发出声光、语音报警信息，并自动启动电话和传呼系统进行报警；系统还提供电话查询功能，可通过电话查询当前电站设备运行情况。

e. 电气主设备动作及运行记录。远程监控系统可以对各风电场主要电气设备的动作次数和运行时数等加以统计和记录，以便考核并合理安排运行和检修计划，包括风机运行时数、断路器的合闸次数、正常跳闸次数、事故跳闸次数等。

f. 操作记录。远程监控系统可对各种操作进行记录，其中包括风机状态变化，断路器和隔离开关的合、跳闸，主变压器中性点刀闸的分、合等操作的记录。

g. 运行日志及报表。远程监控系统能按照值班人员的管理和要求生成和打印运行日志和报表，包括电气量参数报表、非电气量参数报表、发电量统计报表、综合统计表等。报表打印方式有定时自动打印、随机召唤打印等。

5）控制功能。

a. 风电场控制系统层次。风电场控制系统采用分层分布式体系结构，整个控制系统分为三层。

现地控制层：布置在风机控制箱/柜/室内，就地控制和了解器件的运行和操作，并将有关数据传送到中央控制室。

场站监控层：在风电场中央控制室内设置有计算机监控系统，在风电场中央控制室内，能对风电场所有器件及送变电设备进行集中控制。

远方监控层：根据需要布置在远方的监控中心，远方监控中心可以通过广域通信网络与各风电场中央控制室主机进行通信，对风电场设备进行监控。

b. 控制方式设置。远程监控系统的控制方式适用于对风电场设备的控制与操作，包括自动和操作员手动控制，分为"远程监控"和"风电场监控"两种方式，该控制方式的切换按各风电场分别进行。

当某个风电场处于"远程监控"方式时，由风电场及远程监控自动化系统操作员通过远程监控系统对风电场设备进行远方实时控制和安全监视，风电场操作员只能监视本风电场设备的运行状况，不能进行控制操作；当某风电场处于"风电场监控"方式时，该风电场设备仅受本风电场计算机监控系统控制，不接受远程监控系统的控制命令。控制方式的切换由风电场操作员或风电场及远程监控自动化系统操作员进行，切换权限按风电场、风电场及远程监控自动化系统的顺序由高到低排列。

c. 控制操作。当风电场处于"远程监控"控制方式时，风电场及远程监控自动化系统操作员可通过远程监控系统对风电场升压站设备进行远方控制，控制操作包括断路器的投、切，隔离开关的合、分等。

6）电能计量管理。设置电能计量数据服务器，采集各风电场关口计量表计上送的电能量数据，并对采集的电能量数据进行统计、处理及综合分析，对电能量数据进行远程抄表及存储，以便为相关部门提供运营、电力市场交易及公司考核管理提供所需的信息。

7）操作权限管理。具有操作权限等级管理功能，当输入正确操作口令和监护口令才有权限进行操作控制、参数修改，并将信息给予记录，并具有记录操作修改人、操作内容的功能。

（2）系统通信。远程监控系统具有与风电场风力发电机计算机监控系统的通信功能，采集风电场风力发电机的运行信息，并对其进行监视；采集升压站设备的运行信息及保护装置动作信息，并可对开关设备进行远方控制操作。

远程监控系统通过正向物理隔离装置与综合管理信息系统接口，以便向综合管理信息系统传送风电场生产运行信息。

远程监控系统具有与 GPS 时钟同步装置的通信功能，接收 GPS 时钟同步装置的对时信号，实现系统内部的时钟同步。

（3）系统诊断。为提高系统的可利用率和可维护性，远程监控系统提供完备的诊断功能。对于计算机及外围设备、人机接口、通信接口及网络设备的状态，诊断软件能进行周期性诊断、请求诊断和离线诊断。系统在线诊断时，不影响系统的监控功能。

六、风电场计算机监控系统巡检与维护

与其他类型发电厂相比，风电场通常具有机组多、机位分布广、常规定检维护周期长等特征，这些特征也就决定了风电场必须定期组织巡查工作。风电场的定期巡检是保证风机稳定运行的一个重要环节。

通过巡检工作力争及时发现故障隐患，防患于未然，有效提高设备运行的可靠性。

1. 日常维护要点

应定期对系统进行常规检查，以保持系统正常运行的条件，尽早排除事故隐患。主要检查事项如下：

（1）系统运行环境是否正常，包括电磁、温度、湿度、振动、灰尘等情况。

（2）系统硬件的运行情况，各机械运动部件的运转情况，包括电源风扇、CPU 风扇、硬盘等，系统各部分散热情况是否良好。

（3）系统设备的安装情况是否发生变动。

（4）积灰情况，主要检查过滤网是否积灰严重，如果允许，应检查机器内部的积灰情况尤其是 CPU 风扇的积灰，应定期清洗过滤网。

（5）系统供电情况，计算机及外围设备供电电压是否正常、稳定，系统接地是否良好。

（6）外围线路是否可靠、信号电压是否正常。

（7）系统附件（如键盘、鼠标等）是否正常工作。

（8）软件的运行表现，是否有运行缓慢或其他异常表现，包括监视图像质量和录像质量。

（9）Windows 临时目录及各硬盘的使用情况。

（10）监控系统的运行日志中是否有重复出现的错误。

（11）Windows 的系统日志中是否有异常。

（12）对于有权限进入 Windows 操作系统的用户，应检查是否安装了新的软件，系统设置是否改变。

2. 故障检修准则

（1）在发生系统故障时，现场支持人员首先应按照日常维护要点进行检查，对异常情况予以记录，不能急于更换配件。

（2）当发生故障（尤其是硬件故障）时，按照电气线路中的输入到输出关系，应从接近故障表现位置开始从后端向前端检查。

（3）检修过程中，除非必要，尽量避免带电操作；如确需带电操作，也应尽量减少上电范围。

（4）当需要变动系统硬件组成或电气线路时，必须保证系统已经断电，以防检修过程中的意外损坏，断电应按照先主机后外围的顺序。

（5）故障点确定后，根据故障的不同和用户合同条款，可采取如下措施。

1）替换，主要是那些无法维修或无法现场维修的故障，如板卡等，替换配件时应根据系统配置选择适当的配件。

2）现场维修，主要是那些可以现场维修的故障问题，如线路问题、配件安装不当等。

3）带回维修，主要是那些无法维修或无法现场维修的故障，如板卡等。

（6）系统硬件组成变动后，应检查线路是否正确、散热是否良好、供电是否充足。

（7）当故障检修完毕后，应采取逐步上电的措施，并随时根据情况中断并取消上电。上电应按照先外围后主机的顺序。

（8）故障检修过程中，应对系统的各项问题逐一记录，形成检修记录。

1）维护记录。维护过程结束后，应将维护记录（包括定期检查记录、故障排查记录等）形成书面文件，并由用户签字认可。

2）硬件维护。日常运行过程中，由于机械设备固有缺点和环境的影响会导致如下问题的发生。

a. 硬盘故障，由于机械运动、震动和散热问题导致硬盘故障，一般表现为运转声音异常、Windows 不能启动或蓝屏、读取文件或写文件异常等。解决方法是换硬盘，尤其是系统盘。

b. CPU 风扇停转，将直接导致系统变慢甚至不工作，此时应尽快更换 CPU 风扇。购买风扇时应尽量选用原装风扇，绝不能购买次品。

c. 电源功率不足，一般发生在增加了硬件设备（如卡、硬盘等）之后，此时会导致系统运行不稳定或经常重新启动。判断方法为拆除部分设备的供电观察运行情况，将故障更换更大功率电源即可。

3）软件维护。

a. 数据库过于庞大。一般运行环境下，数据库一般不会超过 10M，但也会发生超过100M 的情形，此时可用数据库压缩工具进行整理。

b. 系统临时目录下文件过多，占用空间过大，导致系统逻辑盘没有空间，表现为系统很慢、回放动画现象严重，此时应清理临时目录。由于 Windows 和监控系统运行过程中都将在系统临时目录下产生相应的临时文件，不正常关闭程序或不正常关机都会导致临时文件不能被清理而堆积。

4）通信线路维护。光纤作为监控系统中连接各个设备的重要组成部分，其日常维护工作是必不可少的。以光缆竣工技术资料为依据，包括光缆路由、接头位置，各通道光纤的衰减，接头衰减及总衰减（包括双向、背向、散射曲线）等，认真地保存和掌握这些技术资料，维护部门可以对线路各个通道的接头位置、距离、型号及其衰减一目了然，从而有目的地组织人力，进行下列维护工作。

a. 定期巡视，定点特殊巡察，随时消除光缆线路路由上堆放的易燃易爆物品和腐蚀性物质，设置标识、标志牌和宣传牌，制止妨碍光缆的建筑施工、植树及砍草修路等活动，对光缆路由上易受冲刷、挖掘地段进行培土加固和必要的修整。

b. 当直埋式光缆线路路由上出现地面下陷时，光缆会受到侧压力和张力的影响，因此，要求快速查明原因，加以处理。

c. 保持人孔、地下室、水线房的整洁，定期对光缆托架、光缆标志及地线进行检查维修。

d. 保证管道光缆在人孔中不得受挤压，光缆弯曲应符合标准。管道光缆的接头盒安放要求牢固，防止出现腐蚀、损伤、变形等情况。

e. 定期对架空光缆线路进行加固维修。要求吊线挂钩间距均匀，光缆转弯处曲率半径不能过小，架空光缆的接头盒要固定牢固，保证其各处不能受损。

f. 对水底光缆的维护，要求水底光缆线路岸滩部分，光缆不得裸露在外面，水中部分要掩埋在河床内，如发现光缆悬空时要及时维修。另外，禁止在水线区抛锚、捕鱼、炸鱼、挖沙等活动。

5) 技术维护。光缆线路的技术维护包括对光纤衰减常数、光纤后向散射的检查、光缆中金属线对的电气性能和直埋光缆外护套的钢带对地绝缘电阻指标。

a. 光纤衰减常数。在光纤数字通信系统的使用寿命之内，由于老化、温度和维护过程等因素的影响，中继段光纤总衰减会有一定的变化，但与竣工时的总衰减值相比，不宜超过 0.1dB/km；而在应急抢修过程中需接续光纤时，单模光纤的接头损耗应小于 0.2dB；在正式修复或改造线路工程完工后，单模光纤的平均接头损耗应不大于 0.1dB。

b. 光缆中金属线对的电气性能。由于金属光缆中含有铜导线，这样导线的直流电阻和绝缘电阻指标就应与通信电缆的有关规定相同，一般在温度 20℃情况下，对于 $1.2\mu m$ 线径铜芯线，其直流环阻不应大于 $31.9\Omega/km$；在直流 500V 下，每根芯线对其他与金属护套接在一起的所有芯线间，绝缘电阻应不小于 $5000M\Omega/km$。

c. 直埋光缆外护套的钢带对地绝缘电阻。由于所处环境特殊，故此外护套中使用钢带来提高直埋光缆的机械性能，为了保证其正常工作，一般钢带对地绝缘电阻应不大于 $2M\Omega/km$。

为更好地做好维护工作，保证光缆系统的正常运行，除定期和不定期的检查外，还应对每次维护做好记录、存档，以便发生紧急事故时，缩短处理时间，及时排除故障，恢复系统正常工作。

小　　结

1. 继电保护的定义及基本任务。
2. 风力发电机自身保护配置（共 5 项）。
(1) 撬杠保护。
(2) 电压越限保护。
(3) 频率越限保护。
(4) 超速保护。

（5）反时限过流保护。

3．低电压穿越保护的含义及基本要求。

4．雷电参数包括峰值电流、转移电荷及电流陡度等。

5．雷电防护区域及采取的防雷措施。

6．供电电源系统的三级防雷保护。

7．输电线路常用的四类防雷措施。

8．防雷装置检测的基本内容。

9．降低接地电阻的四种方法。

10．风电场计算机监控系统主要任务（共5项）。

11．光纤通信的优缺点。

12．风电场监控系统软硬件配置。

13．风电场监控系统的构成（共6项）。

14．监控系统日常维护要点（共12条）。

15．故障检修准则（共8条）。

复习思考题

1．如何理解继电保护的含义？

2．继电保护的基本任务有哪些？

3．故障电流对继电保护装置会产生哪些影响？

4．请说出五种风力发电机自身配置的保护措施？

5．如何理解低电压穿越保护的含义？有哪些具体要求？

6．简述雷电产生的原因及危害。

7．雷电防护区域是如何划分的？

8．风力发电机组有哪些防雷击安全保护措施？

9．简要说明雷电保护装置的工作原理。

10．请解释供电电源系统的三级防雷保护措施。

11．防雷装置检测包括哪些基本内容？

12．降低接地电阻有哪几种方法？

13．风电场计算机监控系统在设计过程中应遵循哪些原则？

14．风电场计算机监控系统的主要任务有哪些？

15．上、下位机通信有哪些特点？

16．请描述光纤通信的优缺点。

17．风电场的监控软件应实现哪些功能？

18．风电场监控系统硬件如何配置？

19．风电场的监控系统由哪些子系统组成？各子系统承担哪些职能？

20．风电场监控系统日常维护主要内容有哪些？

项目八 风 电 场 管 理

项目描述

安全是一个永恒的主题，它是人类最重要、最基本的要求，也是企业生存和发展的基础，更是社会稳定和经济发展的前提条件。"安全第一、预防为主、综合治理"是我国安全生产的方针。风电场具有点多面广，高空、露天作业多，工作环境差，人员技术薄弱，管理人员少等特点。所以，风电场的安全管理更具有它的特殊性，安全管理问题已成为风电场的核心问题。

本项目完成以下三个工作任务：

任务一　风电场安全生产管理

任务二　风电场生产运行管理

任务三　风电场设备管理

学习重点

1. 了解风电场安全生产标准化意义及相关内容。
2. 风电场倒闸操作管理要求。
3. 风电场交接班管理要求。
4. 风电场巡回检查管理要求。

学习难点

1. 风电场安全生产标准化内容。
2. 风电场倒闸操作管理要求。

任务一 风电场安全生产管理

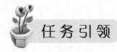

任务引领

安全生产是我们国家的一项重要政策，也是社会、企业管理的重要内容之一。做好安全生产工作，对于保障员工在生产过程中的安全与健康，搞好企业生产经营，促进企业发展具有非常重要的意义。

教学目标

1. 了解安全生产的重要意义。
2. 熟悉安全生产标准化的主要内容。

相关知识学习

安全生产是指采取一系列措施使生产过程在符合规定的物质条件和工作秩序下进行，有效消除或控制危险和有害因素，无人身伤亡和财产损失等生产事故发生，从而保障人员安全与健康、设备和设施免受损坏、环境免遭破坏，使生产经营活动得以顺利进行的一种状态。

安全生产管理，是指企业为实现生产安全所进行的计划、组织、协调、控制、监督和激励等管理活动。简言之就是为实现安全生产而进行的工作。

一、安全生产的重要意义

安全生产关系人民群众的生命财产安全，关系改革发展和社会稳定大局。搞好安全生产工作，切实保障人民群众的生命财产安全，体现了最广大人民群众的根本利益，反映了先进生产力的发展要求和先进文化的前进方向。做好安全生产工作是全面建设小康社会、统筹经济社会全面发展的重要内容，是实施可持续发展战略的组成部分。

安全生产关系到企业生存与发展，如果安全生产搞不好，发生伤亡事故和职业病，劳动者的安全健康受到危害，生产就会遭受巨大损失。可见，要发展社会主义市场经济，必须做好安全生产、劳动保护工作。

二、安全生产管理制度

安全生产管理制度是根据我国安全生产方针及有关政策和法规制订的、我国各行各业及其广大职工在生产活动中必须贯彻执行和认真遵守的安全行为规范和准则。

安全生产管理制度是企业规章制度的重要组成部分。通过安全生产管理制度，可以把广大职工组织起来，围绕安全目标进行生产建设。同时，我国的安全生产方针和有关法规政策也是通过安全生产管理制度去实现的。

有些安全生产管理制度是国家制订的，有些是企业制订的。1963 年 3 月 30 日，我国在总结了新中国成立初期安全生产管理经验的基础上，由国务院发布了《关于加强企业生产中安全工作的几项规定》（〔1963〕国经簿字第 244 号）。在这个规定中，规定了企业必须建立的五项基本制度，即安全生产责任制、安全技术措施计划、安全生产教育、安全生产定期检查、伤亡事故的调查和处理。尽管我国在安全生产管理上已取得了长足进步，但这五项基本制度仍是我国企业必须建立的安全生产管理制度。此外，随着社会和生产的发展，安全生产管理制度也在不断发展，国家和企业在五项基本制度的基础上又建立了许多新的制度，如安全卫生评价，易燃、易爆、有毒物品管理，防护用品使用与管理，特种设备及特种作业人员管理，机械设备安全检修，动火、防火及文明生产等制度。

1. 管生产必须管安全原则

管生产必须管安全原则是指企业各级干部和广大职工在生产过程中必须坚持抓生产的同时要抓安全。

　　管生产必须管安全原则是我国企业必须坚持的基本原则。国家和企业的职责，就是要保护劳动者的安全与健康，保证国家财产和人民生命财产的安全，尽一切努力在生产和其他活动中避免一切可以避免的事故；其次，企业的最优化目标是高产、低耗、优质、安全的统一。忽视安全，片面追求产量、产值，是无法达到最优化目标的。重大伤亡事故的发生，不仅会给企业，还可能给环境、社会乃至在国际上造成恶劣影响，造成无法弥补的损失。

　　管生产必须管安全的原则体现了安全与生产的统一。生产和安全是一个有机的整体，两者不能分割，更不应对立起来，应将安全寓于生产之中。生产组织者在生产技术实施过程中，应当主动承担安全生产的责任，要把管生产必须管安全的原则落实到每个职工的岗位责任制中去，从组织上、制度上固定下来，以保证这一原则的实施。

　　2. 安全生产目标管理

　　安全生产目标管理是指企业根据自己的整体目标，在分析外部环境和内部条件的基础上，确定安全生产所要达到的目标，并采取一系列措施去努力实现这些目标的活动过程。安全生产目标通常以千人负伤率、人万吨产品死亡率、尘毒作业点合格率、噪声作业点合格率及设备完好率等预期达到的目标值来表示。

　　推行安全生产目标管理不仅能进一步深化企业安全生产责任制，强化安全生产管理，体现"安全生产、人人有责"的原则，使安全生产工作实现全员管理，而且有利于提高企业广大职工的安全素质。

　　安全生产目标管理的任务是制订奋斗目标、明确责任，落实措施。实行严格的考核与奖惩，以激励广大干部职工积极参加全面、全员、全过程的安全生产管理，主动按照安全生产的奋斗目标和安全生产责任制的要求，落实安全措施，消除人的不安全行为和物的不安全状态。

　　企业和企业主管部门要制订安全生产目标管理计划，经主管领导审查同意，由主管部门与实行安全生产目标管理单位签订责任书，将安全生产目标管理计划纳入各单位的目标管理计划，主要领导人（企业法人代表）应对安全生产目标管理计划的制订与实施负总的责任。

　　安全生产目标管理的特点是强调安全生产管理的结果，一切决策以实现目标为准绳，依据相互衔接、相互制约的目标体系，有组织地开展企业全体职工都参加的群众性安全生产管理活动，并随着企业生产经营活动而持久地进行下去，以此激发各级目标责任者为实现安全生产目标而自觉地从多方面采取措施。

　　安全生产目标管理的基本内容包括目标体系的确立、目标的实施及目标成果的检查与考核，具体有如下几方面。

　　（1）确定切实可行的目标值。采用科学的目标预测法，根据企业的需要和可能，采取系统分析的方法，确定合适的目标值，并研究围绕达到目标应采取的措施和手段。

　　（2）根据安全决策和目标的要求，制订实施办法，做到有具体的保证措施，包括组织技术措施、明确的完成程序和时间、承担责任的具体负责人，并签订有关合同。措施应力求定量化，以便于实施和考核。

　　（3）规定具体的考核标准和奖惩办法。企业要认真贯彻执行既定的《安全生产目标管理考核标准》。考核标准不仅要规定目标值，而且要把目标值分解为若干具体要求加以考核。

　　（4）安全生产目标管理必须与安全生产责任制挂钩，层层负责，实行个人保班组，班组保工段，工段保车间，车间保全场（公司），企业保主管部门。充分调动各级组织和全员职工的积极性，才能保证安全生产管理目标的实现。

（5）安全生产目标管理必须与企业经营承包责任制挂钩，作为整个企业目标管理的一个重要组成部分。实行厂长（经理）任期目标责任制、租赁制和各种经营承包责任制的单位负责人，应把安全生产目标管理实现与否所受到的奖惩和经济收入挂起钩来，完成则增加奖励，未完成则依据具体情况给予处罚。

（6）企业及其主管部门对安全生产目标管理计划的执行情况要定期进行检查与考核。对弄虚作假者，要严肃处理。

3. 安全检查

安全检查是指国家安全生产监察部门、企业主管部门或企业自身对企业贯彻国家安全生产法规的情况、安全生产状况、劳动条件、事故隐患等进行的检查。

安全生产检查按组织者的不同可以分为两大类。

（1）安全生产大检查，指由上级有关部门，如劳动部门、经济管理部门或企业主管部门（行业）组织的各种安全生产检查或专业检查。

安全生产大检查通常是集中在一定时期内有目的、有组织地进行，一般规模较大、检查时间较长，揭露问题深，判断较准确，有利于促使企业重视安全，并对安全生产中的一些"老大难"问题进行整改。

（2）自我检查，指由企业自己组织的对企业自身安全生产情况进行的各种检查。

企业自我检查通常采取经常性检查与定期检查、专业检查与群众检查相结合的安全检查制度。经常性检查是指安全技术人员和车间、班组干部、职工对安全的日查、周查和月查。定期检查是企业组织的定期（如每季度、半年或一年）全面的安全检查，如防火、防爆、防尘、防毒等检查。群众性安全检查指发动职工群众普遍进行安全检查，并对职工进行安全教育。此外，还有根据季节性特点进行的季节性检查，如冬季防寒、夏季防暑降温及雨季防水等检查。

安全生产检查的内容主要包括查思想认识、查管理制度、查纪律、查领导、查设备、查安全卫生设施、查个人防护用品使用情况、查各种事故隐患等。

安全生产检查的方法较多，常用且有效的方法有深入现场实地观察，召开汇报会、座谈会、调查会及个别访问老工人，查阅有关文件和资料等。

4. 五同时

"五同时"是指企业的生产组织及领导者在计划、布置、检查、总结、评比生产的时候，同时计划、布置、检查、总结、评比安全工作。

"五同时"要求企业把安全工作落实到每个生产组织管理环节中去。

"五同时"促使企业在生产工作中把对生产的管理和对安全的管理较好地统一起来，并坚持管生产必须管安全的原则。

"五同时"使得企业在管理生产的同时必须认真贯彻执行我国的安全生产方针及各项安全卫生法律、法规和政策，建立健全本企业的各种安全生产规章制度，包括安全生产责任制、安全生产管理的有关规定，安全卫生技术规范、标准、技术措施，各工种安全操作规程等，并根据企业自身特点和工作需要设置安全管理专职机构，配备专职人员。

5. 三不放过

"三不放过"是指在调查处理工伤事故时，必须坚持事故原因分析不清不放过，事故责任者和群众没有受到教育不放过，没有采取切实可行的防范措施不放过的原则。

"三不放过"原则是在对调查处理工伤事故原因分析、事故责任者和群众的教育，以及事故防范措施这三个方面提出的严格要求。这些要求也正是我们进行工伤事故的调查和处理的真正目的所在。

"三不放过"原则的第一层含义是要求在调查处理工伤事故时，首先要把事故原因分析清楚，找出导致事故发生的真正原因，不能敷衍了事，不能在尚未找到事故主要原因时就轻易下结论，也不能把次要原因当成真正原因，未找到真正原因决不轻易放过，直至找到事故发生的真正原因，并搞清各因素之间的因果关系才算达到事故原因分析的目的。

"三不放过"原则的第二层含义是要求在调查处理工伤事故时，不能认为原因分析清楚了，有关人员也处理了就算完成任务了，还必须使事故责任者和广大群众了解事故发生的原因及所造成的危害，并深刻认识到搞好安全生产的重要性，使大家从事故中吸取教训，在今后工作中更加重视安全工作。

"三不放过"原则的第三层含义是要求在对工厂事故进行调查处理时，必须针对事故发生的原因，提出防止相同或类似事故发生的切实可行的预防措施，并督促事故发生单位付诸实施。只有这样，才算达到了事故调查和处理的最终目的。

6. 三个同步

"三个同步"是指安全生产与经济建设、企业深化改革、技术改造同步规划、同步发展、同步实施的原则。

"三个同步"要求把安全生产内容融化在生产经营活动的各个方面中，以保证安全与生产的一体化，克服安全与生产"两张皮"的弊病。

7. 安全标志

安全标志是指在操作人员容易产生错误而造成事故的场所，为了确保安全，提醒操作人员注意所采用的一种特殊标示。

制订安全标志的目的是引起人们对不安全因素的注意，预防事故的发生，安全标志不能代替安全操作规程和保护措施。

根据国家有关标准，安全标志应由安全色、几何图形和图形符号构成。必要时，还要一些补充的文字说明与安全标志一起使用。

国家规定的安全色有红、蓝、黄、绿四种颜色，其含义是红色表示禁止、停止（也表示防火）；蓝色表示指令或必须遵守的规定；黄色表示警告、注意；绿色表示提示、安全状态、通行。

安全标志按其用途可分为禁止标志、警告标志、指示标志。

安全标志根据其使用目的的不同，可以分为以下9种。

（1）防火标志（有发生火灾危险的场所，有易燃易爆危险的物质及位置，防火、灭火设备位置）。

（2）禁止的标志（所禁止的危险行动）。

（3）危险标志（有直接危险性的物体和场所，并对危险状态做警告）。

（4）注意标志（由于不安全行为或不注意就有危险的场所）。

（5）救护标志。

（6）小心标志。

（7）放射性标志。

（8）方向标志。

（9）指导标志。

对安全标志要进行检查。该项检查是对所设安全标志同作业现场的条件和状态是否相适应的一种检查。

对于企业来说，安全生产必不可少。安全工作应放在一切生产企业工作的首位，企业应当以安全保障生产。安全就是生命，安全就是效益，安全是一切工作的重中之重。在企业一心一意谋发展的当口，更要把安全第一落到实处，把预防为主放在各项工作的首位，真正做到珍爱生命，安全生产。忽视安全隐患，必将给企业带来巨大的经济损失。所以说，唯有安全生产这个环节不出差错，企业才能争取更好的成绩！

三、风电场安全生产标准化

近几年来，我国在多个行业推行或试行了安全标准化工作，许多企业通过开展安全标准化工作，其生产作业场所的安全状况和安全管理水平都有了显著的改善和提高。电力行业作为一个高危行业，开展电力安全生产标准化工作就显得尤为重要，电力安全生产是电力企业一项十分关键的工作，是做好一切工作的前提。

1. 风电场开展安全生产标准化的意义

安全生产标准化定义：通过建立安全生产责任制，制订安全管理制度和操作规程，排查治理隐患和监控重大危险源，建立预防机制，规范生产行为，使各生产环节符合有关安全生产法律法规和标准规范的要求，人、机、物、环处于良好的生产状态，并持续改进，不断加强企业安全生产规范化建设。

标准化内容包括企业安全管理标准化、作业行为标准化、生产条件标准化、作业环境标准化、设备设施标准化、职业安全健康管理标准化。

目前，我国进入以重工业快速发展为特征的工业化中期，工业高速增长，加剧了电紧张的状况，加大了事故风险，处于事故易发期，电力安全生产工作的压力很大。如何采取适合我国经济发展现状和企业实际的安全监管方法和手段，使电力企业安全生产状况得以有效控制并稳定好转，是当前电力安全生产工作的重要命题之一。电力安全生产标准化体现了"安全第一、预防为主、综合治理"的方针和"以人为本"的科学发展观，强调电力企业安全生产工作的规范化、科学化、系统化和法治化，强化风险管理和过程控制，注重绩效管理和持续改进，符合安全管理的基本规律，代表了现代安全管理的发展方向，是先进安全管理思想与我国传统安全管理方法、企业具体实际的有机结合，将全面提高电力企业安全生产水平，从而推动我国电力安全生产状况的根本好转。开展电力安全生产标准化工作既带有基础性、重要性，又带有紧迫性，还带有长期性和全局性，意义重大。

（1）电力安全生产标准化是全面贯彻我国电力法律法规、落实企业主体责任的基本手段。电力安全生产的目标是维护电力系统安全稳定、保证电力正常供应，防止杜绝人身死亡、大面积停电、主设备严重损坏、电厂垮坝、重大火灾等重、特大事故及对社会造成重大影响的事故发生。电力安全生产标准化考评标准，无论从管理要素到设备设施要求、现场条件等，均体现了法律法规、标准规程的具体要求，以管理标准化、操作标准化、现场标准化为核心，制订符合自身特点的各岗位、工种的安全生产规章制度和操作规程，形成安全管理有章可循、有据可依、照章办事的良好局面，规范和提高从业人员的安全操作技能。通过建立健全企业主要负责人、管理人员、从业人员的安全生产责任制，将安全生产责任从企业法人落实到每个从业人员、操作岗位，强调了全员参与的重要意义，进行全员、全过程、全方位的梳理工作，全面细致地查找各种事故隐患和问题，以及与考评标准规定不符合的地方，制订切实可行的整改计划，落实各项整改措施，从而将安全生产的主体责任落实到位，促使电力企业安全生产状况持续好转。

（2）电力安全生产标准化是改善设备设施状况、提高电力企业本质安全水平的有效途径。开展电力安全生产标准化活动重在基础、重在基层、重在落实、重在治本。电力安全生产考核标准在危害分析、风险评估的基础上，对现场设备设施提出了具体的条件，促使企业淘汰落后生产技术、设备，特别是危及安全的落后技术、工艺和装备，从根本上解决了企业安全生产的根本素质问题，提高企业的安全技术水平和生产力的整体发展水平，提高本质安全水平和保障能力。

（3）电力安全生产标准化是预防控制风险、降低事故发生的有效办法。通过创建电力安全生产标准化，对危险有害因素进行系统的识别、评估，制订相应的防范措施，使隐患排查工作制度化、规范化和常态化，切实改变运动式的工作方法，对危险源做到可防可控，提高了电力企业的安全管理水平，提升了设备设施的本质安全程度，尤其是通过作业标准化，杜绝违章指挥和违章作业现象，控制了事故多发的关键因素，全面降低事故风险，将事故消灭在萌芽状态，减少一般事故，进而扭转重特大事故频繁发生的被动局面。

（4）开展电力安全生产标准化工作是落实企业安全生产主体责任的重要举措。安全生产标准化工作要求生产经营单位将安全生产责任从生产经营单位的法定代表人开始，逐一落实到每个从业人员、每个操作岗位，强调企业全部工作的规范化和标准化，强调真正落实企业作为安全生产主体的责任，从而保证电力企业的安全生产。

（5）开展安全生产标准化工作是防范事故发生和免受责任追究的最有效办法。由于标准化工作把企业的"人、机、环境"安全三要素的每个要素都做了规范，对企业生产经营的全员、全过程、全方位都有明确的制度约束。企业的方方面面都有章可循、有标准对比了，就必然有效减少甚至杜绝事故，尤其是重特大事故发生，当然也就不会再有责任追究的问题了。

（6）电力安全生产标准化是建立约束机制、树立企业良好形象的重要措施。电力安全生产标准化强调过程控制和系统管理，将贯彻国家有关法律法规、标准规程的行为过程及结果定量化或定性化，使电力安全生产工作处于可控状态，并通过绩效考核、内部评审等方式、方法和手段的结合，形成了有效的电力安全生产激励约束机制。通过电力安全生产标准化，电力企业管理上升到一个新的水平，减少伤亡事故，提高企业竞争力，促进了企业发展，加上相关的配套政策措施及宣传手段，以及全社会关于安全发展的共识和社会各界对电力安全生产标准化的认同，将为达标企业树立良好的社会形象，赢得声誉，赢得社会尊重。

2. 风电场安全生产标准化建设内容

（1）安全生产目标。

1）目标的制订。安全生产目标应明确风电场安全状况在人员、设备、作业环境、管理等方面的各项安全指标。安全指标应科学、合理，包括不发生人身重伤及以上人身事故、不发生一般及以上各类电力安全事故。

2）目标的控制与落实。根据确定的安全生产目标制订相应的分级（场长、专工、运行人员）目标。风电场按照安全生产职责，制订相应的分级控制措施。

3）目标的监督与考核。定期对安全生产目标实施计划的执行情况进行监督、检查与纠偏；对安全生产目标完成情况进行评估与考核。

（2）组织机构和职责。对安全生产委员会、安全生产保障体系、安全生产监督体系、安全生产责任制在组成、工作机制等方面提出要求。

成立以主要负责人为领导的安全生产委员会，明确机构的组成和职责，建立健全工作制度和例会制度；主要负责人应定期组织召开安全生产委员会会议，总结分析本单位的安全生产情况，部署安全生产工作，研究解决安全生产工作中的重大问题，决策风电场安全生产的重大事项。

（3）安全生产投入。规定企业应制订安全生产费用计划，按规定提取并落实安全生产费；制订满足安全生产需要的安全生产费用计划，严格审批程序，按上级规定提取安全生产费用并落实到位，风电场主要领导定期组织有关部门对执行情况进行检查、考核。

（4）法律法规与安全管理制度。提出获取法律法规，以及将国家有关法律法规、标准规程贯彻到企业安全管理制度和规程中等要求。

（5）教育培训。教育培训包括建立教育培训管理体系，提出管理人员和岗位人员培训要求和开展企业安全文化建设等内容。

（6）生产设备设施。生产设备设施包括设备设施管理、设备设施安全保卫、设备设施本质安全、设备设施防灾以及设备设施风险控制。

（7）作业安全。提出生产现场管理、作业人员和相关方安全管理、标示和变更管理等要求。

（8）隐患排查和治理。提出隐患管理、隐患排查和隐患治理规定。

（9）重大危险源监控。重大危险源监控包括危险源辨识和评估、重大危险源建档和备案，重大危险源监控与管理。

（10）职业健康。职业健康包括职业健康管理和提示、职业危害因素的申报和监督，以及易产生职业健康危害的环境和设施应采取的防护。

（11）应急救援。明确了应急救援管理、投入，机构和队伍的建立，预案的编制、培训和演练，以及应急物资的储备、应急预警、响应等。

（12）信息报送和事故调查处理。规定了信息报送和事故报告、调查的要求。

任务二　风电场生产运行管理

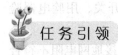

任务引领

倒闸操作是电网、风电场安全稳定运行的主要工作之一，是变电运行工作的重点、难点之一。由于现场操作人的个人经历不同，关注的重点不同，其结果也不尽相同；同时，电网不同的运行方式，变电站不同的主结构接线，也将影响倒闸操作。因此，针对不同的典型操作，分析危险点，即容易引起误操作的重要环节，掌握其正确的操作方法及步骤，对防范误操作事故的发生，有很现实的指导作用。

教学目标

1. 掌握倒闸操作的含义。
2. 熟悉倒闸操作的基本要求。
3. 了解风电场交接班管理要求。
4. 了解风电场巡回检查管理要求。
5. 了解风电场定期轮换试验管理要求。

相关知识学习

一、风电场倒闸操作管理

1. 倒闸操作的安全规定

变电站倒闸操作是指电气设备或电力系统由一种运行状态变换到另一种运行状态的一系列有序的操作。

（1）倒闸操作是电网、风电场安全稳定运行的主要工作之一。运行（包括操作）人员应明确本风电场所有设备的调度范围划分，必须根据值班调度员或运行值班负责人的指令进行倒闸操作，操作后应立即向发令人回令。

（2）双重调度的设备，在一次操作任务中运行人员只接受一个调度单位的调度指令。

（3）倒闸操作任务涉及多个调度单位的调度权限时，运行值班人员应分别接受多个调度的指令，如调度明确由一个调度单位统一下令时也可执行操作。

（4）风电场自行调度设备的倒闸操作，应按有关制度规定执行。

（5）调度发布指令应准确、清晰，使用规范的调度术语和设备双重名称，即设备名称和调度编号（调度双重名称）。发令人和受令人应先互报单位和姓名，发布指令的全过程（包括对方复诵指令）和听取指令的报告时双方都要录音并做好记录。受令人复诵无误后执行指令。操作人员（包括监护人）应了解操作目的和操作顺序。对指令有疑问时应向发令人询问清楚无误。

（6）除特殊规定外，倒闸操作必须使用倒闸操作票，事故处理的善后操作也应使用操作票。应由合格人员担任监护人和操作人。

（7）倒闸操作可以通过就地操作、遥控操作、程序操作完成。遥控操作、程序操作的设备必须满足有关技术条件。

（8）用绝缘棒操作、加装绝缘挡板、操作机械传动的断路器和隔离开关、用验电器验电、装设拆除接地线时，应戴绝缘手套。

（9）雨天操作室外高压设备时，绝缘棒应有防雨罩，还应穿绝缘靴。接地网电阻不符合要求的，晴天也应穿绝缘靴。雷电时，一般不进行倒闸操作，禁止在就地进行倒闸操作。

（10）装卸高压熔断器，应戴护目眼镜和绝缘手套，必要时使用绝缘夹钳，并站在绝缘垫或绝缘台上。

（11）电气设备操作后的位置检查应以设备实际位置为准，无法看到实际位置时，可通过设备机械位置指示、电气指示、仪表及各种遥测、遥信信号的变化，且应有两个及以上指示已同时发生对应变化，才能确认该设备已操作到位。但操作前就已无电流的断路器位置信号可作为设备实际位置的依据。

（12）就地进行倒闸操作时应穿纯棉工作服，不得卷起袖口和裤腿，并戴安全帽。

（13）高压电气设备都应安装完善的防误操作闭锁装置。防误操作闭锁装置不得随意退出运行，停用防误操作闭锁装置应经分公司分管安全生产的副总经理批准；短时间退出防误操作闭锁装置时，应经风电场场长批准，并应按程序尽快投入。

（14）解锁工具（钥匙）应封存保管，所有操作人员和检修人员严禁擅自使用解锁工具（钥匙）。若遇特殊情况确需解锁时，应经分公司分管安全生产的副总经理批准。当发生危及人身、电网或设备安全等特殊情况确需紧急解锁操作时，应经场长同意后方可解除闭锁，但事后应立即向分公司分管安全生产的副总经理汇报，并填写解锁钥匙使用记录。解锁工具（钥匙）使用后应及时封存。

（15）断路器遮断容量应满足电网要求。如遮断容量不够，必须将操作机构用墙或金属挡板与该断路器隔开，并设远方控制，重合闸装置必须停用。

（16）运行中的断路器、隔离开关设备应具备倒闸操作的安全条件，否则必须采取措施，方可改变其运行状态。

1）隔离开关操作机构各部件应完好。气压、油压及各种仪表、微机显示窗、指示灯、检测指示装置完好，指示正确。小车开关柜内不可见机构、装置、绝缘部件等易损部位，每次由检修位置推至（摇至）试验位置前，应全面细致检查一遍，确认完好。

2）风电场应有与一次设备和实际运行方式相符的一次系统模拟图。

3）操作设备具有明显的安全标志：设备名称（线路名）、调度编号、分合指示、旋转指示、切换位置指示、相色等。

4）调度和风电场之间遥信、遥控、遥测系统完好可靠，显示无误，通信畅通。

（17）在发生人身触电事故时，为了抢救触电人员，可以不经许可，即行断开有关设备的电源，但事后应立即报告调度和分公司生产部。电气设备停电后，即使是事故停电，在未拉开有关断路器、隔离开关和做好安全措施前，不得触及设备或进入遮栏，以防突然来电。

（18）下列各项工作可以不用操作票，但在完成后应做好记录，事故应急处理保存原始记录。

1）事故应急处理。

2）当值班调度员冠以"事故拉路""设备异常拉路"及"限电拉路"术语下令时的操作，但值班员应将调度令填入调度指令记录。

（19）检修设备停电，应把各方面的电源完全断开（任何运用中的星形接线设备的中性点，应视为带电设备）。禁止在只经断路器断开电源的设备上工作，应拉开隔离开关。小车开关应拉至（摇至）试验或检修位置，应使各方面有一个明显可见的断开点。与停电设备有关的变压器和电压互感器，应将设备各侧断开，防止向停电检修设备反送电。

（20）检修设备和可能来电侧的断路器、隔离开关，应断开控制电源和合闸电源，隔离开关操作把手应锁住，确保不会误送电。

（21）高压验电应戴绝缘手套，验电应使用相应电压等级且合格的接触式验电器，验电器的伸缩式绝缘棒长度应拉足，验电时手应握在手柄处不得超过护环，绝缘棒不得搭碰任何物体，人体应与验电设备保持安全距离。验电前，应先在有电设备上进行试验，确证验电器良好；无法在有电设备上进行试验时可用高压发生器等确认验电器良好。

（22）必须对各相分别验电确认有无电压。在木杆、木梯或木架上验电，不接地线不能指示时，可在验电器绝缘杆尾部接上接地线，但应经运行值班负责人或工作负责人许可。雨雪天气时不得进行室外直接验电。

（23）对无法进行直接验电的设备，可以进行间接验电。

对于封闭式断路器柜：

1）凡装有鉴定合格且运行良好的带电显示器，可以作为线路有电或无电的依据。

2）站内正常操作时，拉开断路器前检查三相监视灯全亮，拉开断路器后检查三相监视灯全灭，即可认为线路无电。

3）当断路器由远方操作拉开或事故掉闸后，如带电显示器三相监视灯全灭，即可认为线路无电。

（24）装设接地线应由两人进行。当验明设备确已无电压后，应立即将检修设备接地，并三相短路。

（25）装设接地线应先接接地端，后接导体端，接地线应接触良好，连接应可靠。拆除接地线的顺序与此相反。装设、拆除接地线均应使用绝缘棒和戴绝缘手套。人体不得碰触接地线或未接地的导线，以防止感应电触电。

（26）成套接地线由透明护套的多股软铜线组成，其截面不得小于 $25\mathrm{mm}^2$，同时应满足装设地点短路电流的要求。禁止使用其他导线作接地线或短路线。接地线应使用专用的线夹固定在导体上，严禁用缠绕的方法进行接地或短路。

2. 倒闸操作的技术规定

（1）停电拉闸操作必须按照断路器-负荷侧隔离开关-电源侧隔离开关的顺序依次进行，送电合闸操作应按与上述相反的顺序进行。严禁带负荷拉合隔离开关。

（2）变压器送电时，先送电源侧，后送负荷侧，停电时操作顺序相反（系统有特殊规定者除外）。

（3）主变压器并、解列操作不得用隔离开关进行。

（4）电动合断路器时，应注意测量数值的变化，电磁机构的断路器合闸后应检查直流总负荷电流表是否返回。

（5）连续操作电磁机构的断路器时应注意直流母线电压。

（6）倒闸操作中，防止电压互感器或场用变压器二次反高压。

（7）停用电压互感器时，应考虑有关保护、自动装置及计量装置。

（8）小车开关由运行转检修的操作顺序：拉开开关，小车开关由工作位置拉至（摇至）试验位置，断开二次电源，取下二次插件，小车开关由试验位置拉至（摇至）检修位置；恢复时操作顺序相反。

（9）操作单相隔离开关、高压熔断器时，应先拉中相，后拉边相；恢复时相反。

（10）两组场用变压器倒电源时应先拉后合。

（11）给上、取下场用变压器二次总熔断器时，应先断开站用变压器高压侧电源（站用变压器二次装空气开关的除外）。

（12）小电阻接地系统操作注意事项。

1）母线不允许失去接地电阻运行。

2）小电阻不能长时间并列运行。

（13）装有双套保护装置的线路自动重合闸出口压板只允许投入一套。

（14）在微机监控画面上进行操作，应调出被操作设备单一的监控画面，操作人、监护人录入用户名及口令，并输入被操作设备调度编号进行确认操作。

（15）"远方/就地"切换开关的操作。

1）断路器、隔离开关在运行状态时，切换开关必须置于"远方"位置。

2）断路器、隔离开关在热备用或检修状态时，测控装置切换开关必须置于"就地"位置。

3）"远方/就地"切换开关的操作，应写入操作票中。

3．操作票的管理

（1）每份操作票只能填写一个操作任务。填写操作任务和操作步骤需采用计算机五防操作票系统自动生成操作票（必须具有完善的五防闭锁和提示功能，或按计算机打印操作票管理），票面格式必须符合本细则规定，有关人员签名、时间、日期、打"√"、备注栏需要说明原因等必须手工填写，签名必须本人亲自签名，不得打印代替。手工填写部分应使用黑色中性笔（打"√"用红蓝笔）。

（2）操作票应根据值班调度员（或值班负责人）下达的操作指令填写。由有接令权（有接令权人员名单应明确）的人员受令，认真进行复诵。在调度指令记录发令人栏内填写发令人姓名。

（3）经调度员同意自理的操作，在发令人栏内注明"×××同意"字样；属于场内自行调度的设备和调度授权自行操作的设备，在发令人栏内填写当值值班负责人的姓名。

（4）受令人对同一操作任务不许同时接受两个发令人的指令（事故处理除外）。

（5）操作票的每一步骤只许包括一个单一操作步骤。如投退保护压板，一个压板为一步，应为"1）投入1号主变压器差动保护A屏1LP1 220kV侧A相跳闸出口压板"等，不得填为"1）投入1号主变压器差动保护"。如拉合断路器，一台为一步；拉合单相设备，一相为一步。

（6）风电场倒闸操作票使用前应统一编号，每个风电场在一个年度内不得重复编号，操作票应按编号顺序使用，统一编为20××年×××号，如2008年第一份操作票编号为2008001（多页操作，每页都写）。"单位"栏内每页填写风电场名称，如中广核苏尼特风电场。

（7）调度下达操作指令实行以下制度。

1）调度部门实行调度指令操作票制度。

2）包含多步骤操作的具体令，应预先下达操作任务，简称"预令"。在正式指令开始操作前1~3h下达，风电场在此时间段内进行操作准备工作。

3）向风电场正式下达开始操作的指令：下达调度指令号，简称"调令号"。作为开始操作时间的依据，应与预先通知的停送电时间吻合。多页操作时开始时间填写在第一页，结束时间填写在最后一页。

4）在操作票的第一页"监护下操作"前用黑色中性笔画"√"。

5）多页操作票时，票面签名在最后一页。

6）检查人：场长每月要对本场全部操作票执行情况进行一次检查并签字，核对操作票的合格率。

(8) 操作票不得出现空项。票面应整洁，不得任意涂改。操作项目全部填写完成并审核无误后，在最后一页空白行内画"终止符（）"，以示任务结束，终止符应包含全部空白行，如最后一步操作已填满本页最后一行，则将"终止符（）"章画在操作票签名页备注栏"中间位置"处（顶满备注栏）。

(9) 操作人和监护人应共同对照模拟图或接线图对所填写的操作步骤进行核对、模拟操作，确认无误。

1) 计算机五防系统闭锁提示功能应完善，生成操作票应核对，并在五防系统上进行核对性模拟预演。

2) 模拟操作前根据调度令核对现场运行方式、模拟图运行方式相符。

3) 模拟操作由监护人根据操作顺序逐项下令，由操作人复令执行。每模拟一步在该步"模拟"栏用蓝色笔打"√"；无法模拟的操作步骤不打"√"，如投、退压板，操作二次小开关等。

4) 模拟操作后应再次核对新运行方式与调度令相符。

(10) 操作票在执行过程中不得颠倒顺序，也不能增减步骤、跳步、隔步，如需改变应重新填写操作票。

(11) 每执行完一步操作后，应在该步"执行"栏用红色笔打"√"，如一行步骤写不下时执行"√"打在第一行；操作项目全部完成后，在最后一步操作的下一行左侧盖"已执行"章，如最后一步操作已填满本页最后一行，则将"已执行"章盖在操作票签名页备注栏"右上角"处。

(12) 操作中产生疑问时，不准擅自更改操作票，必须向值班调度员或上级领导报告，询问清楚后再进行操作。

(13) 若一个操作任务连续使用几页操作票，则在前一页"备注"栏内正中央写"接下页"，在后一页的"操作任务"栏内正中央写"接上页"。

(14) "作废"原因。

(15) 操作票执行过程中因故中断操作，则应在已操作完的步骤下一行盖"已执行"章，并在"备注"栏内注明中断操作原因。若此任务还有几页未执行，则应在未执行的各页"操作任务"栏右下角盖"未执行"章。

(16) 断路器、隔离开关的设备双重名称，即编号和设备名称（调度号、线路名称）只用于"操作任务"栏。操作任务应描述为如"拉开220kV苏温线251断路器"；操作步骤栏中只填写调度号及设备名称，如"拉开251断路器""拉开219隔离开关"。

(17) 下列操作应列入操作步骤。

1) 拉开或合上断路器、隔离开关。

2) 拉、合断路器后检查断路器位置。

3) 拉、合隔离开关后检查隔离开关位置。

4) 验电，使用带电显示器验电应列入操作步骤。

5) 装设、拆除接地线（或拉、合接地刀关）。

6) 拉、合隔离开关、小车开关推至（摇至）工作位置前，检查断路器在断开位置。

7) 投入、退出断路器控制、信号电源；给上、取下控制熔断器。

8）投入、退出场用变压器或电压互感器二次熔断器或负荷开关。

9）倒换继电保护装置操作回路或切换保护区，核对定值。

10）投入、退出保护及自动装置；按按钮确认保护装置软压板已退出。

11）代路操作在合环后检查负荷分配。

12）正常方式并列运行的变压器解列前或变压器并列后检查负荷分配。

13）母线充电后检查母线电压（母线没有电压值监测手段的除外，带负荷充电后不用写检查步骤）。

14）改变有载调压主变压器分接头、消弧线圈分接头，检查分接头位置。

15）投入、退出遥控装置（或遥控电源）。

16）给上或取下小车开关的二次插件。

17）调度下令悬挂或拆除的"禁止合闸，线路有人工作"标示牌。

18）设备检修后送电前，检查送电范围内接地线（含接地开关）、短路线已拆除（或拉开）。

19）检查直流控制电源电流、电压。

（18）倒闸操作术语。

1）断路器、隔离开关（含低压刀闸）称"拉开、合上"。如拉开 251 断路器，合上 2511 隔离开关。

二次开关称"合上、断开"。如合上 219 电压互感器二次开关，断开 251 断路器控制电源开关。

2）拉合断路器、隔离开关、小车开关、接地开关后检查位置。若断路器使用分相操作机构，则应对三相分别检查。如检查 251 断路器三相确在断开位置，检查 201 断路器确在合好位置，检查 2516 隔离开关三相确在断开位置，检查 251617 接地开关三相确在合好位置，检查 319 小车开关确在断开位置。

3）验电、操作地线称"验、装设、拆除"。如在 2516 隔离开关线路侧验明三相无电，在 2516 隔离开关断路器侧装设 220kV 2 号接地线，拆除 2016 隔离开关主变压器侧 220kV 3 号接地线。

a. 验电、装设地线位置以隔离开关为准。称"隔离开关线路侧""隔离开关断路器侧""隔离开关母线侧""隔离开关主变压器侧""隔离开关电压互感器侧""隔离开关电抗器侧""隔离开关电容器侧""隔离开关电流互感器侧""隔离开关消弧线圈侧""隔离开关站用变压器侧"。

b. 上述规定不能包括时，按实际位置填写。如在 351 小车开关母线侧（主变压器侧、线路侧）装设 35kV 1 号接地线。

c. 母线上装设地线，如实际操作困难时可以装设在某隔离开关母线侧的引线上。如在 2511 隔离开关母线侧装设 220kV 2 号接地线。

4）操作交、直流熔断器和小车开关二次插件称"给上、取下"。如取下 319 电压互感器二次熔断器，给上 351 断路器控制开关，给上 351 小车开关二次插件。

5）继电保护、自动装置、直流屏及所用电屏不能切换的连接片及把手称"投入、退出"，继电保护、自动装置、直流屏及所用电屏能切换的把手及连片称"改投"。如投入 220kV 苏温线 251CSC-103B 分相电流差动保护屏 1LP1 距离 I 段保护压板，退出 1 号主变压器保护 A 屏 LP13 差动保护压板，将 251 断路器重合闸把手由"单重"改投"停运"位置，将 2 号主变压器重瓦斯保护压板由"跳闸"改投"信号"位置。

6）小车开关称"推至（摇至）"和"拉至（摇至）"。如将 351 小车开关由试验位置推至（摇至）工作位置，将 319 小车开关由工作位置拉至（摇至）试验位置。

a. "工作"位置是指一次插头已插入插嘴，开关在断开位置。

b. "试验"位置是指小车开关一次插头离开插嘴，二次插件未取下。

c. "检修"位置是指小车开关已拉至（摇至）柜外，二次插件取下。

7）检查负荷分配情况。

a. 母线倒方式，如检查 220kV Ⅰ 母负荷均已倒入 Ⅱ 母运行；检查 220kV Ⅰ、Ⅱ 母方式倒正常。

b. 旁路代路、主变压器倒停或送电，检查旁路断路器、主变压器确已带负荷。如检查旁路 251 断路器确已带负荷，检查 1 号主变压器确已带负荷。

8）设备送电前，检查送电范围内接地开关确已拉开，接地线确已拆除。如检查 1 号主变压器系列确无地线具备送电条件，检查 220kV Ⅰ 母确无地线具备送电条件，检查 251 系列确无地线具备送电条件。

9）新设备启动送电前检查相关保护及自动装置。如依据保护定值通知单核对 1 号主变压器保护定值正确并投入，依据保护定值通知单核对 220kV 苏温线 251 保护定值正确并投入。

10）母线充电后检查母线电压，如检查 220kV Ⅰ 母电压指示正常。

11）旁路代路、母线充电前检查保护定值。如检查旁路 215 断路器定值确已改为带 255 断路器定值，检查母联 212 断路器定值确已改为充电定值。

12）接地车称"推至（摇至）""拉至（摇至）"。如将××号母线侧接地车推至（摇至）××号柜试验位置，将××号母线侧接地车推至（摇至）××号柜接地位置；将××号主变压器侧接地车由××号柜拉至（摇至）试验位置，将××号主变压器侧接地车由××号柜拉至（摇至）检修位置。

说明：接地车的接地位置是指接地车插头已插入插嘴（相当于接地开关合好）；试验位置是指接地车插头离开插嘴，但接地车未拉出柜外；检修位置是指接地车已拉出柜外。

13）封闭式断路器柜带电显示器称"三相灯亮"和"三相灯灭"。如检查 351 开关柜带电显示器三相灯亮，检查 351 开关柜带电显示器三相灯灭。

4. 倒闸操作执行标准

（1）倒闸操作的分类。倒闸操作分为监护操作、单人操作、检修人员操作。

监护操作：由两人共同完成的操作。

监护操作时，其中对设备较为熟悉者做监护。特别重要和复杂的倒闸操作，由熟练的运行人员操作，运行值班负责人监护。

（2）运行人员监护操作规定。

1）监护操作的人员要求。

a. 操作人员应经风电场培训考核合格的人员担任。

b. 对设备相对熟悉的人做操作监护人。

2）监护操作程序。

a. 操作准备。

复杂操作准备：由场长或值长组织全体在班人员根据调度预令和工作票做好如下工作。

（a）明确操作任务和停电范围，并做好分工。

（b）拟订操作顺序，确定装设接地线部位、组数及应设的遮栏、标示牌。明确工作现场临近带电部位，并制订出相应措施。

（c）按本细则倒闸操作的安全规定和技术规定考虑相关安全技术措施。

（d）分析操作过程中可能出现的危险点，并采取相应的措施。

（e）与调度协商后写出操作票草稿，由全体人员讨论通过，场长或值长审核批准。

（f）设备检修过程中提前准备送电操作。

（g）设备检修后，操作前应认真检查设备状况及一、二次设备的拉合位置与调度令相符。

一般操作应参照上述要求进行准备。

b. 接令。

（a）接受调度指令。接令时先问清发令人姓名、下令时间，并主动报出场名和姓名。

（b）接令时应随听随记，记录在"调度指令记录"中，接令完毕，应将记录的全部内容向发令人复诵一遍，并得到发令人认可。

（c）接受调度指令时，一人接令，一人在旁监听。

（d）对调度指令有疑问时，应及时与发令人共同研究解决；对错误指令应提出纠正，未纠正前不准执行。

c. 操作票填写。

（a）操作票由操作人员填写。

（b）"操作票任务"栏应根据调度指令内容填写。

（c）操作步骤顺序应根据调度指令参照本场典型操作票和事先准备的操作票草稿内容进行填写。

（d）操作票填写后，由操作人和监护人共同审核。预先填好的操作票，必须核对"正式"令是否与"预备"令一致，运行方式是否有变化，若运行方式或正式调度令发生变化时，必须重新填写操作票。

d. 模拟操作。

（a）模拟操作前根据调度令核对现场运行方式、模拟图相符。

（b）模拟操作由监护人根据操作顺序逐项下令，由操作人复令执行，每模拟一步，在模拟栏用蓝色笔画"√"。

（c）模拟操作后应再次核对新运行方式与调度令相符。

（d）模拟操作无误后监护人和操作人分别签字，然后经运行值班负责人审核签字，开始操作时填入操作开始时间。

（e）模拟预演应在微机五防系统上进行。

e. 操作执行与监护。

（a）实行"眼看、口诵、手指"制度。每进行一步操作，应按下列步骤进行。

a）监护人持操作票将操作人带至操作设备处，指明调度号，口诵操作指令。

b）操作人手指操作部位，重复口诵指令。

c）监护人审核复诵内容和手指部位正确后，发出"执行"的指令。

d）操作人回答"是"，操作人按操作要领执行操作。

e) 监护人和操作人共同检查操作质量（远方操作只检查相应的信号装置）。

f) 监护人在操作票本步骤用红色笔画执行"√"，再通知操作人下步操作内容。

（b）操作中遇有事故或异常，应停止操作，如因事故、异常影响原操作任务时，应报告调度，并根据调度令重新修改操作票。

（c）由于设备原因不能操作时，应停止操作，检查原因，不能处理时应报告调度和生产管理部门。禁止使用非正常方法强行操作设备。

（d）监护操作时，操作人在操作过程中不得有任何未经监护人同意的操作行为，操作中操作人、监护人严禁做与操作无关的事情。

f. 质量检查。

（a）操作完毕全面检查操作质量，站内远方操作的设备也必须到现场检查。

（b）检查无问题应在最后一页操作票上填入终了时间，并在最后一步下边加盖"已执行"章（不得压步骤）。然后在调度指令记录本内填入终了时间，向调度员回令。操作票见表8-1。

表 8-1   操作票

发令人			受令人			发令时间	年　月　日　时　分
操作开始时间：　年　月　日　时　分						操作结束时间：　年　月　日　时　分	
（　）监护下操作			（　）单人操作			（　）检修人员操作	
操作任务：							

模拟√	顺序	操　作　项　目	执行√

操作人：	监护人：	值班负责人：

二、风电场交接班管理

1. 交接班的基本要求

（1）运行交接班是指运行各岗位人员工作的移交和接替。运行岗位的交接必须保证生产过程的连续性。

（2）交接班必须做到严谨、周密、严肃认真、上下衔接，交接时必须进行整队交接。交接形式以书面文字为准，必要的口头交代必须语言规范、清晰、明确。

2. 交接班程序和内容

（1）交接班程序。

1）值班人员必须按值班轮流表和统一时间进行交接值班，不得擅自变更，交班人员应提前30min做好准备工作，接班人员应提前15min进入控制室，交接班以双方在运行日志上签字为准。自接班人员签字时起，交班后运行工作的全部责任由接班人员负责。在未办完交接手续前，交班人员不得擅离职守。交接班过程要做到交接双方互相制约、相互监督。

2）除特殊情况外，交班前半小时、接班后15min内一般不进行重大操作和办理工作票。

3）交接班检查过程中，应由交班值长陪同检查室内二次设备及运行日志，主值陪同检查一次设备，副值陪同检查卫生环境等，仓库管理员陪同检查备品配件，并向值长汇报检查情况和发现问题，在双方均无疑问并符合要求时，双方在运行日志上签字，履行交接班手续。

现场对口交接，应按照中心控制室的风机监控系统、升压站监控系统、35kV开关室设备、升压站站内设备的顺序进行。

（2）交接班的内容。

1）升压站和风力发电机组的运行方式及方式变动情况。

2）继电保护和自动装置运行及变更情况，故障录波器运行情况。

3）倒闸操作及未执行的操作命令；使用中的工作票；设备检修、试验及安全措施部署情况，重点核对接地装置。

4）设备、系统缺陷和"消缺"情况。

5）全场机组带负荷情况、潮流分布、天气状况及趋势。

6）所辖设备的运行状况。

7）异常、事故及处理情况。

8）定期工作开展情况。

9）现场安全措施、运行方式与值班记录情况。

10）仪器、工具、车辆、公用设施、台账、器具、材料、消防器材等及文明卫生情况。

11）上级指示、命令、指导意见及其执行情况。

12）检查通信和录音设备是否良好。

13）风电场的会议、安全活动开展情况。

14）有关安全经济运行的相关事宜。

（3）交班具体要求。

1）交清运行方式及注意事项；交清设备运行状况和设备缺陷情况；交清运行操作及检修情况。

2）对发生的缺陷或异常情况应尽可能处理完毕，不能处理完的，应交代记录清楚。

3）对设备运行的各种情况进行准确、翔实、全面的记录。

4）做好管辖区域、监控微机的卫生清洁工作。

5）交清本班进行的定期工作，交清设备巡回检查时发现的异常及处理情况。

6）说明调度、上级的指示、命令及下发文件。

7）对接班人员提出的疑问，交班人应做翔实的解答。

8）在未正式接班前，交班者不得暗中改变设备及系统运行状况，若因此而造成接班后发生异常情况的，应严肃追究交班人员的责任。

（4）接班具体要求。

1）接班前的检查：查报表、日志记录；查监控微机画面设备运行情况；接班时主要运行参数及现场实际设备运行情况。

2）查管辖区域卫生应达到《文明生产管理标准》要求。

3）接班后，做到"五清楚"，即运行方式及注意事项清楚；设备缺陷及异常情况清楚；操作及检修情况清楚；安全情况及预防措施清楚；现场设备及清洁情况清楚。

4）对新投入运行的设备必须由值班长安排专人进行接班前检查。

5）接班后，由当值班长向各级调度汇报本值人员姓名、接班时系统情况，询问各级调度员姓名，核对时钟。

（5）特殊情况下交接班的规定。

1）交接班时遇有重要操作或正在处理事故时，交班值班长应领导全值人员继续操作或处理事故，接班人员应协助交班人员进行事故处理，并服从交班值班长的指挥，直到操作告一段落或事故处理完毕后方可进行交接班。

2）接班人员未按时到岗，交班人员应向值班长汇报，并继续留下值班，直到有人接班，方可进行交接班。若接班人员精神状况不好，接班值班长必须找相应岗位人员代替，交班人员在代替人员到来之前不得交班。

3）公司领导或风电场场长认为需暂缓交班的其他事项。

（6）交班班组管理流程。

1）交班前 2h 对设备按巡回检查路线进行全面巡回检查。

2）交班前 1h 值长全面检查监控微机画面参数。

3）交班前 30min 前应完成的工作。

a. 值班员向值班长汇报检查和设备运行情况。

b. 值班员按分工审查表单、各种台账，审查无误后在规定位置签字。

c. 值班员将各种公用材料、器具、图纸、仪表、台账等清点齐全。

d. 值班员填写值班日志、设备定期工作等台账，清扫主管区。

4）交班时应完成的工作。

a. 向对应岗位的接班人员办理交接手续，交代本岗位、本值工作，尤其是方式变更、缺陷、工作票、操作票及其他异常情况。

b. 得到接班人员准许，在运行日志上签字，正式交班。

c. 交班后整队，值长进行班后会总结。本值发生异常情况，如不能分析清楚，必须在交接班完成后，立即进行专题分析；对于较大的异常情况，场长应立即组织分析。

（7）接班班组管理流程。

1）值长必须提前 20min 到岗了解上值生产情况，以便在班前会时介绍生产情况。

2）接班人员应统一服装，提前 15min 进入现场、整队，由值长介绍生产情况及接班检查的注意事项及重点项目。

3）按接班巡回检查分工和检查线路、项目、标准对现场设备、控制室检查监控微机运行参数、日志、表单记录、管辖区域卫生进行检查，对应岗位进行交底。接班人员由于检查巡视不到位，而没有发现存在的问题，其产生的后果，由接班人员负责。

4）班前会在接班前 5min 由接班值班长主持，各岗位汇报检查情况。

5）在无异常情况具备接班条件并接到值班长接班命令后，方可进行接班。

6）在运行日志上签字，正式接班。

7）接班后由当班值长向调度汇报本班人员姓名、风电场运行方式，询问各级调度员姓名，核对时钟。

8）学习人员未经批准独立值班前，不允许负责岗位的交接班。离职时间较长（一个月以上）的运行人员，应了解本岗位设备系统的变更情况，经值长考核合格后，方可接班独立工作。

9）场长（或专工）每轮值、安全生产部每半月必须抽查一次交接班质量，并进行相应的考核。

三、风电场巡回检查管理

1. 巡回检查规定

（1）巡回检查制度是鉴定和掌握设备基本状况的重要手段，做到每个岗位有详细的巡视路线、巡视时间、巡视设备、巡视方法和巡视标准。

（2）必须严格遵守《电业安全工作规程》有关规定，由独立担任工作的值班人员进行。

（3）明确每一台设备的检查项目，明确项目的检查标准和参数，明确参数的预警值和报警值；明确达到预警值和报警值参数的逐级汇报制度和处理流程；明确特殊情况下巡回检查的条件、项目、内容及注意事项。

（4）建立设备的动态管理台账，以利于及时掌握设备的劣化趋势，为设备的状况、寿命鉴定、检修等提供依据。

（5）各岗位人员必须按规定的时间、项目、内容及路线对所管辖的设备进行巡回检查，必须保证检查到位，检查时间间隔不应超过规定。特殊情况需做特殊检查，以确保设备安全可靠运行。

（6）在巡回检查过程中，如设备发生异常，相关人员应立即按本岗位职责进行事故处理。

2. 巡回检查内容与要求

（1）巡回检查要做到"四到"，即看、听、摸、嗅。遵守《电业安全工作规程》的有关规定，及时、细致地对所管辖的设备进行检查，掌握设备运行状况。

（2）检查人员必须按照本制度中规定的内容、周期、线路等保质、保量地完成检查工作；巡回检查时要配备必要的检查工器具，带相关的检查表计，及时记录有关数据。

（3）检查设备时，应严格遵守《电业安全工作规程》及现场运行规程的有关规定，遇到危及设备及人身安全的紧急情况时，可按《电业安全工作规程》和现场运行规程规定先处理后汇报。

（4）巡回检查如发现一般缺陷，可在检查任务完成后汇报。如发现有威胁安全运行及人身安全重大缺陷，应立即汇报值班长。发现的设备缺陷应记入设备缺陷记录簿内。

（5）除按照本规定进行的正常检查外，场长、值班长还应根据特殊情况安排有针对性的特殊巡视检查，并应视情况增加检查次数。

（6）按照"运行规程"中规定的检查项目，通过对设备的"看、听、摸、嗅"，详细检查设备及系统的参数是否正常，使设备在安全、经济状态下稳定运行。巡回检查的重点如下。

1）设备的工作状态是否正常。

2）运行方式是否合理。

3）自动装置是否可靠及好用。

4）运行参数的准确性。

5）各种信号、保护的位置是否正确。

6）设备检修所做的安全措施的可靠性。

（7）巡回检查时间。

1）值班人员在交接班时，按规定巡视设备一次。

2）每天应对升压站设备进行一次巡视检查；对集电线路箱式变电站每周至少全场巡视一次；风力发电机每月至少巡视一次。

3）每周对升压站进行夜间熄灯检查一次，主要对电气连接点发热和电气设备外绝缘放电情况进行检查。

4）单人巡视时，不准攀登电气设备，不准移开或进入遮栏内，不准触动操作机构和易造成误动的运行设备。

（8）如遇下列情况，应对设备进行特殊巡视，并在运行日志上做详细记录。

1）设备在异常运行时或有重大缺陷时。

2）新安装或大修后新投入运行的设备及长期停运初投的设备。

3）采用特殊运行方式和新技术时。

4）高温、高峰负荷时，特别是严重超载运行的设备。

5）雷雨后、台风、大雾、高温、冰、雪等恶劣天气时。

6）事故跳闸后。

（9）巡视配电装置，进出高压室必须随手锁门。

（10）雷雨天气巡视室外高压设备时，应穿绝缘靴，并不得靠近避雷器、避雷针和风力发电机组。

（11）巡回检查中要注意小动物的危害，发现有通向开关室电缆沟的小洞时，应立即采取措施，予以堵塞。如发现小动物在电气设备上活动，不得草率行事，应向值班负责人汇报妥善处理，必要时汇报有关上级调度停电处理。

（12）责任划分。

1）交接班按照设备分工各自承担责任。

2）值班期间的巡视检查，场长、值班长有权利和义务对值班人员各岗位的巡检工作进行监督和检查，并要相应地承担部分责任。

3）对运行员应采取主管区轮换的制度，定期进行轮换，使每个主管人对全部设备都能了解和掌握，切实保证设备的健康运行。

四、风电场定期轮换试验管理

1. 定期轮换和试验规定

（1）定期轮换是指运行设备与备用设备之间轮换运行；定期试验是指运行设备或备用设备进行动态或静态启动、传动，以检测运行或备用设备的健康水平。定期轮换及定期试验统称为定期工作。

（2）设备定期轮换内容包括运行设备定期试验及轮换工作，定期试验应包括消防系统等设施的定期试验。

（3）定期工作包括每日、每轮值、每月、每季、每年及不同季节、不同负荷和运行方式的定期工作。

2. 定期试验和轮换内容与要求

（1）应严格执行运行规程、操作管理制度和设备定期试验、轮换周期表。建立设备定期试验轮换台账，对设备定期试验和设备轮换工作的执行情况完整、准确地记录。

（2）对在执行定期工作过程中发现的问题及缺陷要认真分析，登录在台账上，同时还要填写缺陷通知单。

（3）根据运行规程规定，在规定时间内，由专人负责，进行设备定期试验、轮换工作；试验前应取得值班长的同意，应做好各种事故预想；工作内容、时间、试验人员及设备情况应在专用定期试验记录本内做好记录。

（4）由于某些原因，不能进行或未执行的，应在定期试验记录本内记录其原因，并必须由风电场场长批准。

（5）试验切换中出现异常情况应立即停止试验，恢复正常运行并及时与有关部门联系，寻找、分析原因并进行处理。

（6）定期试验工作结束后，如无特殊要求，应根据现场实际情况，将被试设备及系统恢复到原状态。

（7）各项定期试验结束后，必须按规定格式写出试验报告，并注明试验批准人、负责人、试验员、试验结论等。

（8）在进行定期试验、轮换过程中，出现事故时，应立即停止试验、轮换，按规程进行事故处理，待恢复正常后，视情况进行试验、轮换。

（9）对长期无法进行的定期试验和轮换项目，运维部和生产部应提出改进措施。未改进前，必须做好相应的预防性反事故措施，且经有关领导审批后执行。

（10）符合下列情况时，并由运维部生产部经理批准后可不进行定期试验和设备轮换，但必须将原因记录清楚。

1）设备有明显缺陷，如经试验将引起缺陷发展。

2）设备或系统运行方式处于不稳定状态或不具备试验条件，若经试验或轮换，可能造成设备异常或事故。

3）备用设备失去备用作用。

4）其他由有关技术管理部门明文确定暂时不进行的定期工作。

5）由于各种原因未能执行定期工作的，在条件具备时相应的值要及时补做。

（11）定期试验切换项目及试验切换周期按表8-2进行。

表8-2 定期试验切换项目及试验切换周期

实验项目	测试时间	有关事项
备用场用变压器	每月一次	带全场交流负荷进行切换自投
三相重合闸装置	每年试验一次	仅限于风电场年度检修期间试验
直流系统	每月一次	断开交流电源进行切换实验，观察并测量室温、蓄电池浮充情况，全电压并做好记录
事故照明	每月一次	断开场用变压器低压侧电源进行自投试验
UPS	每月一次	断开交流电源进行自投试验
通信系统	每月一次	备用通道和主通道互投

任务三　风电场设备管理

任务引领

　　风电场设备管理是指对风机和配电装置从安装、运行、管理等各个环节，全面管理且保证设备正常运行的一种科学方法。对设备的管理要以设备可靠性管理为重点，减少设备停运时间，提高可利用率。

教学目标

1. 了解风电场设备管理的重要性。
2. 熟悉风电场相关技术标准。
3. 熟悉设备检修与维护管理规定。
4. 了解技术监督相关内容。

相关知识学习

一、设备技术管理

1. 技术标准

（1）技术标准管理。目前国内外制定了许多有关风机方面的标准，如 ISO、IEC 及欧洲标准化机构、国内标准化机构，包括 GB 国家标准、DL 电力行业标准及 JB 机械行业标准等，目前在风电场、风力发电机组运行维护方面已发布很多标准，如 GB/T 25385—2019《风力发电机组——运行及维护要求》，电力行业标准如 DL/T 666—2012《风力发电场安全规程》、DL/T 796—2012《风力发电场运行规程》和 DL/T 797—2012《风力发电场检修规程》等，这些标准都应认真学习和执行，并在实际过程中严格实施。

（2）数据采集和报送管理。

1）数据构成和采集存储：风电场运行数据主要是由风力资源、风力发电机组机械和电气参数、变电系统数据等组成。风力发电机组一般由实时（毫秒或秒级）、平均值（2min 或 10min）数据构成，为避免存储空间过大，多数厂商采取将实时高速采集的数据只显示不存储的策略，并经过对实时高速采集的数据，进行平均计算或预处理，然后再传入数据库存储在当地存储器上。

2）数据传送：风力发电机组多用串口通信，以以太网方式进行数据传送，数据被传送到风电场的服务器上，然后再将数据传送到集团的服务器上进行统一管理。

3）中央控制系统：中央控制系统包括现场风力发电机组集中监视和控制系统，以及远方风电场数据监控（控制）系统和数据统计、处理、报表和分析系统。中央控制系统的优劣对于提高风电场运行维护管理水平至关重要，系统不仅显示风电场中机组运行实时数据和统计数据，以及控制机组启停等操作信号，同时可根据运行维护数据反映风电场管理水平、设备状态及设备可能存在的缺陷等问题。

2. 风电场数据管理

对于风电场来说，除风力发电机组运行监控外，还应包括电气系统运行和维护工作。变电系统中的运行控制内容、风资源数据应与机组监控内容整合在一起，包括测风塔风资源数据、变电系统运行参数监控、静态补偿器（SVC）系统、变压器有载调压控制、场内外电能系统计量等，此外还包括关口表计量和远方数据采集等工作。

（1）数据报送体系：风电场风力发电机组、变电系统的运行维护数据应通过通信系统实时上传到集团公司的网络系统，进行统一显示和数据分析处理。

（2）数据后期分析：上传的数据应形成各种报表，如日报、月报、年报、检修报表、电能及损耗报表、可靠性报表等，为提高设备可靠性和经济性，检验前期设计的正确性，运行数据的后期分析十分重要。

通过对后期数据的对比，可以分析设备选型（如风轮直径、塔架高度、机组性能）及风电场微观选址（如尾流、地形等对风力发电的影响）的正确性。

（3）数据趋势分析：通过对风力发电机组运行数据的分析，可以得到机组性能的变化趋势，根据变化趋势可以对风机的工作情况进行系统分析。例如，根据关键部位的温度变化趋势和振动参数的变化趋势，通过专家分析或运行软件计算，可以确定设备是否需要进行检修。通过对不同型号机组和不同位置机组的功率趋势曲线分析，可以了解机组是否存在传感器故障、安装角不当、过功率控制、偏航控制策略等问题。

二、设备检修与维护管理

1. 设备检修管理

设备检修工作主要内容由变电站相关输变电设备的预防性试验和设备检修等组成；变电站相关输变电设备半年期和一年期设备维护工作的预防性试验和检修专业性较强，需要的试验仪器和设备较多，可以委托附近有资质的电力单位进行，但风机的日常巡查和缺陷处理可由风电公司的生产或点检人员自行解决。

在开展各类设备检修工作的同时，可以探索设备状态检修工作。设备状态检修即运用综合性的技术手段，准确掌握设备运行状态，预测设备故障发生和发展情况，并借助技术经济的分析，综合进行设备检修决策和设备管理的一种先进检修模式。设备状态检修通过对设备的结构特点、运行情况、试验结果等方面综合分析，以确定设备是否需要进行检修，以及在检修中需要进行哪些项目。对于运行状态良好的设备，可以延长设备检修周期，从而节省大量的人力、物力和财力。

2. 设备维护管理

（1）设备维护的分类。风电场中风电设备维护可以分为日常维护、定期维护、事故检修和状态检修等。由于风电场设备分散的特点，风电设备检修单一风电场的运检合一模式逐步在改变，风电设备检修装备和技术方法也在不断进步。其中，检修模式包括集中检修、区域检修和专业性检修；技术装备包括检测仪器和检修设备；检修方法包括专业检修队伍、自主运行检修和厂商维护检修。

（2）风电设备维护管理方法。

1）主动型预防维护：过去我国风电场维护检修主要是每年2次的定期维护，以及机组出现故障时进行的修理，称为"被动式检修"，缺点是当发现故障时，设备部件已经损坏甚至已严重损坏，由此将造成风电场严重的经济损失，特别是随着机组容量的增加，这种损失会越来越大。因此，应提倡主动式维护检修，以便早期发现设备事故隐患，并根据部件运行状态，合理安排设备检修时间，以减小故障引起的损失。

采用状态监控进行风力发电机组运行状态趋势分析，需在设备关键部位安装电气传感器，同时进行测量数据传输，数据经分析计算，并与设定值比对后决定是否报警或停机。有关数据的监控应包括各关键部位的温度变化、功率变化、振动变化，偏航对风变化、变桨角度、润滑油品污染情况等在线检测。

对于检测的各种数据应实时进行记录，并建立运行数据库，以便供今后的数据分析；同时可定期发布各机组状态和故障分析报告，供决策部门进行使用。

2) 风力发电机组故障诊断：风力发电机组经常出现各种故障，如何准确和及时判断设备故障原因，是保证机组正常发电的关键。风力发电机组各部件来自不同的生产厂家，往往运行检修人员没有部件的详细资料，机组一旦出现故障就会束手无策，除逐步提高现场人员技术水平和经验外，以下系统有助于设备故障分析和诊断。

a. 技术分析专家系统：借助于各种技术手段迅速找到故障部位（如通过听、闻、看、摸等方法或采用仪器检测如温度、压力、状态等参数），采用排除法和对比法，准确判断设备的运行状况，并采取相应的检修措施。

b. 风电设备故障判断：故障主要类型有机械类、电气类、通信类和计算机类。通过对故障原因的分析，找到故障点后，需要对故障原因做出基本判断，如故障原因是间隙过大、润滑缺少、密封破坏、油脂失效、冷却或加热系统故障、经常过功率和雷电损坏等。

(3) 故障缺陷诊断处理技术管理。设备故障的出现可能是偶然的，其原因可能是部件本身有问题，也可能是这个部件在加工、运输、安装、调试过程中的质量问题。如果故障不是普遍问题，只是批次生产性的问题，可通过改进后整批更换。因此，故障处理有些需要厂商进行处理，有些在风电场可以修复，有些则需要专业厂的专业人员进行解决。

1) 大部件（特殊）修理。风力发电机组中叶片、齿轮箱、发电机等大部件的损坏，会造成设备长时间停机，经济损失较大。这些损坏的部件需要送到专业厂家进行修理，部件经过修理后，应进行出厂前检测，部件回装时应进行调整和重新试车。

2) 发电机故障。发电机主要出现的故障是短路、轴承损坏等，转子断条、放电造成轴承表面微点蚀、局部过热和绝缘破坏等是导致发电机损坏的主要原因。

3) 齿轮箱故障。齿轮箱是风力发电机组中最常出故障的部件，主要故障有轴承损坏、齿面微点蚀、断齿等，损坏的原因除设计和制造质量外，齿轮油失效和润滑不当也是齿轮箱最常见故障的原因。齿轮箱早期故障可能仅仅发生在齿轮或轴承表面。齿轮表面材料的疲劳损伤会引起运转噪声和工作温度的变化。因此，经常巡视检查齿轮箱噪声和温度的变化，有助于早期发现齿轮箱故障。有条件的风电设备应采取对振动状态的检测，并通过频谱分析来判断设备是否已产生疲劳破坏。

4) 金属表面疲劳破坏。如果设备疲劳破坏已经发生，在多数情况下，由于设备表面材料的脱落，致使润滑油中会出现金属颗粒，如果总不注意油品中的杂质，甚至有可能造成杂质阻塞油标尺，使风机检查人员在已缺油的情况下误以为不缺油。因此，应不断检查润滑油中金属微粒的变化，有助于早期发现齿轮箱损坏，这时风电场人员应尽快安排设备检修，并尽可能在机舱内不拆卸齿轮箱的情况下，处理损伤表面或更换已损坏的部件。

(4) 备品备件管理。风电场做好设备运行维护工作的目标是能够将绝大多数故障进行自行修复，这就有必要建立设备维护的备品备件库。通过备件仓储和物资管理，检修人员可迅速获得备件支持，及时进行更换，恢复设备运行。解决备件问题有以下几种方法。

1）修理：配备修理用的设备、检测仪器、常用的零件和图纸资料，对部件进行修理。

2）替代：采用厂家认证过的国内部件替代相同型号的原有部件，可迅速排除设备故障。

3）物流：修复备件可通过备件库团购、网络虚拟库、门对门服务等方式进行解决。

4）设备的现场修理及在机舱内的更换：为避免大型吊车的巨额费用，设备应尽可能在机舱内修理。在有可能的情况下，现场修理可以采用机舱内维修吊车和移动检修作业平台。

（5）技术监督管理。风电技术监督应涉及风电场基建、运行维护的全过程，从工程设计、设备选型、制造、安装、调试、试生产到设备运行、检修、技术改造和风机退役鉴定等管理全过程中实施全面质量管理，其中包括机械和电气设备的性能检测，节能与环境保护，电能质量、保护与控制系统、自动化、信息及电力通信系统等方面的技术监督。

技术监督就是对风电场设备健康水平、运行安全、风电质量、经济运行等方面的重要参数、性能和指标进行的监督、检查、调整及评价的过程。

风电场的技术监督包括风电场输变电系统和风力发电机组的技术监督。风力发电机组的技术监督除上述内容外，还应包括机组振动监督和螺栓金属监督；安全监督应包括安全链和试验等内容。

小 结

1. 安全生产检查分类（按组织者的不同可以分为安全生产大检查和自我检查两类）。

2. 安全生产检查常用且有效的方法（深入现场实地观察，召开汇报会、座谈会、调查会及个别访问老工人，查阅有关文件和资料等）。

3. 倒闸操作可以通过就地操作、遥控操作、程序操作完成。

4. 操作票应根据值班调度员（或值班负责人）下达的操作指令填写。

5. 交接班内容（共十四条）。

6. 巡回检查内容（十二项）。

7. 定期轮换试验内容（共十项）。

复习思考题

1. 安全生产目标管理包括哪些内容？

2. 安全生产检查按组织者的不同可分为哪两类，具体检查的内容有哪些？

3. 如何理解"五同时、三不放过、三个同步"的内涵？

4. 安全标志根据其使用目的的不同可分为哪几种？

5. 风电场安全生产标准化建设包括哪些主要内容？

6. 请说出倒闸操作的几项安全规定和技术规定？

7. 操作票如何准确填写？

8. 交接班的主要内容有哪些？

9. 风电场巡回检查主要内容有哪些？

10. 解决备件问题有哪几种方法？

参 考 文 献

[1] 电力行业职业技能鉴定指导中心．风力发电运行检修员．北京：中国电力出版社，2006.

[2] Burton T．风能技术．武鑫，译．北京：科学出版社，2007.

[3] 陈铁华．风力发电技术．北京：机械工业出版社，2021.

[4] 赵丽君．风力发电技术基础．北京：机械工业出版社，2018.

[5] 叶杭冶．风力发电系统的设计、运行与维护．2版．北京：电子工业出版社，2014.

[6] 刘刚，曹京荣，陆莹，等．以全寿命周期成本为判据的近海风电场高压海底电缆选型标准．高电压技术，2015，08（41）：2674－2680.

[7] 王宏斌．发电厂电气主接线的可靠性分析．郑州大学，2021.

[8] 熊礼俭．风力发电新技术与发电工程设计、运行、维护及标准规范实用手册．北京：中国科学文化出版社，2005.

[9] 孙腾然．计及电气主接线的含风电场电网可靠性评估．重庆大学，2019.

[10] 杨校生．风力发电技术与风电场工程．北京：化学工业出版社，2018.

[11] 于永生，冯延晖，江红鑫，等．海上风电经 VSC－MTDC 并网研究．高压电器，2015，10（51）：24－33.

[12] 马宏伟．风力发电系统控制原理．北京：机械工业出版社，2020.

[13] 吴佳梁．风力机可靠性工程．北京：化学工业出版社，2011.

[14] 都志杰．风力发电系统设计、安装与运维．北京：化学工业出版社，2019.

[15] 唐庚．含 VSC 交直流互联系统的建模与安全稳定控制研究．浙江大学，2017.

[16] 任清晨．风力发电机组安装·运行·维护．2版．北京：机械工业出版社，2019.

[17] 叶杭冶．风力发电机组监测与控制．2版．北京：机械工业出版社，2019.

[18] 卢为萍．风力发电机组装配与调试．2版．北京：化学工业出版社，2015.

[19] 江守其，李国庆，辛业春，等．提升柔性直流电网盈余功率消纳能力的协调控制策略．高电压技术，2021，12（47）：4471－4482.

[20] 解绫成．大型陆地风电场集电线路布置与风电机组投运方式仿真计算研究．西安理工大学，2018.

[21] 张韬．10kV 配网架空线路维护与检修．科技与创新，2015，17：133－138.

[22] 敬海兵，付强，朱祚恒．变电站直流系统维护实用方法探讨．电力安全技术，2014，11：57－58.

[23] 石巍，张彦昌．风电场电气主接线的探讨．电气时代，2013，5：72－76.

[24] 姚兴佳，等．风力发电机组原理与应用．4版．北京：机械工业出版社，2020.

[25] 刘官勋．浅谈低压电缆线路维护．广东科技，2012，19：93－104.

[26] 李鹏，王京顺，刘树晓，等．变电站直流电源系统的可靠性与可用性分析．苏州科技学院学报（自然科学版），2008（04）：68－71.

[27] 郑明．300MW 海上风电场电气主接线设计南方能源建设．2015，2（3）：62－66.

[28] 祁浩．输电线路外力破坏的防范与应对．科技创新与应用，2014（33）：214.

[29] 袁静蔚．风电场的主接线、并网和运行方式分析．电力与能源，2012，33（1）：65－67.

[30] 丁立新．风电场运行维护与管理．北京：机械工业出版社，2017.